食品分析与食品安全

柴兰琴　李晓军　编著

西南交通大学出版社
·成都·

内 容 提 要

食品是人类生活中不可缺少的一类特殊物质，是维持人体生命活动所必需的各种营养物质和能量的最主要来源，并且以其所特有的色、香、味、质地及口感给人们以愉悦的感官享受。随着食品工业和食品科学技术的不断发展，对食品品质和卫生要求也越来越高，因此对食品的成分分析与食品的安全性也提高到非常重要的地位。本书共分八章，以食品安全为主线，重点对食品分析基础知识、食品的感官分析和物理检验、食品一般成分的分析、食品添加剂的测定、食品中有害成分的测定、转基因食品和新资源食品的安全性以及食品安全的控制与保障等方面进行了介绍和探讨，力求简明扼要，同时注重知识的系统合理性及新颖性。本书既有利于教师实施教学的基本要求，又有利于拓宽学生知识面。

本书可作为高等院校非食品科学类各专业的食品分析与食品安全、食品质量与安全、食品安全性与检测、食品化学教材，也可供食品科学与工程、食品卫生检验、食品质量与安全、生物化学、应用化学、化学工程与工艺等专业或专业方向对食品问题感兴趣的师生以及从事食品研究开发工作的人员、各类食品企业和研究所等单位的有关科学技术人员阅读参考。

图书在版编目（CIP）数据

食品分析与食品安全 / 柴兰琴，李晓军编著. —成都：西南交通大学出版社，2010.8（2016.7 重印）
ISBN 978-7-5643-0754-7

Ⅰ. ①食… Ⅱ. ①柴… ②李… Ⅲ. ①食品分析 – 高等学校 – 教材②食品卫生 – 高等学校 – 教材 Ⅳ. ①TS207.3②R155.5

中国版本图书馆 CIP 数据核字（2010）第 145274 号

食品分析与食品安全

柴兰琴　李晓军　编著

责 任 编 辑	牛　君
特 邀 编 辑	陈慧清
封 面 设 计	本格设计
	西南交通大学出版社
出 版 发 行	（四川省成都市二环路北一段 111 号 西南交通大学创新大厦 21 楼）
发行部电话	028-87600564　87600533
邮　　　编	610031
网　　　址	http://www.xnjdcbs.com
印　　　刷	四川经纬印务有限公司
成 品 尺 寸	185 mm × 260 mm
印　　　张	13.125
字　　　数	326 千字
版　　　次	2010 年 8 月第 1 版
印　　　次	2016 年 7 月第 2 次
书　　　号	ISBN 978-7-5643-0754-7
定　　　价	25.00 元

前　言

食品是人类生活中不可缺少的一类特殊物质，是维持人体生命活动所必需的各种营养物质和能量的最主要来源，并且以其所特有的色、香、味、质地及口感给人们以愉悦的感官享受。此外，有的食品还具有预防及治疗疾病，提高人体免疫能力的功能。但是人们在食用食品的同时，不可避免地会摄入食品中可能存在的有害物质，俗话说"病从口入"，所以说食物也是有害物质进入人体的媒介之一。食品卫生与人民健康的关系极为密切。随着食品工业和食品科学技术的迅猛发展，对食品品质和卫生要求也越来越高，因此将食品的分析与食品的安全性也提高到非常重要的地位。

随着生活水平的不断提高，人们不再满足于"吃饱、吃好"，而追求安全、科学、营养均衡、吃出健康和长寿的生活理念在不断增强。近年因食物中毒、污染而造成的重大损失和危害常见于报端，涉及社会、经济、政治等各方面，引起人们对食品安全性的空前关注。因此，消费者迫切需要各种富有营养、安全可口、味道鲜美、有益健康的高质量食品的出现。无论是食品企业、广大消费者还是各级政府管理机构以及国内外的食品法规，都要求食品科学工作者监控食品的化学组成、物理性质和生物学特性，以确保食品的品质和安全性。解决食品安全问题的关键在于管理和法制，根本在于科技和教育。新的加工工艺和设备、新的包装材料、新的储藏和运输方式等都会给食品带来新的不安全因素。但我们相信随着科学的发展和技术的进步，新的检测程序和安全保障系统将得到进一步完善，我们餐桌上的食品将更加营养、更加可口、更加安全。

本书共分八章，以食品安全为主线，重点对食品分析基础知识、食品的感官分析和物理检验、食品一般成分的分析、食品添加剂的测定、食品中有害成分的测定、转基因食品和新资源食品的安全性以及食品安全的控制与保障等方面进行了探讨，力求简明扼要，同时注重知识的系统合理性及新颖性。本书既有利于教师实施教学的基本要求，又有利于学生开阔视野，了解食品化学科学发展的新动向。

根据工科院校的培养目标，工科化学专业的学生在学习基础课之后，要学习相关选修课程，因此我们编著了本书，目的是为相关专业的高年级本科生提供一本有关食品分析与食品安全基础知识的教材。本书也可供高等院校对食品问题感兴趣的师生以及从事食品研究开发工作的人员、各类食品企业和研究所等单位的有关科学技术人员阅读参考。

本书由柴兰琴主编，由柴兰琴、李晓军负责统稿。在本书的编写过程中，得到了家人的大力支持和帮助，许多专家也为本书提出了宝贵意见，在此表示最诚挚的感谢！

限于编者的水平及时间所限，书中难免有不妥之处，敬请读者批评指正。

编　者

2010 年 3 月

前 言

目 录

第一章 绪 论

"国以民为本，民以食为天，食以安为先，安以质为重，食品质量是关键"。食品是人类生活中不可缺少的一类特殊物质，是维持人体生命活动所必需的各种营养物质和能量的最主要来源，并且以其所特有的色、香、味、质地及口感给人们以愉悦的感官享受。此外，有的食品还具有预防及治疗疾病，提高人体免疫能力的功能。但是人们在食用食品的同时，不可避免地会摄入食品中可能存在的有害物质，俗话说"病从口入"，所以说食物也是有害物质进入人体的媒介之一。食品品质的好坏，首先要考虑其含有营养物质的种类和含量，是否有对人体有毒有害的物质存在以及食品的感官性状如何。食品分析和食品安全就是研究和评定食品品质及其变化，食品是否安全、营养和适宜的一门学科。

食品卫生与人民健康的关系极为密切。随着食品工业和食品科学技术的不断发展，对食品品质和卫生的要求也越来越高，因此将食品的分析与食品的安全性也提高到非常重要的地位。

一、"食品分析和食品安全"的研究内容

随着生活水平的不断提高，人们不再满足于"吃饱、吃好"，追求安全、科学、营养均衡、吃出健康和长寿的生活理念在不断增强。因此，消费者迫切需要各种富有营养、安全可口、味道鲜美、有益健康的高质量食品的出现。通常，人们根据食品的化学组成以及色、香、味等物理特性来确定食品的营养价值、功能特性，并决定是否购买。所以，无论是食品企业、广大消费者还是各级政府管理机构以及国内外的食品法规，都要求食品科学工作者监控食品的化学组成、物理性质和生物学特性，以确保食品的品质和安全性。

"食品分析和食品安全"是专门研究食品成分的物理特性、化学组成及含量的测定方法、分析技术及相关理论，进而科学评价食品质量的一门技术性学科。"食品分析与食品安全"是食品质量与安全、食品科学与工程、食品营养与检验教育等专业的一门必修课程。它是建立在无机化学、有机化学、分析化学、物理化学、仪器分析、生物化学、物理学、数理统计学、微生物学、食品化学等学科的基础之上而发展起来的一门独立的学科。"食品分析和食品安全"始终贯穿于原料生产、产品加工、储运和销售的全过程，实行的是全过程检测，是食品质量管理和食品质量保证体系的一个重要组成部分。"食品分析和食品安全"在食品的质量监控、营养评价、膳食结构的合理安排、食品中有害成分的分析、伪劣食品的检测、研发新资源食品、维护消费者的权益、保障人们身体健康以及满足人民日益增长的物质生活需求等方面起着不可估量的作用。因此，要求食品分析工作者根据样品的性质和分析项目、分析目的和任务，优先选择国家标准或国际标准方法，进行样品的制备和准确的操作，正确地处理分析数据，并且获得可靠的分析结果。

"食品分析和食品安全"主要研究以下几方面的内容。

（一）食品营养成分的测定

根据早期的研究，衡量食品品质的标准是食品必须含有适量的水分、灰分、矿物质、碳水化合物、蛋白质与氨基酸、脂肪和有机酸等主要成分，它们的成分含量基本上表示了食品的营养品质。因此，这些成分的测定是食品分析的主要内容。

后来，人们逐渐弄清了食品中还有许多含量很低而对营养起着重要作用的微量成分，例如各种维生素以及维持生命活动所必需的微量元素。不同食品所含营养成分的种类和含量各不相同，而能够同时提供各种营养成分的天然食品是很少的，人们必须对饮食进行合理的搭配以获得较全面的营养。根据食品营养标签法规的要求，所有食品的商品标签上都要注明该食品的主要原料、营养成分和热量等信息，保健性食品或功能性食品还要注明其特殊因子的名称、含量及简单介绍。从 1987 年以来，我国每年被美国海关扣留的食品批次中，25%左右并非质量不良，而大多数是因为标签不符合"美国食品标签法"的规定而遭销毁或退货。因此，完善技术标准，提高检验检测水平，采取积极措施来加快国内法规的建立，已经势在必行。要研究解决这些问题，也有赖于食品分析。

（二）食品安全检验

食品安全关系到人的生命安全，食品安全检验的责任重大。它包括对食品中有害物质或限量元素的分析，如对各类农药残留（如有机氯农药 DDT 和"六六六"）、兽药残留、霉菌毒素残留、各种重金属（如汞、铅、镉等）、食品添加剂含量、环境有害污染物、食品生产过程中有害微生物和有害物质的污染（如食物在熏烤、油炸等加工过程中可能受致癌物质 3, 4-苯并芘的污染），以及食品原料和包装材料中固有的一些有毒有害物质（如包装材料印刷油墨中的多氯联苯和包装用纸中的荧光增白剂等）的检测等。

食品的安全性是食品应该具备的首要条件，其安全指标是构成食品质量的基础。食品安全检验离不开有关权威部门发布的强制性食品质量标准，因此，食品安全检验有其特殊性。食品生产加工过程所用的辅助材料和添加剂，一般都是工业产品，其品种和质量规格一般都由国家规定，应该严格遵守。特别是食品添加剂，本来是为了改进食品的色、香、味或防止食品变质而加入的，但如果所用的品种和数量不当，未能严格遵守国家法律法规，反而会使食品质量变差甚至不能食用。因此，对食品添加剂的检测，也是食品分析的重要内容。

食品的污染来源，一是由于环境污染所造成的食品原料的污染，二是食品在加工过程中被污染，两者都可能在食品质量上造成严重的后果。

为了保障人体健康，国家制定了相应的食品卫生标准和一系列食品安全卫生法规，对食品质量及其中有害物质的最高允许含量都做了明确的规定。食品生产单位必须严格遵守。由于现代科学技术的快速发展和人们对食品安全性要求的不断提高，要求检验方法的检测限度越来越低，新的检测方法和技术不断涌现，新型检测仪器不断问世。如何用快速、准确、简单、经济的方法进行检验，是食品安全检验的一项重要研究内容。其中，首要问题是快速。因为食品安全检验贯穿于食品生产的全过程，在生产、储存、运输、销售、流通等环节中，都有可能受到污染，都需要进行安全检验。食品加工企业、质检人员、政府管理部门都希望能够尽快得到准确的测定结果。所以，准确经济的快速分析方法是政府有关部门、食品生产企业以及消费者等方面都迫切需要的。

（三）食品的感官分析和物理检验

各种食品都有一定的感官特征。消费者习惯上都凭感官来决定食品的取舍。但是感官鉴定无疑带有主观性，感官认为良好的食品，不一定符合营养和卫生要求。某些有害物质不一定影响人们对食品的感觉。但食品给人们感官印象的指标，如色泽、组织状态、风味、香味和有无杂物等，古今中外，都是食品的重要技术标准。食品分析绝不可忽视这些感官鉴定项目。

目前，对广大消费者来说，美味可口仍然是选择食品的主要标准。尽管人们当前已经发明了电子鼻、电子舌等现代先进的检测设备，但始终代替不了人们的感觉器官。有时候，最直接、最简便、最可靠的检测方法是人们通过感官分析来确定食品的品质。例如，一箱苹果一打开，苹果上布满点点褐斑，有的已经腐烂，"看一眼"即可快速判定该食品不可食用，不需要对该食品再进行诸多指标参数的具体分析。所以，食品质量检验标准中都制定有相应的感官分析和物理检验指标。

（四）转基因食品的检验

转基因生物（Genetically Modified Organisms，GMO）是指遗传物质通过转基因技术改变，而不是以自然增殖或自然重组的方式产生的生物，它包括转基因植物、转基因微生物和转基因动物三大类。转基因食品（Genetically Modified Foods，GMF）是指用转基因生物制造或生产的食品、食品原料及食品添加物等。例如用转基因大豆为原料生产的豆油就是转基因食品。

转基因作物不仅可以解决人类的食品短缺问题，还可以增加食品的种类，改进食品的营养成分，延长货架期，增加作物的抗虫害、耐严寒、抗高温、耐盐碱、抗倒伏、抗除草剂的能力等。因此，通过转基因所生产的作物，能够丰富生物品种的多样性。转基因技术为满足人们日益增长的物质需要提供了新的途径，具有潜在的巨大的经济效益和社会效益。近年来，转基因作物及由这些作物加工而成的转基因食品以难以想象的速度迅猛发展，世界各国试种的转基因植物已接近 5 000 种。转基因食品对人及动物的健康，以及对生态环境的影响，自转基因技术出现以来，就一直是世界各国及联合国等国际组织关心的焦点问题，关于转基因产品的潜在生态风险及对人体健康影响的争论也日趋尖锐。目前人们所担忧的转基因的风险主要集中在三个方面：一是人体健康风险，转基因产品是否对人类无毒、副作用，转基因食品与非转基因食品是否"实质等同"、无显著差异；二是生态环境风险，转基因生物是否会对环境造成影响，特别是长期的生态问题；三是社会伦理道德风险，转基因生物是否会对物种进化及人类社会造成灾难。这些担忧不仅来源于转基因技术的不成熟性及其产品品质安全的不确定性，更来源于转基因技术对人类社会经济影响的不可预见性，这需要大量的实践和较长的时间才能加以证明。

转基因食品是利用新技术创造的产品，也是一种新生事物，人们自然对食用转基因食品的安全性有疑问。1993 年经济发展合作组织召开了转基因食品安全会议，会议提出了《现代生物技术安全性评价、概念与原则》的报告，报告中的"实质等同性原则"得到了各国的认同。为确保安全，2000 年联合国通过了《生物安全议定书》，确认了预先防范原则，各国对转基因食品都采取了限制或禁止进口活的转基因产品的政策。2000 年和 2001 年在日本召开的世界食品法典委员会（CAC）针对转基因食品政府间特别工作组会议对"实质等同性原则"给予了充分的肯定。我国规定"绿色食品"不能用转基因生物为原料，生产的转基因食品必须在包装上标明。为确保非转基因食品不被转基因食品污染，世界各国都要求转基因食品从研究、生产、储存、运输、销售、进出口等环节进行全程的"跟踪"检测，转基因食品的检验分析已成为各主要贸易国的一项重要工作，许多国家专门建立了国家级转基因食品检测实验室，不但能够确认转基因产品的种类和成分，还可以测定有关转基因成分的含量。

（五）食品掺伪分析

食品掺伪是食品掺杂、掺假和伪造的总称。随着我国经济的快速腾飞和食品加工业的快速发展，名优特产食品和保健类功能性食品层出不穷，不断丰富和满足了人民的生活需求。但由于有关食品安全的法律法规还不够健全，一些食品及其成分检验还缺乏灵敏有效的强制性标准，加之一些地方市场经济管理体系较为混乱，食品检验功能和执法落实还不到位，使得一些不法分子为牟取暴利在食品中掺杂、掺假和伪造的非法经营活动时有发生，对人民群众的身体健康构成了极大的威胁。因此，进行食品掺伪分析是食品分析的一项极其重要的内容。加强食品质量和安全管理是时代的要求，及时进行食品掺伪检验势在必行，任重而道远。

二、食品分析的方法

食品分析的方法很多，根据分析的原理和所用仪器的不同可以分为化学分析法和仪器分析法。化学分析法常用来测定质量分数大于 1%的常量组分，仪器分析法较为灵敏、准确和易于自动化，常用来测定样品中的微、痕量组分。仪器分析法是现代食品分析的发展方向，主要包括：① 电化学分析法；② 光化学分析法；③ 色谱分离分析法；④ 免疫分析和微生物分析法等。近代分析技术，特别是自动化技术已逐步被用于食品分析领域，这可以使分析过程加快，减少人为的误差，可以一次测定一种固定的组分，也可以一次测定多种组分。例如，对蛋白质、脂肪、糖、纤维等组分有各种专用的自动测定仪；对牛奶中的脂肪、蛋白质、乳糖等多种组分，有全自动全能牛奶分析仪；对农药残留量，可用气相色谱仪；对微量重金属，可用原子吸收分光光度计；对多氯联苯，可用气液色谱-质谱联用计；对黄曲毒素，可用荧光薄层扫描计。此外，食品分析尤其是食品中痕量元素的测定方法还有分光光度法、荧光光谱法、中子活化法、溶出伏安法、极谱法和高效液相色谱法等。建立在化学分析基础上的各种仪器分析方法，各有特点，并且可以相互补充。

本书食品分析部分包括食品的感官分析和物理检验、食品一般成分分析与食品添加剂以及食品中有害成分等的检测，所用的方法涉及常用的化学分析法和仪器分析法。

三、食品安全的概念与内涵

《中华人民共和国食品安全法》规定："食品安全，指食品无毒、无害，符合应当有的营养要求，对人体健康不造成任何急性、亚急性或者慢性危害"。安全、营养、适宜是食品的三个基本要素，安全位于首位，是对食品的基本要求。

1996 年世界卫生组织（WHO）在其发表的《国家级食品安全性计划指南》中将食品安

全性与食品卫生两个概念加以区别。食品安全性被解释为"对食品按其原定用途进行生产和（或）食用时不会对消费者造成损害的一种担保"，食品安全性强调食品中不应该含有可能损害或威胁人体健康的物质或因素。食品卫生是指"为确保食品安全性和适合性在食物链的所有阶段必须创造的一切条件和采取的措施"，前者是目标，后者是达到目标的保障。在评价一种食品是否安全时，需要依靠一定的检测手段提供科学的依据，以确定食品中的有害物质的含量和毒性，再通过风险评估来判断其是否会对人体造成实际危害。

食品安全包括食品卫生、食品质量、食品营养等相关方面的内容和食品（食物）种植、养殖、加工、包装、储藏、运输、销售、消费等环节。无论是发达国家还是发展中国家，食品安全都是企业和政府对社会最基本的责任和必须做出的承诺。食品安全与生存权紧密相连，具有唯一性和强制性，通常属于政府保障或者政府强制的范畴。近年来，国际社会逐步以食品安全的概念替代食品卫生、食品质量的概念，更加突出显示了食品安全的政治责任。在经济学上，"食品安全"指的是有足够的收入购买安全的食品。中国农业大学何宇博士曾经对农村消费环境做过调查。他指出，如今广大农村已经成了问题食品的重灾区，假冒伪劣食品出现的频率高、流通快、范围广，不法商人制假售假的手段和形式也更高明、更隐蔽。农村消费者的经济收入有限，自我保护意识不强，维权能力较弱，而且随着我国城市化进程的加快，这一现象已经扩大到一些城市的城乡结合部和城市下岗失业人群。

食品安全包含绝对安全和相对安全两个概念。绝对安全是指不会因食用食物而发生危及健康的问题，即食品绝对没有风险。相对安全是指一种食物或食物成分在合理食用和正常食用量下不会对健康有损害。在实际生活中，影响食品安全的因素是多方面的，要求食品绝对安全几乎是不可能实现的。任何食物或食物成分，尽管对身体有益或者其毒性微乎其微，但如果食用过量或食用方式不当，都可能危害健康，甚至危及生命。此外，生物体存在较大的个体差异，某些食品如鸡蛋、牛奶、鱼等对大多数人来说是美味佳肴，而对某些人却是过敏反应的诱发因素，对这些个体来说，上述食物就是不安全的。因此，我们在进行食品安全性分析时，应该从食品最基本构成出发，在现有的先进检测手段下，力求把可能存在的风险降低到最低限度，科学保护消费者的利益。同时，在有效控制食品有害物质或有毒物质含量的前提下，一切食品是否安全，还取决于食品制作、饮食方式的合理性，适当食用数量，以及食用者自身的一些内在条件。

简单地说，我们的饮食不是完全没有危害的，食品安全不是绝对的。2001年瑞典科学家曾经做过一项调查研究，他们对不接触致癌物质——丙烯酰胺工作环境的人群进行了调查，结果出乎意料地发现他们身体中含有高水平的丙烯酰胺。这一意外的发现使瑞典科学家对丙烯酰胺在食品中出现的可能进行了进一步的调查研究，结果在包括炸薯条在内的油炸淀粉类食品中发现丙烯酰胺。2007年5月23日，香港消委会与食物安全中心在样本检测中发现，"肯德基家乡鸡脆薯"、"麦当劳中薯条"中均含有丙烯酰胺。丙烯酰胺并不是一种新的有害物质，它在人们传统的食品制作方法中产生，并且已经存在很长时间了，只是我们没有意识到而已。我们食用的大多数食品都可能含有不同水平的致癌物质，但这并不意味着我们就不吃东西了。其实引起癌症的原因有很多，包括饮食习惯、吸烟、生活环境等因素，而有些人可能由于某些特殊的原因使自身缺乏免疫力而比其他人更容易得癌症。像丙烯酰胺一样，很多污染物不是一种直接的危害，食品中的污染物会对人体造成危害主要是由于对其长期的摄入。

因此，食品安全性随着科学技术的发展以及涉及领域的扩大将越来越突出。它也将随着食品检测方法的革新、临床毒理毒性的研究、新资源食品的研发、风险安全性评价等方面的进步而不断地得到强化和完善。食品安全是保障人们身心健康的需要，也是提高食品在国内外市场上竞争力的需要，同时也是保护和恢复生态环境，实现可持续发展的需要。

四、国内外食品安全概况及反思

20 世纪 80 年代末以来，由于一系列食品原料的化学污染、疯牛病的暴发、口蹄疫疾病的出现、自然毒素的影响，以及畜牧业中抗生素的应用、基因工程技术的应用，使食品安全问题为全世界所共同关注。食品安全问题已成为 21 世纪消费者面临的首要问题。中国加入 WTO 后，中国食品与国际食品的快速接轨，食品安全问题成为我国面临的重要挑战之一，无论对农民、消费者，还是食品加工及食品经销企业来说食品安全都是至关重要的。与先进国家相比，中国在食品安全问题上还存在一定差距，无论是检验检疫方法、标准还是食品安全法规都还有待完善。

食品安全问题主要集中在以下几个方面：微生物性危害、化学性危害、生物毒素、食品掺假以及转基因食品的安全性问题，这也是国际社会普遍关注的。这些食品安全问题通常表现为食源性疾患。食源性疾患是通过摄食而进入人体的有毒有害物质（包括生物性病原体）所造成的食物中毒、肠道传染病、人畜共患传染病、寄生虫病等疾病。

在强调从农田到餐桌的安全评估控制管理体系下，过程分析可以较全面地反映食品安全所涉及的危害。农产品在种植、养殖的过程中，会因为大量使用农药、化肥、兽药等给食用这些农产品的人类的健康造成危害；农作物采收、存储或运输不当，会发生霉变或微生物污染；食品加工、存储或运输不当，会造成食品添加剂、重金属、微生物等污染，也会使食品腐败变质。

全世界每年都有大量的农药施用于农作物。世界各国都存在着不同程度的农药残留问题，农药残留会导致几方面危害。首先是对人体健康的影响。食用含有大量高毒、剧毒农药残留的食物会导致急性中毒事故；长期食用农药残留超标的农副产品，虽然不会导致急性中毒事故，但可能引起慢性中毒，导致疾病的发生，甚至影响到下一代。其次是药害影响农业生产。由于不合理使用农药，特别是除草剂，导致药害事故频繁，经常引起大面积减产甚至绝产，严重影响了农业生产。最后农药残留还会影响进出口贸易。世界各国，特别是发达国家对农药残留问题高度重视，对各种农副产品中农药残留都规定了越来越严格的限量标准。许多国家以农药残留限量为技术壁垒，限制农副产品进口，保护农业生产。2000 年，欧共体将氰戊菊酯在茶叶中的残留限量从 10 mg/kg 降低到 0.1 mg/kg，使我国茶叶出口面临严峻的挑战。

在 2006 年 8 月 2 日，浙江省台州市卫生局执法人员在某油脂厂内查扣原料油 38 600 kg、成品油 5 300 kg。经检测，这种猪油中酸价和过氧化值严重超标，还检出内含剧毒的"六六六"和 DDT。2006 年 8 月，印度查出可口可乐残留农药超标 200 倍，11 种软饮料农药含量超标。中国也是世界上农药生产和消费量较高的国家，由于多用或不按规定滥用农药，我国每年因农药而引起的食物中毒事件屡屡发生，特别是蔬菜中有机磷农药中毒。蔬菜中有机磷农药被人体吸收后，通过血液运到全身各个脏器，有机磷农药中毒后主要表现为出汗、肌肉颤动、心跳加快、瞳孔缩小等，严重的可导致中枢神经系统功能失常。目前，国内蔬菜中农药残留快速检测方法得到了广泛重视和应用，几种常用农药残留的快速检测方法也已经成为国家标准推荐方法。

我国每年大量、超量地使用化肥于农作物上，使化肥在土壤中的残留越来越严重。肥料施用不当、滥用化肥生产的蔬菜对人类健康的威胁并不亚于在蔬菜上残留的农药。硝酸盐本身并没有毒，但在人体口腔和胃肠中会在细菌的作用下还原为亚硝酸盐。当食品中亚硝酸盐聚集到一定量时则可能引起中毒。如果长期摄入，可能诱发消化道系统癌变，如胃癌、肠癌。现在普遍认为硝酸盐在还原酶作用下可转变为亚硝酸盐，而亚硝酸盐在一定酸性条件下分解产生亚硝酸，亚硝酸和亚硝酸盐可以产生亚硝胺，亚硝胺是一种公认的致癌物，所以亚硝酸盐、硝酸盐的使用受到控制，对它们的最大允许用量都有严格规定。由于偏施氮肥，我国蔬菜硝酸盐污染问题已相当严重，特别是叶菜类蔬菜，人体摄入的硝酸盐85%～90%来自蔬菜。1995年FAO/WHO食品添加剂联合专家委员会（JECFA）制定了硝酸盐和亚硝酸盐的每日允许摄入量ADI值，分别为NO_3 0～3.7 mg/kg和NO_2 0～0.06 mg/kg。而1995年欧洲（EC）食品科学委员会（SCF）制定了硝酸根离子ADI值为3.65 mg/kg（相当60 kg体重的人允许摄入量为219 mg/d）。我国规定亚硝酸钠最大允许使用量是0.15 g/kg，允许残留量为：肉类罐头0.05 g/kg，肉制品0.03 g/kg。

为了预防和治疗家畜和养殖鱼患病而大量使用抗生素、磺胺类等化学药物，往往造成药物残留于食品动物组织中，国内外发生的由于兽药残留而引起消费者食物中毒的事件，增加了消费者对所食用畜产品的担忧和关注。2006年11月17日，上海市公布了对30件冰鲜或鲜活多宝鱼的抽检结果，30件样品中全部被检出硝基呋喃类代谢物，部分样品还被检出环丙沙星、氯霉素、红霉素等多种禁用鱼药残留，部分样品土霉素超过国家标准限量要求。兽药残留既包括原药，也包括药物在动物体内的代谢产物。在食品中由于药物本身的副反应或耐药性细菌种群的增长，将增加潜在的健康安全问题。目前氯霉素等抗生素兽药残留是欧盟各国对我国检验检疫的重点。

近年来，在我国由于盐酸克伦特罗（俗称"瘦肉精"）兴奋剂可以使畜禽产生足够的瘦肉而被用在动物体内，从而使很多摄入残留"瘦肉精"的消费者引起中毒反应，产生心动过速、心慌、不由自主地颤抖、心悸胸闷、四肢肌肉颤动、头晕乏力等神经中枢系统中毒后失控的现象，严重者甚至导致死亡。例如2006年9月13日开始，上海市发生多起因食用猪内脏、猪肉导致的疑似"瘦肉精"食物中毒事故，截至9月16日已有300多人到医院就诊。上海市食品药品监管部门确认中毒事故为"瘦肉精"中毒。盐酸克伦特罗中毒潜伏期一般为20 min到4 h，慢性中毒的特点是会导致儿童性早熟。FDA和WHO规定了盐酸克伦特罗在动物体内的最高残留量为：肉0.2 μg/kg，肾0.6 μg/kg，脂肪0.2 μg/kg和乳汁0.05 μg/kg。

金属污染对食品安全性的影响非常大，它属于化学物质污染的重要内容之一。有些元素，目前尚未能证实对人体生理功能有何影响，或者在正常情况下人体只需要极少的数量或者人体只可以耐受极少的数量，剂量稍高，即会呈现毒性作用，称之为有毒元素，其中砷、汞、镉、铅对食品的污染较为严重。2010年1月17日，北京一中学生饮用雪碧后，出现头疼、眩晕症状。当日入院检查，被确诊为汞中毒。这是在不足3个月内，北京市发现的第二例喝雪碧后汞中毒事件。这类有毒元素的特点是有蓄积性，半衰期较长，使机体产生各种急性或慢性的毒性反应，有的还会有致癌、致畸或致突变的潜在危害。对于这类元素，人们当然希望在食品中的含量越低越好，至少不要超过某一限度。因为即便是痕量的，对人体也有危害。目前，被认为具有中等或严重毒性的元素有锑、砷、镉、铬（6价）、铅、锡（有机化合物）、汞、镍等。目前，我国儿童金属铅污染较为严重。

毒素是目前极受重视的安全问题。毒素主要表现在自然毒素，如真菌毒素和贝类毒素。真菌存在于大多数的农产品中，真菌毒素直接或间接进入食物链导致动植物食品受到毒素污染。霉菌是一些丝状真菌的通称，在自然界分布很广，几乎无处不存在，主要分布在不通风、阴暗、潮湿和温度较高的环境中。霉菌非常容易地生长在各种食品上，造成不同程度的食品污染。霉菌污染食品后，一方面可以引起粮食作物的病害和食品的腐败变质，使食品失去原有的色、香、味、形，使其食用价值降低甚至完全丧失；另一方面，有些霉菌可以产生危害性极强的霉菌毒素，对食品的安全性构成极大的威胁。霉菌毒素还有较强的耐热性，不容易被加热破坏。当人体摄入的毒素量达到一定程度后，就会引起食物中毒。

据统计，目前已发现的霉菌毒素有 200 多种，其中与人类关系密切的有近百种，有相当一部分具有较强的致癌和致畸性。在众多的真菌毒素中，黄曲霉毒素的毒性最强。1993 年黄曲霉毒素被世界卫生组织（WHO）的癌症研究机构划定为 I 类致癌物，是一种毒性极强的剧毒物质。黄曲霉毒素的危害性在于对人及动物肝脏组织有破坏作用，严重时，可导致肝癌甚至死亡。在天然污染的食品中以黄曲霉毒素 B_1 最为多见，其毒性和致癌性也最强。黄曲霉毒素常出现在花生、坚果等粮油类食品及其制品中，近年来我国频繁出现的"毒大米"事件，即为黄曲霉毒素污染事件。人类健康受黄曲霉毒素的危害主要是由于人们食用被黄曲霉毒素污染的食物。对于这一污染的预防是非常困难的，其原因是真菌在食物或食品原料中的存在是很普遍的。国家卫生部门禁止企业使用被严重污染的粮食进行食品加工生产，并制定相关的标准监督企业执行。但对于含黄曲霉毒素浓度较低的粮食和食品无法进行控制。在发展中国家，食用被黄曲霉毒素污染的食物与癌症的发病率呈正相关性。亚洲和非洲的疾病研究机构的研究工作表明，食物中黄曲霉毒素与肝细胞癌变（Liver Cell Cancer，LCC）呈正相关性。长时间食用含低浓度黄曲霉毒素的食物被认为是导致肝癌、胃癌、肠癌等疾病的主要原因。1988 年国际肿瘤研究机构（International Agency for Research on Cancer，IARC）将黄曲霉毒素 B_1 列为人类致癌物。除此以外，黄曲霉毒素与其他致病因素（如肝炎病毒）等对人类疾病的诱发具有叠加效应。所以，目前我国加大了对粮油食品的监督抽查力度，同时食品中玉米、花生及其制品中黄曲霉毒素的含量成为欧盟各国对我国检验检疫的重点之一。为了适应国内和国际形势的要求，选择适当可行的方法来检验黄曲霉毒素是当务之急。

生物技术产品的出现同样带来了安全性问题。如今，转基因食品早已被摆上了人们的餐桌，如人们大量食用的番茄、甜椒，大豆粉、大豆油等大豆制品。尽管目前还没有足够的证据来证明转基因食品对人体有害，但有关转基因食品的安全性问题已引起人们的密切关注。目前人们所担忧的是转基因食品对人体健康的风险，转基因产品是否对人类无毒、副作用，转基因产品与非转基因产品是否"实质等同"、无显著差异。由于生物技术产业高技术工程产品的安全性问题还不确定，而较为一致的观点是生物技术产品对人类的健康和生态环境具有潜在的风险。各国政府对转基因产品的态度和政策有所不同，美国、加拿大等国大量生产转基因产品，因而竭力支持其发展；欧盟各成员国、日本、澳大利亚、新西兰等国家以立法或其他形式要求出口国对转基因产品加贴标签，以保护消费者对产品是否含转基因成分的知情权，或以其他方式限制转基因产品的进口。欧盟管理转基因产品的销售与生产的法案，已经于 2001 年由欧洲议会通过，该法案严格规定转基因食物、饲料、种子与药物的标志与监控。

在 2005 年 3 月,国际知名品牌卡夫食品有限公司旗下的乐之三明治饼干和金宝汤公司所产的金宝金黄玉米汤查出含有转基因原料。2002 年 5 月 9 日我国政府发布了《农业转基因生物安全管理条例》,2002 年 1 月 5 日我国农业部发布了《农业转基因生物标志管理办法》、《农业转基因生物安全评价管理办法》和《农业转基因生物进口安全管理办法》这三个管理办法,2002 年 4 月 8 日卫生部发布了《转基因食品卫生管理办法》。

另外,无知或违法掺假如甲醛、增白剂以及过量添加防腐剂、着色剂等,也是食品安全的重要问题。例如 2008 年日本的"毒大米"事件,日本"三笠食品"等公司涉嫌将工业用大米(残余农药超标及发霉)伪装成食用米卖给酒厂、学校、医院等 370 家单位。案发后一涉案中间商自杀身亡,农水省事务次官白须敏朗辞职。9 月 19 日,农林水产大臣太田诚一承认对该案处理不当也引咎辞职。24 日,大米事件影响扩大,日本大阪、福冈、熊本三地警方组成联合搜查小组,对三笠食品总部及相关的 28 个公司企业进行彻底搜查。中国卫生部 2008 年 9 月 11 日晚指出,近期甘肃等地报告多例婴幼儿泌尿系统结石病例,调查发现患儿多有食用三鹿牌婴幼儿配方奶粉的历史。经相关部门调查,高度怀疑石家庄三鹿集团股份有限公司生产的三鹿牌婴幼儿配方奶粉受到三聚氰胺污染。9 月 16 日,质检总局公布婴幼儿配方奶粉检测结果,三鹿、蒙牛、伊利、雅士利、圣元、施恩等 22 种品牌奶粉检出三聚氰胺。卫生部 21 日通报三鹿牌婴幼儿配方奶粉事件医疗救治情况时指出,截止到 9 月 21 日 8 时,各地报告因食用婴幼儿奶粉正在住院接受治疗的婴幼儿共有 12 892 人,其中有较重症状的婴幼儿 104 人。

2006 年 11 月底香港出现"有毒"的桂花鱼,香港地区食环署食物安全中心对 15 个桂花鱼样本进行化验,结果发现 11 个样本含有孔雀石绿。孔雀石绿是有毒的三苯甲烷类化学物,既是染料,也是杀菌剂,可致癌。2004 年 5 月 9 日,中央电视台"每周质量报告"报道了四川成都新繁、彭州个别生产泡菜的企业使用了敌敌畏、工业盐等有毒有害物质生产泡菜。此事一经曝光,在社会上引起强烈反响,对成都市的泡菜生产企业产生了巨大的影响,导致成都市许多正规的泡菜生产企业遭受了惨重的损失。而这一事件也不可避免地导致全国各地消费者对泡菜生产企业的信任危机,事件被披露后,在很长一段时间里,人们都不敢乱吃泡菜。

2008 年 10 月 1 日加拿大公共卫生局发布公告说,截至 2008 年 10 月 1 日,受李氏杆菌污染的食品已在加拿大导致 20 人死亡。据报道,这次食品污染事件于 2008 年 7 月暴发,最近一个死亡病例发生在安大略省,该省迄今共有 15 人死于这种病菌。其他死亡病例分布在不列颠哥伦比亚省、艾伯塔省和魁北克省等地。此外,加拿大政府还在对 6 例疑似死亡病例进行调查。又如法国婴幼儿乳品企业——宝怡乐于 2008 年 9 月 24 日再次在其网站上发布公告,宣布扩大该公司生产的婴幼儿"防吐助消化"奶粉召回范围。由于被怀疑受到沙门氏菌污染,宝怡乐已于 23 日发布公告,宣布召回该公司生产的、仅在法国药店出售的、批号为 10 的婴幼儿"防吐助消化"奶粉。在 2005 年,美国雀巢"金牌成长 3 ＋奶粉"多批次被查出含碘超标,被迫进行大规模产品召回,不久后又陷入受化学污染的丑闻。2005 年 3 月,荷兰联合利华集团旗下的立顿普通型速溶茶的氟化物大大超标。2005 年 3 月,肯德基新奥尔良烤翅和新奥尔良烤鸡腿堡调料中发现致癌物质"苏丹红一号"成分,之后肯德基香辣鸡腿堡、辣鸡翅、劲爆鸡米花三种产品又被发现"涉红"。美国 FDA 于 2002 年 2 月生效了一项法规,进口到美国的食品必须注册,以防止出口国产品的不纯、掺假。

食品安全事件的不断发生既是社会负担,也是经济负担。食品的安全性关系到人民的健康、社会的稳定，保证对人的身心健康和生命安全不产生危害，是对食品的基本要求，具有法律强制性。在市场经济的大潮中，一个食品企业的产品要具备竞争力，首先必须在消费者心目中建立安全感和信任感。在对外贸易中，合作伙伴也是首先对产品的安全性做出要求，食品安全控制的国际标准是进行食品世界贸易的通行证。由于现代企业的规模日益庞大，许多还具有跨国性，各企业之间的联系日渐密切。因此，食品的安全性一旦出现问题，不仅会对企业产生致命的打击，而且还会对一个国家或几个国家的经济、政治、社会产生深刻的负面影响。

　　人类对食物数量和质量的需求对于食品生产经营者来说是一个永不休止的挑战。新的加工工艺和设备、新的包装材料、新的储藏和运输方式等都会给食品带来新的不安全因素。世界各国无不加大对食品安全的研究力度，在保障消费者利益的前提下，寻求保护本国经济利益的"合法"技术措施。据有关资料介绍，在目前的国际贸易中，贸易技术壁垒已占非关税贸易壁垒的30%，由贸易技术壁垒所引发的国际贸易争端也越来越多。

　　针对食品安全性存在的这些问题，对影响食品安全质量的有害物质进行快速测定也日益重要。只有加强对现代食品安全的检验检疫、监督检测、质量控制，通过检验食品中的有害物质及其含量，才能保证食品安全、无毒。因此，准确可靠、方便快速、经济的食品安全卫生检验方法是保障消费者身体健康必不可少的重要措施。

　　纵观历年国际国内食品安全事件，大部分人都想提出自己的期望，那就是食品安全必须警钟长鸣，各国政府和食品企业必须把食品安全工作常抓不懈，把保障食品安全放在一个更为重要的位置。古语云，"国以民为本，民以食为天"。然而，从日本"三笠毒大米"到中国"三鹿毒奶粉"事件的发生，我们也看出问题的复杂性，有道德问题——有些人利欲熏心、唯利是图，更有深层次的机制问题——对企业和市场的监管不力，让不法经济行为钻了空子。套用一句古话，"路漫漫其修远兮，吾将上下而求索"，在保障食品安全的道路上，各国政府还需继续努力。

第二章 食品分析基础知识

食品分析的一般程序为：样品的采集、制备和保存；样品的预处理；成分分析；分析数据处理及分析报告的撰写。

第一节 样品的准备

样品的准备包括样品的采集、制备及保存，是食品分析中非常重要而往往又是比较繁琐的步骤。它对后来的食品分析结果有重要的影响。

一、样品的采集

什么是样品的采集呢？所谓样品的采集，又称采样就是从整批产品中抽取一定数量并具有代表性的样品的过程。

（一）正确采样的重要性

正确采样必须遵循两个原则：第一，采集的样品要均匀，要具有代表性，能反映出全部被测食品的组分、质量和卫生状况；第二，采样过程中要设法保持样品原有的理化指标，防止成分逸散或带入其他杂质。

食品采样的目的在于检验样品感官性质上有无变化，食品的一般成分有无缺陷，加入的添加剂等物质是否符合国家标准，食品的成分有无掺假现象，食品在生产运输和储藏过程中有无受到重金属污染，是否存在有害物质的引入和各种微生物的污染以及有无腐败变质现象等。由于分析检验时采样很多，其检验结果又要代表整箱或整批食品的结果。所以样品的采集是食品分析中重要环节的第一步，采集的样品必须能够代表全部被检测的物质，否则以后样品的处理及分析检测的计算结果无论如何准确也是没有任何价值的。

（二）样品的分类

按照样品采集的过程，样品可以分为检样、原始样品、平均样品和试验样品（即试样）。

检样——从整批被检对象的各部分，或在生产线上的不同时间，使用适当的工具，按规定的方法采集的少量样品称为检样。

原始样品——将许多份质量相同的检样混合在一起，称为原始样品。

平均样品——将原始样品按规定方法混合均匀，再抽取其中的一部分供分析测定用的样品称为平均样品。

试验样品——平均样品经混合分样，根据需要从中抽取一部分用于分析测定用的样品称为试验样品，简称试样。

（三）采样的数量与方法

食品种类繁多，有乳制品、蛋制品和各种小食品（糖果、饼干类）等。食品的包装类型也很多，有散装的（比如粮食、食糖），还有袋装的（如食糖）、桶装的（如蜂蜜）、听装的（如罐头、饼干）、木箱或纸盒装的（如禽、兔和水产品）和瓶装的（如酒和饮料类）等。食品采集的类型也不一样，有的是成品样品，有的是半成品样品，还有的是原料类型的样品。尽管食品的种类不同，包装形式也不同，但是采集的样品一定要具有代表性，也就是说采集的样品要能代表整个批次的样品，对于各种食品采样都有明确的采样数量和方法说明。

1. 散敞状样品（如粮食、粉状食品）

按照四分法来取平均样品（100～200 g）。

2. 较稠的半固体样品

用采样器从上、中、下得到所需数量的平均样品。

3. 液体样品

在采样前必须充分混合，混合时可以用混合器，如容器内被检物量不多时，可以用由这一容器转移到另一容器的方法来混合。采样用长形管或特制采样器。一般可以用虹吸法分层采样，每层各取 500 mL 左右，装入小口瓶中混匀。

4. 小仓库样品

如罐头、瓶装奶粉，对小仓库样品应连包装一起采样。

5. 鱼、肉、蔬菜等组成不均匀的样品

视检验目的，可以由被检物的各个部分分别采样，必须从有代表性的各部位（如肌肉、脂肪，蔬菜的根、茎叶等）分别采样，经过充分打碎混合后成为平均样品。

采集样品后，必须将样品装入预先洗净烘干的广口瓶中，瓶签上注明名称、采样日期、交货数量、采样方法及其他应该说明的情况，并由经手人签封。

（四）采样举例

1. 脂肪乳粉取样

若脂肪乳粉是用箱或桶包装的，则开启总数的 1%，用 83 cm 长的开口采样托，先进行杀菌处理，然后自容器的四角及中心各采取样品一插，放在盘中搅匀，采取约总量的 1‰供检验用。若采取乳粉样品为瓶装、听装时，可以按批号分开，从该批产品堆放的不同部位采集总数的 1‰作供检验分析用，但抽取件数不得少于两件，尾数超过 500 件的应该加抽一件。

2. 牛乳取样

每次采样量最少为 250 mL。取样时要先将牛乳混匀，混匀方法是用特制的搅拌棒在牛乳中先自上而下，再自下而上各以螺旋式转动 20 次。

如果采取数桶乳的混合样品时，则先要估计每桶乳的质量，然后以质量比例决定每桶乳中应该采取的数量，用采样管采集在同一个样品瓶中，混匀即可。一般每千克可采样 0.2～1.0 mL。

二、样品的制备

为了保证分析结果的正确性,对分析的样品必须加以适当的制备。制备的目的是保证样品十分均匀,在分析时取任何部分都能代表全部样品的成分。

样品的制备是指对采集的样品进行分取、粉碎及混匀等过程。制备方法因产品的类别不同而异。

① 液体、浆体或悬浮液体,一般是将样品摇动或充分搅拌。常用的简便的搅拌工具是玻璃搅拌棒,还有带变速器的电动搅拌器,可以任意调节搅拌速度。

② 互不相溶的液体,如油和水的混合物,分离后分别采取。

③ 固体样品应该切细、捣碎、反复研磨或用其他方法研细。常用的工具有绞肉机、粉碎机、研钵等。

④ 水果罐头在捣碎前必须清除果核。肉食罐头应预先剔除骨头。鱼类罐头要将调味品(葱、辣椒及其他调味品)分离出来后再捣碎。常用的工具有高速组织捣碎机等。

在测定农药残留量时,各种样品的制备方法如下:

① 粮食类:要充分混匀,用四分法取 200 g 粉碎,全部通过 40 目筛。

② 蔬菜水果类:先用水洗去泥沙,然后除去表面附着的水分,再根据当地的食用习惯,取可食部分沿纵轴剖开,各取四分之一,切碎后充分混匀。

③ 肉类:除去皮和骨头后,将肥瘦肉混合取样。每份样品在检验农药残留量的同时,还应该进行粗脂肪含量的测定,以便必要时分别计算农药在脂肪或瘦肉中的残留量。

④ 蛋类:去壳后全部混匀。

⑤ 禽类:去毛,开膛去内脏,洗净,除去表面附着的水分,纵剖后将后半只去骨的禽肉绞成肉泥状,充分混匀。检验农药残留量的同时,还应该进行粗脂肪的测定。

⑥ 鱼类:每份鱼类样品至少要三条,先除去鳞、头、尾及内脏,洗净,除去表面附着的水分,纵剖,然后取每条鱼的一半,去骨刺后全部绞成肉泥状,充分混匀。

三、样品的保存

采集的样品应该在当天进行分析,以防止其中水分或挥发性物质的散失及其他待测物质含量的变化。如果不能立即进行分析,必须加以妥善保存。应当把样品保存在密封洁净的容器内,必要时放在避光处,切忌使用带有橡皮垫的容器,容易腐烂变质的样品需保存在 0 ℃~5 ℃,保存时间也不宜过长。否则,会导致样品变质或待测物质的分解。

有些国家采用升华干燥,又称冷冻干燥来保存样品。在进行冷冻干燥时,先将样品冷冻到冰点以下,水分即变成固态冰,然后在高真空条件下将冰升华以脱水,样品即被干燥,通常是将样品冷冻至 -10 ℃~-30 ℃,于 13~40 Pa 的真空度下使冰升华来干燥样品。由于样品在低温下干燥,食品的物理结构和化学变化极小,所以食品成分的损失比较少,可以用于肉、鱼、蛋和蔬菜类样品的保存。其保存时间可达数月或更长,但并不适合于含挥发性成分的样品的保存。

第二节 样品的预处理

一、样品预处理的目的

食品中有害物质及某些特殊成分的检验分析有许多共同之处，由于食品本身含有蛋白质、脂肪、糖类等，对分析测定常产生干扰，因此在分析测定之前必须进行样品预处理，这样可以去除干扰物质，同时使被测物质达到浓缩的目的。所以在食品分析测定时，样品的预处理是整个分析测定过程中的重要步骤。

二、样品的预处理方法

样品的预处理方法对分析结果影响很大。固体样品必须磨碎，谷类通过18目筛，其他食品通过30～40目筛。液态样品先在水浴上浓缩，然后用烘箱干燥。糖浆、甜炼乳等浓稠液体，一般要加水稀释。糖浆稀释液的固形物含量应控制在20%～30%。甜炼乳的稀释方法为：称取样品25 g，加水定容到100 mL。面包类水分含量大于16%的谷类食品，可以采用二步干燥法，例如将面包称重后，切成厚度为2～3 mm的薄片，风干15～20 h，然后再进行称重、磨碎、过筛，以烘箱干燥法来测定水分。

样品预处理的方法多种多样，在实际应用中应该综合考虑、灵活运用。样品预处理通常是分析测定过程中最繁琐但也是最重要的一步，必须慎重对待。根据被测物质的理化性质以及样品的类型和特点，常用的样品预处理方法有以下几种。

（一）有机物破坏法

有机物破坏法用于食品中无机盐或金属离子的测定，是在高温或强烈氧化条件下，使食品中有机物质分解，呈气态逸散，而被测的组分残留下来。根据具体操作条件的不同，又可以将其分为干法灰化和湿法消化两大类。

1. 干法灰化

干法灰化是指将样品置于灰化炉中（一般500 ℃～550 ℃）进行高温灼烧的方法，即将适量样品置于坩埚中加热，使其中的有机物脱水、炭化、分解、氧化，再置于灰化炉中进行高温灼烧，直至残灰为白色或者浅灰色为止，所得的残渣即为无机成分，可以供测定用。为了避免测定物质的散失，往往加入少量碱性或酸性物质（固定剂），通常称为碱性干法灰化或酸性干法灰化。例如某些金属的氯化物在灰化时容易消失，这时就加入硫酸，使金属离子转变为稳定的硫酸盐。

干法灰化时间长，常需过夜完成，但操作简单，有机物分解彻底，不需要操作人员长时间看管。由于试剂用量少，空白值较低，但因温度高易造成某些挥发性元素的损失。

2. 湿法消化

湿法消化是在样品中加入强氧化剂（如浓硝酸、高氯酸、高锰酸钾等），使样品中的有机物完全分解氧化并呈气态逸出，而被测物质呈离子状态保留在溶液中。由于湿法消化是在溶液中进行的，被分析物质的损失相对少一些。湿法消化常用于处理某些极易挥发散失的物质，除了汞以外，大部分金属的测定都能得到良好的结果。

湿法消化时间短，而且挥发性物质的损失较少，在消化初期容易产生大量泡沫外溢，故需要操作人员看管。此外，试剂用量较大，空白值偏高。

（二）蒸馏法

利用液体混合物中各组分挥发度的不同将样品分离为纯组分的方法叫蒸馏。根据样品中待测定成分性质的不同，可以采用常压蒸馏、减压蒸馏、水蒸气蒸馏等蒸馏方式。

（三）溶剂提取法

在同一溶剂中，不同的物质具有不同的溶解度。利用混合物中各物质溶解度的不同，将混合物组分完全或部分分离的过程叫萃取，也称提取。此法常用于维生素、重金属、农药及黄曲霉毒素的测定。溶剂提取的方法很多，最常用的是浸泡法（或浸提法）和萃取法（或溶剂分层法）。

1. 浸泡法（浸提法）

用适当的溶剂将固体样品中的某种待测成分提取出来的方法称为浸提法，又称液-固萃取法。如从茶叶中提取茶多酚，从香菇中提取香菇多糖等。所采用的提取剂，要符合相似相溶原理，并且溶剂要稳定，不与样品发生任何反应。

2. 萃取法（溶剂分层法）

利用某组分在互不相溶的溶剂中溶解度的不同（即分配系数不同），使其从一种溶剂转移到另一种溶剂中，而与其他组分分离的方法，称为溶剂萃取法。萃取通常在分液漏斗中进行，一般需经 3~5 次萃取，才能达到完全分离的目的。

（四）磺化法和皂化法

这是处理油脂或含脂肪的样品时经常使用的方法。例如油脂被浓硫酸磺化，或者被碱皂化，由憎水性变成亲水性，这时油脂中要测定的非极性物质就能较容易地被非极性或弱极性溶剂提取出来。

1. 磺化法

当油脂遇到浓硫酸时会被磺化成极性非常大并且易溶于水的化合物，利用这一反应，可将样品中的油脂磺化后再用水洗涤除去。磺化净化法主要适用于对强酸稳定的有机氯农药，如 DDT 和"六六六"等，而不能用于狄氏剂和一般有机磷农药。

2. 皂化法

在碱性环境中较为稳定的一些成分，如维生素 A、维生素 D、艾氏剂、狄氏剂等，其中混入的脂肪可以用氢氧化钾回流皂化 2~3 h 除去，以达到净化的目的。

第三节　食品分析方法的选择

一、正确选择分析方法的重要性

食品分析的目的在于为生产部门和市场管理监督部门提供准确、可靠的分析数据。生产部门根据这些数据对原料的质量进行控制，制定合理的工艺条件，保证生产正常进行，以较低的成本生产出符合质量标准和卫生标准的产品。市场管理监督部门则根据这些数据对被检食品的品质做出正确客观的判断和评定，防止质量低劣的食品危害消费者的身心健康。为了达到上述目的，除了需要采用正确的方法来采集样品，并且对采集的样品进行合理的制备和预处理外，在众多的分析方法中选择正确的分析方法是保证分析结果准确的又一个关键的环节。如果选择的分析方法不恰当，即使前面环节非常严格、正确，得到的分析结果也可能是毫无意义的，甚至会给生产和管理带来错误的信息，造成人力、财力、物力和时间的浪费。

二、选择分析方法应该考虑的因素

样品中待测成分的分析方法往往很多，如何选择最恰当的分析方法是需要认真考虑的。一般来讲，应考虑以下几十主要因素。

1. 分析要求的准确度和精密度

分析的目的不同，对实验的要求差别就会很大。要根据生产或科研工作对分析结果要求的准确度和精密度来选择适当的分析方法。测定结果必须和实际值接近。

2. 分析方法的繁简和速度

在满足分析要求的前提下，应该尽量选择操作方法简单、容易控制、设备投资少、成本低廉、节省时间的分析方法，从而避免人力、物力的浪费。

3. 样品的特性

各类样品中待测成分的形态和含量以及可能存在的干扰物质等对分析结果的影响很大。样品的预处理要求、提纯的难易程度、干扰因素等都是必须要考虑的因素。

4. 现有的条件和能力

分析工作一般在实验室中进行，实验室的仪器设备条件和技术条件也不相同，应该根据具体条件来选择简单经济且合适的分析方法。

三、分析方法的评价指标

在研究一种分析方法时，通常用精密度、准确度和灵敏度三项指标进行评价。

1. 精密度

精密度是用来表示在相同条件下进行多次测定，其结果相互接近的程度。它代表测定方法的稳定性和重现性，主要由随机因素决定。一般用算术平均值、绝对偏差、相对偏差、标准偏差和变异系数等来表示分析结果的精密度，其中在食品分析中最常用的是标准偏差。

偏差也叫绝对偏差，是指个别测定值与几次测定的平均值之间的差别。偏差与平均值的百分比，称为相对偏差。标准偏差也称为标准差，是偏差平方的统计值（均方根偏差），表示整个测定值的离散程度，用 S 表示。标准偏差与平均值的百分比，称为相对标准偏差，也叫变异系数，用 C_v 表示。

用标准偏差来表示测定精密度具有统计意义，因为单次测定的偏差平方后，较大的偏差更能显著地反映出来，能更好地说明数据的分散程度。S 越小，说明各项之间符合的程度越高，精密度就越高。

2. 准确度

准确度是指测定值与实际值相符合的程度，用来反映其结果的真实性，常用误差来表示。为了检查一种分析方法的准确度，也可以利用这个方法测定回收率，这也是一种相对误差表示的方法。

3. 灵敏度

灵敏度是指检验方法和仪器能测到的最低限度，一般用最小检出量或最低浓度来表示。不同的分析方法有不同的灵敏度，一般来说仪器分析法具有较高的灵敏度，而化学分析法灵敏度相对较低。

第四节　食品分析的误差和数据处理

一、食品分析的误差

误差是指分析结果与真实值之间的数值差。对食品进行定量分析的目的是要获得被测组分的准确含量，即不仅要测出数据，还要与实际含量相接近，准确是最主要的目的。但在实际的食品分析过程中，即使是技术非常娴熟的操作人员，用最可靠的分析方法和最先进的仪器设备测得的结果，也不可能绝对准确。对同一食品样品，采用同一方法，同一个人在相同条件下进行多次测定也难以得到完全相同的结果，即误差是客观存在的。产生误差的原因很多，按其性质通常可以分为两类，即系统误差和偶然误差。系统误差是由固定原因造成的误差，在测定的过程中按一定的规律重复出现，一般有一定的方向性，即测定值总是偏高或总是偏低。这种误差的大小是可测的，所以又称"可测误差"。它来源于分析方法误差、仪器误差、试剂误差和主观误差（如分析人员掌握操作规程与操作条件等因素）。偶然误差是由于一些偶然的外因所引起的误差，产生的原因往往是不固定的、未知的，且大小不一，或正或负，其大小是不可测的。这类误差的来源往往一时难于觉察，可能是由于外界条件（如气压、温度、湿度等因素）的微小变化或仪器的性能、分析人员对各份试样处理的不一致所造成的。

二、提高分析结果准确度的方法

要得到精密而且可靠的分析结果，涉及许多因素。首先，要求实验操作的各个环节不发生差错，即避免过失误差；其次，要严格控制操作条件，适当增加平行测定次数，减少偶然误差；最后，要采取相应的措施，消除系统误差。

（一）对照试验

对照试验是检查系统误差的有效方法。在进行对照试验时，常常用已知结果的试样与被测试样都按照完全相同的步骤操作，或者由不同的单位、不同的操作人员进行测定，最后将分析结果进行比较。这样在测样品的同时，以标准品为对照，可以抵消许多不明因素的影响。

（二）空白试验

在进行样品测定过程的同时，采用完全相同的操作方法和试剂，唯独不加被测定的物质，进行空白试验。在测定值中扣除空白值，就可以抵消由于试剂中的杂质干扰等因素造成的系统误差。

（三）校正仪器和标定溶液

科学仪器在出厂时，一般是经过校正的，但对于要求高的分析工作应该进行校准。各种计量测试仪器，如电子天平、旋光仪、分光光度计，以及移液管、滴定管、容量瓶等，在精确的分析中必须进行校准，并且在计算时采用校正值。各种标准溶液（尤其是成分容易发生变化的试剂）应该按照规定进行定期标定，以保证标准溶液的浓度和质量。

（四）正确选取样品量

样品量的多少与分析结果的准确度关系很大。在常量分析中，滴定量或样品质量的过多或过少都会直接影响到准确度；在比色分析中，样品的含量与吸光度往往只在一定范围内呈线性关系，这就要求测定时读数在这个范围之内，并且尽可能在仪器读数较灵敏的范围内，以提高准确度。通过增减取样量或改变稀释倍数就可以达到上述目的。

三、分析数据的处理

为了使食品分析的测定结果可靠准确，不仅要求在实验技术上做到精益求精，还需要熟练掌握分析数据的科学处理方法。通过测定工作获得一系列有关分析数据以后，需按以下原则进行记录、运算和处理。特别要指出的是，实验数据的处理，必须建立在良好的测试数据基础之上，这样才能得到准确可靠的分析结果。

（一）记录与运算规则

食品分析中数据记录与计算都按照有效数字的计算法则进行，即：

① 除有特殊规定外，一般可疑数为最后一位，有 ±1 个单位的误差。

② 复杂运算时，其中间过程可以多保留一位，最后结果须取应有的位数。

③ 加减法计算的结果，其小数点以后保留的位数，应与参加运算各数中小数点后位数最少的相同。

④ 乘除法计算的结果，其有效数字保留的位数，应与参加运算各数中有效数字位数最少者相同。

（二）可疑值的取舍

同一样品进行多次测定后，常会发现个别数据与其他实验数据相差较大，对于这些令人不满意的数据不能随便丢弃。除非分析者有足够的理由来确证这些极端值是由于某种偶然过失或因外来干扰因素而造成的进行剔除外，否则都应当依据误差理论来确定这些数据的取舍，绝不能轻易保留或随意舍弃。

决定可疑值取舍的方法有多种，这里仅介绍 Q 检验法，这是用于处理测量次数较少（3～10次）的测量中可疑值舍弃的最好方法。

Q 检验法的基本步骤为：

① 将测定值由小到大排列，显然，异常值出现在两端。

② 求舍弃商值（可疑值和邻近值之差与该组数据中最大值和最小值之差的商的绝对值）后，查表（见表 2-1）。如果 $Q_{计} > Q_{表}$，则舍去可疑值；如果 $Q_{计} \leqslant Q_{表}$，则保留可疑值。

表 2-1　两种置信度下舍弃可疑数据的 Q 值

测定次数	3	4	5	6	7	8	9	10
90%	0.94	0.76	0.64	0.56	0.51	0.47	0.44	0.41
95%	1.53	1.05	0.86	0.76	0.69	0.64	0.60	0.58

（三）标准曲线的绘制

标准曲线常用于确定未知浓度，其基本原理是测量值与标准浓度成一定比例。在用比色法、荧光法、吸光光度法等对某些成分进行测定时，常常需要制备一套标准物质的系列溶液，例如在 721 型分光光度计上测出吸光度，根据标准系列的浓度和吸光度绘制出标准曲线。但是，在实际绘制标准曲线时点阵往往不在一条直线上，对这种情况我们可以用回归法求出该线的方程，按照回归方程计算结果来绘制标准曲线。这里简单说明如下，计算直线回归方程的公式如下所示。

直线方程

$$y = ax + b$$

式中，y 为光密度或色谱峰面积，x 为物质含量或浓度，a 为直线斜率，b 为截距。

回归方程式：

$$a = \frac{n\sum xy - \sum x \sum y}{n\sum x^2 - (\sum x)^2} \qquad b = \frac{\sum x^2 \sum y - \sum x \sum yx}{n\sum x^2 - (\sum x)^2}$$

$$\gamma = \frac{\sum(x-\bar{x})(y-\bar{y})}{\sqrt{\sum(x-\bar{x})^2 \sum(y-\bar{y})^2}}$$

式中，n 为测定次数，γ 为相关系数。

γ 越接近 1，说明越准确，可以大于 1，也可以小于 1。目前求回归方程最便捷的方法可以通过 Office Excel 等软件来实现，若用手算是相当繁琐的。

四、食品分析中对蒸馏水的要求

食品分析过程中离不开蒸馏水或特殊制备的纯水，但是在一般的项目测定中，可以用普通蒸馏水，无论试剂的制备或测定过程中加入的水也就是表明加入的是蒸馏水。所谓蒸馏水就是自来水经过蒸馏后所得的水。

由于普通蒸馏水中含有 CO_2、挥发性酸、氨和微量元素如金属离子等，所以进行灵敏度高的微量元素的测定时往往需要将蒸馏水做特殊处理，一般采用硬脂全玻璃重新蒸馏一次，或用离子交换纯水器进行处理，就可以得到高纯度的特殊用水。其制备方法介绍如下：

（1）用于酸碱滴定的无 CO_2 水的制备。

将普通蒸馏水加热煮沸 10 min 左右以除去原蒸馏水中的 CO_2，盖塞备用。

（2）用于微量元素测定用水的制备。

将普通蒸馏水用全玻璃蒸馏器再蒸馏一次以供使用。

（3）用于一些有机物测定的水。

在普通的蒸馏水中加入高锰酸钾碱性溶液，重新蒸馏一次。

（4）去离子水。

这是一般化验常用的水。蒸馏水通过阴阳离子交换器进行处理，基本上把水中的 K^+、Na^+、Mg^{2+}、Ca^{2+}、Cu^{2+} 或酸性的 CO_3^{2-}、SO_4^{2-}，氯化物和硝酸根等阴离子通过阴阳离子交换树脂交换而除去。

对蒸馏水的纯度可以用电导仪或者专门的水纯度测定仪来测定。一般电导度达到 $0.1\mu\Omega$ 时，表示水就很纯净了。但是电导度不能表示有机物的污染，对特殊的分析项目对水有特殊的要求，另外对蒸馏水的纯度也可以用化学方法进行检查。

（1）测定 pH。

吸取 10 mL 离子交换水于试管中，加入 2 滴 0.1%甲基红指示剂后不显红色而显黄色的，或者在 10 mL 离子交换水中加入 5 滴 0.1%的溴麝香草酚蓝指示剂后不呈现蓝色的即为合格的离子交换水。

（2）检查钙和镁离子。

吸取 10 mL 离子交换水于试管中，沿壁加入 1 滴铬黑 T 指示剂勿摇动，要求在两液面间不能出现微紫红色，更不能出现紫色（如有色，说明水中有这两种离子存在，这种去离子水不合格，则树脂需要再生）。

（3）检查氯化物。

吸取 10 mL 离子交换水于试管中，加入 1～2 滴浓硝酸酸化，再加入 4 滴 1%硝酸溶液，摇匀后不出现氯化银沉淀现象（如有白色絮状物出现说明水中有氯离子存在，这种去离子水不合格，则树脂需要再生）。

第五节　国内外食品分析标准简介

一、建立食品分析标准的意义及作用

食品是特殊的商品。作为商品，其质量的优良或者伪劣关系到产品能否有效地进入国内外市场，能否受到消费者的欢迎，因此食品的质量是企业和产品的生命。食品质量与安全是备受老百姓和政府部门关注的话题。而食品分析标准是食品安全的重要保证，是提高我国食品质量，增强我国食品在国际市场的竞争力，促进产品出口创汇的技术目标依据。在维护市场经济秩序，尤其是维护食品安全领域的健康发展和社会稳定，提高我国食品的质量和信誉，确保人们的身体健康和生命安全等方面起着非常重要的作用。

二、国内食品分析标准

我国法定的食品分析标准有中华人民共和国国家标准（GB）、行业标准和地方企业标准等，其中国家标准是强制性的执行标准。

目前，我国执行的食品新标准是中国标准出版社 2004 年出版的《食品卫生检验方法》（理化部分），第一册中包括 GB/T 5009.1—2003～GB/T 5009.100—2003，第二册中包括 GB/T 5009.101—2003～GB/T 5009.203—2003。该标准以我国原有的国家标准为基础，参照国际先进标准制定，既符合我国的国情，又具有国际先进水平，是食品质量分析工作重要的检验和执法依据。对于我国大多数食品生产企业来说，只要进行技术改造，提高企业的素质，许多生产企业是完全能够达到这些标准的，其生产的食品质量也是能够达到国际市场要求的。

《中华人民共和国国食品卫生检验方法》（理化部分）发布了一系列标准方法，在食品中的检测成分包括：食品的基本成分、食品添加剂、食品中的有害成分等。检测对象包括：粮油、蔬菜水果、肉与肉制品、乳与乳制品、水产品、蛋与蛋制品、豆制品、淀粉类制品、食糖、糕点、饮料、酱醋和蜡制品、橡胶、塑料制品（食品用）、食品包装用纸、陶瓷、铝制、搪瓷食具容器等。每一检测项目中列有几种不同的分析方法，应用时可以根据各地不同的条件来选择使用，如不同方法测定的结果出现争议时，以第一种方法测定结果为准。例如食品添加剂中防腐剂的测定，苯甲酸、山梨酸的标准分析方法中列有薄层色谱法、气相色谱法，如两种方法测定结果有争议时，以薄层色谱法测定结果为准。

三、国际食品分析标准

国际食品分析标准主要是指国际标准化组织（ISO）制定的食品分析标准。国际食品分析标准没有强制的含义，各国可以自愿采用或参考。但由于国际标准往往集中了一些技术先进、经济发达的工业国家的经验，加之世界性的经济贸易往来越来越频繁，各国从本国的利益出发也往往积极采用国际标准。

世界经济技术发达国家的国家标准主要是指美国的 ANS、德国的 DIN、法国的 NF、英

国的 BS、瑞士的 SNV、瑞典的 SIS、意大利的 UNI、俄罗斯的 TOCTP、日本的 JIS（日本工业标准）等。随着欧盟的发展和欧洲统一市场的不断完善，法国、德国等国家标准有逐步被欧洲标准（EN）取代的趋势。

（一）食品法典

食品法典委员会是制定食品安全和质量标准的重要机构之一。1962 年，联合国粮农组织（FAO）和世界卫生组织（WHO）组建了食品法典委员会，负责制定食品与农产品的标准与安全性法规。各项标准汇集在食品法典中，其宗旨是维护食品的公平竞争，保护消费者的利益和健康，促进国际间的食品贸易。食品法典委员会（CAC）所编写的食品法典包括食品的产品标准、卫生或技术规范、农药残留限量、农药和兽药检测、食品添加剂检测等。食品法典已成为全世界食品消费者、食品生产和加工者、各国食品管理机构和国际食品贸易最重要的基本参照标准。

食品法典努力使不同国家和地区的食品安全性分析方法有效地统一起来，以便有效地维护世界贸易的流通，尽量保证世界各国在食品进出口贸易中做出更加合理的决定。HACCP（Hazard Analysis and Critical Control Point）即危害分析与关键控制点，是一个以预防食品安全问题为基础的食品控制体系，并被国际权威机构认可为控制由食品引起的疾病的最有效的方法。HACCP 的最大优点是它使食品生产和供应厂商将以最终产品检验合格或不合格为主要基础的控制观念，转变为在生产环境下鉴别并控制住潜在危害的预防性方法。食品法典将 HACCP 概念作为保护易腐败食品安全性的首选方法，并决定在食品法典中实施 HACCP 体系。

目前，食品法典在制定基本食品标准方面更加注重科学，由食品法典委员会颁布的有关食品质量的国际标准在减少"非关税"贸易壁垒方面起到了很重要的作用，大大促进了世界各国间的食品与农产品贸易。1994 年，乌拉圭回合谈判制定的关税与贸易协定（GATT）加强了食品法典作为基本国际标准在保证食品质量与安全性方面所起的作用，越来越多的国家和食品企业都加入到执行食品法典的行列之中。CAC 已经拥有 173 个成员和 1 个成员组织（欧盟），覆盖了全球 98% 的人口。食品法典对全球食品生产加工者的观念以及消费者的意识已经产生了巨大的影响，它对保护公众健康和维护公平食品贸易做出了不可估量的贡献。

（二）ISO 标准

国际标准化组织（ISO）有一系列产品质量控制及纪录保持的国际标准（ISO9000 及其9000 以上），其目的是为了建立质量保证体系、维护产品的完整性、满足消费者对质量的要求。ISO 标准中与食品分析有关的标准包含了食品分析的取样标准。

目前，已有近 90 个国家将 ISO9000 转化为本国标准，大部分国家采用此标准进行了质量体系认证，包括我国在内的 30 多个国家率先建立了质量体系认证国家认可制度。一些国家已开始将企业是否进行过 ISO9000 认证作为选定合作伙伴的基本条件。

标准国际化是世界贸易组织（WTO）、国际标准化组织（ISO）和欧盟（EU）等国际组织和一些发达国家发展战略的重点。欧盟发展战略要在国际标准化活动中形成欧洲地位，加强欧洲食品在世界市场上的竞争力。美国、日本等国也把确保标准的市场适应性、标准化政策和研究开发政策的协调、实施作为国际标准化战略的重点，特别强调以标准化为目的的研究开发的重要性，日本已将科研人员参加标准化活动的水平纳入个人业绩，进行具体考核。许多国家都积极设法培养具有专业知识的高级国际标准化人才，以便在世界贸易中处于更加有利的优势地位。

四、食品标签法规

食品标签是食品质量和安全的保证。随着现代工业的发展、技术的进步和国际间贸易的蓬勃开展，世界各国都十分重视食品标签的立法和管理工作，许多国家在20世纪就相继制定了食品标签及广告用语的技术法规来保护消费者的应有权益。例如，食品法典委员会（CAC）专门设有食品标签法规委员会（CCFL），秘书处设在加拿大，每两年召开1次年会，制定或修订国际通用的食品标签法规及食品广告用语的规定等。我国于2005年10月1日起实施的《预包装食品标签通则》（GB7718—2004）就是以该组织制定的"预包装食品标签通用标准"（CODExSTAN—1991）为蓝本，结合我国国家标准GB7718—1994而修订的。其次还有《预包装特殊膳食食品标签通则》（GB13432—2004）等。

美国是世界各国中食品标签法规最为严谨和完善的国家，新法规的研究、制定均处于领先地位。如在原有食品标签法规的基础上，于1992年颁布了"特殊功能食品标签说明"、"营养标签声明法规"及"瓶装水的质量标准和品名标签规则"等22个新标签法规，并分别于1993年和1994年生效。美国新制定的食品标签法规规定食品标签上必须标明营养信息，即维生素、矿物质、蛋白质、热值、碳水化合物和脂肪的含量等。食品中的添加剂必须如实标明经政府批准使用的专用名称。欧洲和其他一些国家已开始仿效美国做法，严格要求食品标签。总之，世界各国都十分重视食品标签问题，其趋势是要求越来越严格。

欧洲共同体发布的新食品标签法规规定：应当使消费者了解食品的所有成分，从而使有过敏记录的消费者了解食品中有没有过敏物质。例如，许多人对乙醇、亚硫酸盐过敏，导致哮喘等严重后果。亚硫酸盐是许多食品中的添加剂，比如啤酒、葡萄酒和苹果酒。新法规详细列出了导致过敏的成分清单，要求食品生产商必须对占食品25%以下的成分进行标示。新法规要求食品标签上要明确标明所有的食品成分，任何过敏物质都不能隐瞒。例如调味料里的鸡蛋、牛奶和芥末等成分。此外，以前只需要说明成分的类别，如"植物油"，现在要求必须说明是何种植物油，譬如"花生油"等。

中国标准出版社在2003年12月出版了《国内外食品标签法规标准实用指南》一书，收集了与我国食品贸易往来频繁的国家或地区以及相关国际组织的有关食品标签的法律、法规及标准，涵盖了国际食品法典委员会（CAC）、中国、美国、欧盟、加拿大、日本、韩国、澳大利亚、法国、德国、俄罗斯等33个国家、地区和国际组织，是目前收集世界各国关于食品标签法律、法规及标准较为齐全的工具书。全书共分5部分，即国际组织和地区性组织、亚洲、欧洲、美洲以及大洋洲，在各部分中分别对各国家或地区有关食品标签的法律、法规及标准进行了准确、详尽的讲解。

食品分析方法最新进展

安全、营养和适宜是食品的三个基本要素，安全位于首位，是对食品的最基本要求。食品分析不仅是测定食品中的营养成分，还要对构成蛋白质的氨基酸种类与比例，碳水化合物中各种糖的含量，脂肪中各种脂肪酸是否均衡，食品的香气成分等进行研究，食品中的其他微量物质如维生素、矿物质、食品添加剂等也属于食品分析的研究范畴。近年来，食品安全已成为全球关注的焦点问题，如何快速、准确地检测食品中的农药、兽药残留、有机污染物、食品添加剂、生物毒素等，已成为食品分析的重点环节。这些成分的分析相对比较困难，主要是由于样品基质背景极为复杂、被测成分浓度极低、前处理过程繁琐、分析仪器的定性能力受到限制以及仪器检测灵敏度不够等一系列问题。食品分析是食物营养评价与食品加工过程中质量保证体系的一个重要组成部分，食品的安全性和功能性越来越受到重视，例如对于食品的功能成分、有毒有害物质、添加剂等测定的精密度和检测限度要求也越来越高。随着时代的发展和科学的进步，世界各国对食品质量安全的要求将会更加严格，对分析手段的技术要求也相应提高。如何解决这些问题，满足目前越来越严格的法规的要求，成为许多科技工作者研究的方向。

近年来食品仪器分析的发展十分迅速，再加上一些先进的科学技术不断地渗透到食品分析中，许多高灵敏度、高分辨率的分析仪器越来越多地运用于食品分析，形成了日益增多的分析仪器和分析方法。

食品的化学分析概括起来分为两大类，即元素分析和有机分析。元素分析多采用原子吸收光谱法、原子荧光光度法、电化学法、感应耦合等离子体发射光谱法等。有机分析在样品前处理和测定过程中，主要采用各种色谱技术。

食品分析方法以红外光谱法（IR）、紫外光谱法（UV）、核磁共振法（NMR）、原子荧光光度法、电化学分析法、高效毛细管电泳法（HPCE）、微生物分析法、流动注射分析法（FIA）、气相色谱法（GC）、高效液相色谱法（HPLC）及其联用分析技术等为主，加上计算机的飞速发展，有力推动了食品仪器分析方法的不断进步，使得食品分析向着微量、快速、自动化的方向发展。

1. 近红外光谱法（Near Infrared Spectroscopy，NIR）

近红外光是一种介于可见光和中红外光之间的电磁波，近红外光谱技术在 20 世纪 50 年代中后期首先被应用于农副产品的分析中，但由于技术上的困难而发展缓慢。直到 20 世纪 80 年代中期随着计算机技术的发展和化学计量学研究的深入，加上近红外光谱仪器制造技术的日益完善，才使得近红外光谱分析测量信号达到数字化。另外由于近红外光谱吸收弱，可对样品进行简单的预处理后直接进行漫反射分析，避免了预处理时损伤样品，可以实现无损检测。同时因不需要化学试剂而使分析操作达到绿色化，从而成为 90 年代最引人注目的光谱分析技术。近红外定量分析因其快速、准确已被列入世界谷物化学科技标准协会和美国谷物化学协会标准，成为世界食品分析标准的检测方法之一。用 NIR 法可以测定大豆、油菜子、葵花籽等样品中的蛋白质、脂肪（残油）、水分、灰分等指标。NIR 也可以作为一种非破坏性方法用来测定花生中的油脂含量。

2. 可见与紫外分光光度法（UV）

分光光度法是许多物质常用的分析方法。从 20 世纪 50 年代开始，出现了一些新的分光光度法，例如双波长分光光度法、导数分光光度法及三波长法等，还有一类方法是通过对测定数据进行处理后，同时得出所有共存组分各自的含量，如多波长线性回归法、最小二乘法、线性规划法、卡尔曼滤波法和因子分析法等。这些近代定量分析方法的特点是不经化学或物理分离，就能解决一些复杂混合物中各组分的含量测定，在消除干扰并且提高结果准确度方面起了重要的作用。

但总体而言，大部分计算技术多限于合成样品或模拟样品，要使计算方法发挥更大的作用，还需积累更多的化学干扰信息，并使基本数据如摩尔吸光系数测得更加准确。

3. 核磁共振法（NMR）

NMR 技术最初只应用于物理科学领域，随着超导技术、计算机技术和脉冲傅立叶变换波谱仪的飞速发展，目前核磁共振已成为鉴定有机化合物结构极为重要的方法，其功能及应用领域正在逐步扩大。核磁共振技术在食品科学领域中的应用始于 20 世纪 70 年代初期，主要用于研究水在食品中的存在状态。由于 NMR 技术具有其他方法难以比拟的独特优点，即定性测定不具有破坏性、定量测定不需要标样，因此核磁共振技术在食品中的应用和发展也越来越广泛。例如食品中水分的测定、乳制品的研究、淀粉结构和性质的分析等。仪器新功能的开发利用与成本的降低可以拓宽本方法的应用领域。

4. 气相色谱法（GC）

食品分析涉及营养成分分析、食品添加剂分析和食品中污染物和有害物质的分析。在这几个方面气相色谱都能发挥其优势。重要的营养组分如氨基酸、脂肪、糖类都可以用气相色谱法（GC）进行分析。食品的添加剂有千余种，其中有许多可以用 GC 来检测。食品中的污染物例如农药残留量的测定也都可以用 GC 进行分析。目前，气相色谱法（GC）无论在理论还是技术上都很成熟，当气相色谱法与计算机联用后，不仅能迅速准确地给出分析结果，而且一台计算机还能控制几十台色谱仪分别按照各自的程序进行自动分析。对于特殊功能固定相（包括高选择性、高温、长使用寿命等）、高效分离性及高灵敏、高选择性检测器及检测方法的研究发展是今后值得努力的方面。

5. 高效液相色谱法（HPLC）

高效液相色谱法是以液体为流动相的色谱分析法，是近 20 年迅速发展起来的一项分离分析技术，它具有适用范围广、分离效率高、速度快、灵敏度高及专一性好等特点，广泛应用于食品的质量控制及有害成分分析等方面。进行食品分析时，首先是正确地采集样品，经过粉碎制成均匀的试样，再经过萃取、精制等前处理，将被测组分分离出来，最后经测定得出分析结果。

用 HPLC 分析食品中的添加剂是非常成熟的方法，例如用梯度洗脱分析食品中的甜味剂（如糖精钠、甘草苷等）、抗氧化剂（如 BHA、BHT、PG 等）、防腐剂（如苯甲酸、山梨酸、对羟基苯甲酸酯类）以及人工合成色素。上述方法均反相 HPLC-UV 分析样品，流动相多为水、甲醇、四氢呋喃、乙腈等溶剂。其缺点是专用性太强，流动相的选择受到一定限制。尽管如此，在食品分析中要分离的强极性和难挥发性组分要比易挥发性组分多，因此高效液相色谱法（HPLC）比气相色谱法（GC）更有发展潜力。

6. 原子荧光光度法

荧光分析是近年来发展较迅速的痕量分析方法，在食品中得到了广泛应用，尤其在农药残留量、维生素、黄曲霉毒素等的分析中占有相当重要的地位。例如可以用放射性同位素 X

射线荧光法测定食品中碘的含量，该法快速无损，还能满足现场定量测定的需要。现在用 GC-原子荧光光度法可以测定鱼类中甲基汞的含量。

7. 高效毛细管电泳法（HPCE）

近年来高效毛细管电泳法（HPCE）成为食品分析中最受瞩目并且发展最快的一种分离分析技术。毛细管电泳在食品分析中的应用主要包括蛋白质、糖类、维生素、矿物质、有机酸、食品添加剂、农药残留量、生物毒素、抗生素残留量和食品中其他一些成分的测定。例如采用胶束电动毛细管色谱分离，激光诱导的荧光检测法可以在几十秒内分离出黄曲霉毒素。又如利用毛细管电泳法在 11 min 内就可以对饮料中所含的五种人工合成色素和两种防腐剂进行分析。对样品珍贵、基体复杂的生物大分子，HPCE 技术更展示出特有的分离能力与广阔的应用前景。而如何抑制和消除管壁对蛋白质（特别是碱性蛋白质）和氨基酸的吸附，往往是蛋白质和氨基酸利用毛细管电泳分离的关键技术。

8. 化学发光分析法

化学发光分析法具有灵敏度高、线性范围宽、分析速度快、仪器设备简单等优点，所以应用较广泛。选择合适的发光体系（如鲁米诺化学发光体系等）可以对抗坏血酸（维生素 C）、糖、氨基酸等物质进行测定。虽然受到试剂容易被杂质污染以及由于浓度极低而带来一些问题的限制，但在将来可能得到进一步的发展，选择有效的发光体系将是今后的研究方向。

9. 电化学分析法

电化学分析方法具有简便、快速、环保、成本低廉等优势。它是食品生产控制、质量检测、理论研究的新型重要工具。离子选择性电极、极谱分析技术已大量成功地运用于食品分析。随着电化学传感器、电化学探针、修饰电极等的出现，更加扩大了电化学分析法运用于食品分析的领域。

10. 微生物分析法

酶是一种生物催化剂，生物体内的各种生化反应，几乎都是在酶的催化作用下进行的。酶的催化具有专一性强、催化效率高和反应条件温和等特点。微生物分析法在食品分析中的应用主要有两个方面：第一，以酶为分析对象，根据需要对食品加工过程中所使用的酶和食品样品所含的酶进行酶含量或酶活力的测定；第二，利用酶的特点，以酶为分析试剂来测定食品样品中用一般化学方法难于检测的物质。酶法分析常用于结构和物理化学性质比较相近的同类物质的分别鉴定和分析，而且样品一般不需要进行很复杂的预处理。此外，由于酶的催化效率很高，酶的反应大多比较迅速，所以酶法分析的测定速度较快。

目前，国内以酶为分析试剂用于食品成分检测的微生物分析法，在测试仪器设备、酶试剂的供应、标准分析方法的制定以及应用范围等方面，与国外相比差距较大，我们还要继续努力。

11. 流动注射分析法（Flow Injection Analysis，FIA）

流动注射分析是 1975 年以来迅速发展起来的一种溶液自动分析及处理技术。FIA 技术自从诞生以来，由于其具有自动化程度高、操作灵活等技术特点，通过运用各种流路和利用不同的检测器和技术，以及与分光光度法、色谱法等方法联用，在食品分析等行业应用较广泛，可以测定食品中维生素、糖、添加剂等成分。但是 FIA 方法标准化速度太慢，有时会出现注入阀泄露现象，由于光孔不太光滑而使流通池常有小气泡附着的问题。诸多不稳定因素使得整体仪器的长期稳定性不理想。一次实验的重现性良好，但很难每天都得到灵敏度相近的重现性。

12. 联用分析技术

由于食品成分的复杂性，随着生活水平的提高，人们对食品品质和卫生的要求也越来越高，因此将食品的分析与食品的安全性也提高到非常重要的地位，单一的分离、分析技术已不能满足需要。色谱法最初仅是一种分离手段，直到 20 世纪 50 年代，人们才开始把这种分离手段与检测系统连接起来，发展成为一种独特的分析方法，是几十年来分析化学中最富活力的领域之一。将几种方法结合起来，特别是将分离技术（GC 法、HPLC 法、CE 法、HPCE 法）和鉴定方法（质谱 MS 分析、红外光谱分析，电分析法等）结合组成的联用分析技术，不仅有可能将各种方法的优点汇集起来，取长补短，起到方法间的协同作用，从而提高方法的灵敏度、准确度以及对复杂混合物的分辨能力，同时还可获得两种手段各自单独使用时所不具备的某些功能，因此联用分析技术已成为当前食品仪器分析发展的主要方向之一。

例如色谱-质谱联用方法是目前解决食品中复杂未知物定性问题的有效工具之一，液相色谱-质谱联用也将会成为一种普通技术。高效液相色谱法（HPLC）和毛细管电泳与 MALDI-TOFMS 质谱联机的发展，将使微量蛋白质的鉴定，转译后修饰和二硫键定位等成为一种快速的日常操作。CE-MS 法也可用于食品分析中，如农用化学物质、杀虫剂、无机元素的测定。例如联用分析技术 CITP-CZE-ESI-MS 法用于测定扇贝组织中的麻痹贝类毒素，利用氢焰检测器或催燃检测器（CCD）和气相色谱联用可以对烟用香精进行快速测定。

随着经济的快速腾飞和科学技术的不断进步，人们对食品的研究会逐步深入，今后食品分析的发展会非常迅速，以保障身体健康、维护消费者的权益和满足人民日益增长的物质生活需求。

思考题

1. 什么是采样？如何做到正确采样？
2. 名词解释：检样、原始样品、平均样品、试验样品。
3. 如何进行试验样品的制备？如何保存试验样品？
4. 以粮谷类样品为例，简述食品样品采样的原则、方法及样品如何制备。
5. 食品分析测定前为什么要进行样品的预处理？常用的预处理方法有哪些？如何选择？
6. 在样品的预处理时，有机物破坏法有哪几大类？各类方法有何特点？在选择破坏有机物的方法时应注意什么问题？
7. 在进行食品质量分析时，选择分析方法应该考虑的因素有哪些？
8. 分析方法的评价指标有哪些？分别进行解释说明。
9. 食品分析的误差来源有哪些？如何提高分析结果的准确度？
10. 如何对分析数据进行处理？
11. 建立食品分析标准的意义和作用是什么？
12. 我国法定的食品分析标准有哪些？强制性执行标准是什么？

第三章　食品的感官分析和物理检验

第一节　食品的感官分析

食品质量感官分析的基本方法，其实质就是依靠视觉、嗅觉、味觉、触觉和听觉等来鉴定食品的外观形态、色泽、气味、滋味和硬度（稠度）。不论对何种食品都要进行感官质量评价，此项鉴定是任何检验方法中不可缺少的一项，而且是在做各种分析方法之前进行的。

对于实施质量感官分析的人员，最基本的要求就是必须具有健康的体质、健全的精神素质，无不良嗜好、偏食和变态性反应。鉴定人员自身感觉器官必须机能良好，对色、香、味、形有较强的分辨力和较高的灵敏度。对于非食品专业人员，还要求对所鉴别的食品有一般性的了解，对其色、香、味、形有常识性的知识和经验。

一、基本鉴别方法

（一）视觉鉴别法

所谓视觉鉴别法是用眼睛来判断食品的质量，在很多场合这都是一个很重要的鉴别手段，食品的外观形态和色泽对于评价食品的质量，新鲜的程度，有无受污染以及蔬菜、水果的成熟度等有着重要意义。

视觉鉴别一般都在白天进行，因为夜晚灯光会使食品外观造成假象。鉴别时应注意整体外观、大小、形态、块形的完整程度、清洁程度、表面有无光泽、颜色的深浅色调等。在鉴别液态食品时，要把它倒入无色的玻璃器皿中，透过光线来观察有没有异常现象，也可将瓶子倒过来观察是否有杂质或沉淀物。

（二）嗅觉鉴别法

人的嗅觉相当灵敏，当然嗅觉最灵敏的还是警犬，有时候用仪器分析的方法也不一定能检查出来的轻微变化，用嗅觉鉴别却可以发现。当食品发生轻微的腐败变质时，就会有不同的异味产生。如油脂在酸败时各种指标变化不大，但可以嗅到哈喇味，西瓜变质会带有馊味等。不论是油脂的哈喇味还是西瓜的馊味，它们都是食品散发出来的挥发性物质，这种挥发性物质受温度的影响很大，温度低则挥发的慢，气味就轻。一般在测定气味时，常需稍稍加热，但最好是在 15 ℃～25 ℃ 的常温下进行。例如，对于液体样品，可以滴在干净的手心上搓，再闻是否有异常气味；识别畜肉等大块食品时，可以将一把尖刀稍微加热刺入食物深处，然后拔出来立即嗅闻气味。

食品气味鉴别的顺序应当是先鉴别气味淡的，后鉴别气味浓的，以免影响嗅觉的灵敏度。

在鉴别前禁止吸烟。

（三）味觉鉴别法

感官鉴别中的味觉鉴别对于辨别食品品质的优劣是非常重要的一环。味觉器官不但能品尝到食品的滋味如何，而且对于食品中极轻微的变化也能敏感地察觉。如做好的米饭存放到尚未变馊时，其味道即有相应的改变。味觉器官的敏感性与食品的温度有关，在进行食品的滋味鉴别时，最好使食品处在 20 ℃~40 ℃，以免温度的变化会增强或减弱对味觉器官的刺激。对几种不同味道的食品进行感官评价时，应当按照刺激性由弱到强的顺序，最后鉴别味道强烈的食品。另外在进行大量样品的味觉鉴别时，中间必须休息，每鉴别一种食品之后必须用温水漱口。例如评价某种酒的味道时，就要在品尝完每种酒品尝后漱口，并且不能抽烟。对于一些腐败变质的食品，不要进行味觉鉴别。若要进行则检查后必须用水漱口。

（四）触觉鉴别法

凭借触觉来鉴别食品的膨、松、软、硬、弹性（稠度），以评价食品品质的优劣，也是常用的感官鉴别方法之一。例如，检查谷类时我们可以抓起一把来评价它的干燥程度、颗粒是否饱满等；根据肉与肉制品的硬度和弹性，常常可以判断肉是否新鲜；评价动物油脂的品质时，常须鉴别其稠度等。在感官测定食品的硬度（稠度）时，要求温度应在 15 ℃~20 ℃，因为温度的过高或过低会影响到食品状态的改变。

二、食品质量感官分析的适用范围

凡是作为食品原料、半成品或成品的食物，其质量优劣与真伪评价，都可用感官鉴别。食品的感官鉴别，既合于专业技术人员在室内进行技术鉴定，也适合广大消费者在市场上选购食品时应用。由此可见，食品质量感官鉴别方法具有广泛的适用范围。其具体适用范围如下：

1. 肉及其制品

畜肉、禽肉种类很多，如猪、羊、牛、马、骡、驴、狗、鸡、鸭、鹅肉等。畜禽肉及其制品都可以进行感官鉴别。各种畜禽肉都有其相应的特点，病、死畜禽肉与正常畜禽肉的鉴别方法，不仅对食品卫生和质量管理人员适用，而且对于为数众多的购买畜禽肉的消费人群也是适用的。

2. 奶及其制品

对消毒鲜奶或者从个体送奶户那里购买的鲜奶直接采用感官鉴别是非常适用的。在选购奶制品时，也可用感官鉴别，从包装到制品颗粒的细洁程度，有无异物污染等，通过感官鉴别即可一目了然。

3. 水产品及水产制品

鱼、虾、蟹等水产鲜品及干贝类、海参类等经过感官鉴别，即可以确定能否食用。方法简便易行，快速准确。

4. 蛋及蛋制品

禽蛋种类很多，它与人们日常生活消费关系密切，能否食用或者变质与否，通过感官鉴别即可得出结论。这对于广大消费者来讲是很实用的方法。

5. 冷饮与酒类

冷饮与酒类的感官鉴别也具有很广泛的实用性。特别是酒中的沉淀物、悬浮物、杂质异物等，通过感官鉴别都可以直接检查出来。

6. 调味品与其他食品

调味品主要是酱油、酱、酸及酱腌菜；其他食品有茶、糕点等。这些食品都可以通过感官鉴别，把宏观指标不符合卫生质量要求者区分出来并予以控制，严防其流入市场造成不良的影响。

总之，各种食品原料及其制品质量的宏观评价，都可用感官分析方法。

三、食品质量感官分析后的食用与处理原则

（一）鉴别原则

通过感官鉴别方法挑选食品时，要对具体情况做具体分析，充分做好调查研究工作。感官鉴别食品的品质时，要将食品各方面的指标进行综合性考评，尤其要注意感官鉴别的结果，必要时参考检验数据，做全面分析，以期得出合理、客观、公正的结论。这里应遵循的原则是：

① 《中华人民共和国产品质量法》《中华人民共和国食品安全法》以及国务院有关部委和省、市行政部门颁布的食品质量法规和卫生法规是鉴别各类食品能否食用的主要依据。

② 食品已明显腐败变质或含有过量的有毒有害物质（如重金属含量过高或霉变）时，不得供食用。达不到该种食品的营养和风味要求，显然是假冒伪劣食品的，不得供食用。

③ 食品由于某种原因不能直接食用，必须加工复制或在其他条件下处理的，可以提出限定加工条件和限定食用及销售等方面的具体要求。

④ 食品某些指标的综合评价结果略低于卫生标准，而新鲜度、病原体、有毒有害物质含量均符合卫生时，可以提出要求在某种条件下供人食用。

⑤ 在鉴别指标的掌握上，婴幼儿、病人食用的食品要严于成年人、健康人食用的食品。

⑥ 鉴别结论必须明确，不得含糊不清，对附条件可食用的食品，应将条件写清楚。对于没有鉴别参考标准的食品，可参照有关同类食品进行恰当地分析鉴别。

⑦ 在进行食品质量综合性鉴别前，应向有关单位或个人收集该食品的有关资料，如食品的来源、保管方法、储存时间、原料组成、包装情况以及加工、运输、储藏、经营过程中的卫生情况，寻找可疑环节，为上述鉴别结论提供必要的正确判断基础。

（二）鉴别后的食用与处理原则

选购食品时，感官鉴别有明显异常的，应当立即做出能否食用的确切结论。对于感官指标变化不明显的食品，尚须借助理化指标和微生物指标的检验，才能得出综合性的判断结果。

因此，通过感官鉴别后，对有疑问和有争议的食品，都必须再进行实验室的理化和细菌分析，以便辅助验证感官鉴别的初步结论。尤其是混入了有毒有害物质或被分解蛋白质的致病菌所污染的食品，在感官质量评价后，必须做上述两种专业操作，以确保鉴别结果的准确性，并且应提出该食品是否存在有毒有害物质，阐明其来源、含量、作用和危害，根据被鉴别食品的具体情况提出食用或处理原则。食品的食用与处理原则是在确保人民群众身体健康的前提下，以尽量减少国家、集体和个人的经济损失为目的，并考虑到物尽其用的问题而提出的。具体方式通常有以下四种。

① 正常食品。经过鉴别和挑选的食品，其感官性状正常，符合国家的质量标准和卫生标准，可供食用。

② 无害化食品。食品在感官鉴别时发现了一些问题，对人体健康有一定危害，但经过处理后（如高温加热、加工复制等），可以被清除或控制，不会再影响到食用者的健康。

③ 附条件可食用食品。有些食品在感官鉴别后，需要在特定的条件下才能供人食用。如有些食品已接近保质期，必须限制出售和限制供应对象。

④ 危害健康食品。在食品感官鉴别过程中发现的对人体健康有严重危害的食品，不能供给食用。但可在保证不扩大蔓延并对接触人员安全无危害的前提下，充分利用其经济价值，如可供工业使用。但对严重危害人体健康且不能保证安全的食品，如畜、禽患有烈性传染病，或易造成在畜禽肉中蔓延的传染病，以及被剧毒毒物或被放射性物质污染的食品，必须在严格的监督下丢弃并销毁。

四、食品质量感官分析的常用术语

（一）一般术语及其含义

酸味——由某些酸性物质（例如柠檬酸、酒石酸等）的水溶液产生的一种基本味道。

苦味——由某些物质（例如奎宁、咖啡因等）的水溶液产生的一种基本味道。

咸味——由某些物质（例如氯化钠）的水溶液产生的一种基本味道。

甜味——由某些物质（例如蔗糖）的水溶液产生的一种基本味道。

碱味——由某些物质（例如碳酸氢钠）在嘴里产生的复合感觉。

涩味——某些物质（例如多酚类）产生的使皮肤或黏膜表面收敛的一种复合感觉。

风味——品尝过程中感受到的嗅觉、味觉和三叉神经觉特性的复杂结合。它可能受触觉的、温度觉的、痛觉的和（或）动觉效应的影响。

异常风味——非产品本身所具有的风味（通常与产品的腐败变质相联系）。

异常气味——非产品本身所具有的气味（通常与产品的腐败变质相联系）。

味道——能产生味觉的产品的特性。

基本味道——四种独特味道的任何一种：酸味的、苦味的、咸味的、甜味的。

厚味——味道浓的产品。

平味——其风味不浓且无任何特色的产品。

乏味——其风味远不及预料的那样的产品。

无味——没有风味的产品。

风味增强剂——能使某种产品的风味增强而本身又不具有这种风味的物质。

口感——在口腔内（包括舌头与牙齿）感受到的触觉。

后味、余味——在产品消失后产生的嗅觉和（或）味觉。它有不同于产品在嘴里时的感受。

气味——嗅觉器官感受到的感官特性。

特征——可区别及可识别的气味或风味特色。

异常特征——非产品本身所具有的特征（通常与产品的腐败变质相联系）。

外观——物质或物体的外部可见特性。

质地——用机械的、触觉的方法或在适当条件下，用视觉及听觉感受器感觉到的产品的所有流变学的和结构上的（几何图形和表面）特征。

稠度——由机械的方法或触觉感受器，特别是口腔区域受到的刺激而觉察到的流动特性。它随产品的质地不同而变化。

硬——描述需要很大力量才能造成一定的变形或穿透的产品的质地特点。

结实——描述需要中等力量可造成一定的变形或穿透的产品的质地特点。

柔软——描述只需要小的力量就可造成一定的变形或穿透的产品的质地特点。

嫩——描述很容易切碎或嚼烂的食品的质地特点。常用于肉和肉制品。

老——描述不易切碎或嚼烂的食品的质地特点。常用于肉和肉制品。

酥——修饰破碎时带响声的松而易碎的食品。

有硬壳——修饰具有硬而脆的表皮的食品。

无毒、无害——不造成人体急性、慢性疾病，不构成对人体健康的危害；或者含有少量有毒有害物质，但尚不足以危害健康的食品。在质量感官鉴别结论上可写成"无毒、无害"字样。

营养素——正常人体代谢过程中所利用的任何有机物质和无机物质。

色、香、味——食品本身固有的和加工后所应当具有的色泽、香气、滋味。

（二）粮食质量感官鉴别常用术语及其含义

未熟粒——籽粒不饱满、外观全部为粉质、无光泽的颗粒。

损伤粒——虫蛀、病斑和生芽等伤及胚或胚乳的颗粒。

筛下物——通过直径 2.0 mm 筛孔的物质。

无机杂质——泥土、砂石、玻璃、砖瓦块、铁钉类及其他无机物质。

有机杂质——无食用价值的稻谷粒。如草籽及其他有机物质。

黄粒米——胚乳呈黄色，与正常米粒色泽明显不同的颗粒。

颜色、气味——一批谷物的综合色泽和气味。

（三）食用油脂质量感官鉴别常用术语及其含义

酸价——衡量油脂中游离脂肪酸含量的指标。游离脂肪酸含量越多，酸价越高，说明油脂的质量越差。

过氧化值——油脂最初氧化的灵敏指标。过氧化值超过 0.15% 时，即为油脂酸败的征兆。

溶剂残留量——提取油脂时所用的有机溶剂如正己烷等在油脂中的残留部分。溶剂残留多时，造成食用油脂异味大，影响食用。

棉酚——存在于棉籽油中的一种黄色色素。棉酚有游离型和结合型两种，结合型无毒。棉酚一般是指有毒的游离型棉酚。

油脂酸败——油脂长期储存在不适宜的条件下，产生一系列的化学成分改变，使油脂分解出醛、酮、低级脂肪酸、氧化物和过氧化物等，造成油脂感官性状改变，如有哈喇味等。

（四）食糖质量感官鉴别常用术语及其含义

颜色——糖的外观品质指标。白糖颜色要洁白明亮，红糖要红亮。糖的颜色深浅与糖的纯净度有关。

晶粒——糖的结晶颗粒。砂糖晶粒整齐、大小一致、富有光泽、晶面明显、晶粒松散、不粘手、不结块。

气味与滋味——糖应该具有的正常的气味与滋味。糖汁处理不净则带有异味，保管不妥则易混入其他商品味，被微生物（酵母）污染易产生酒味和酸味。

夹杂物——糖中不应含有的外来的各种异物，如砂土、泥块、草屑等。

（五）调味品质量感官鉴别常用术语及其含义

（1）酱油。

色泽——普通酱油所具有的棕褐色，不发乌，有光泽。

香气——酱油应当有一定的酱香气，无其他不良气味。

滋味——酱油咸甜适口、味鲜口甜，无苦、酸、涩等异味。

生白——酱油表面生出一层白膜，是一种产膜性酵母菌引起的。

（2）食醋。

色泽——食醋应具有与加工方法相适应的产品的固有色泽。

气味——食醋应具有酸甜气味，不得混有异味。

滋味——食醋应具有酸甜适口感，不涩，无其他不良滋味。

霉花浮膜——食醋表面由微生物繁殖所引起的一层霉膜。

醋鳗、醋虱——食醋在生产过程中被污染，在醋中有两种形态不同的生物存活，即醋鳗和醋虱。

（3）酱。

色泽——各种酱应该具有的相应色泽。

气味——各种酱应具有特定的酱香气，无其他不良气味。

滋味——各种酱的咸度适口，不涩、不酸、不苦，无焦煳味及其他异味。

（六）蛋、乳及乳制品质量感官鉴别常用术语及其含义

新鲜蛋—— 蛋壳坚固、不格窝、无裂纹。灯光透视时气室高不超过 11 mm，整个蛋呈微红色，蛋黄不见或略见暗影。打开后，蛋黄膜不破裂并带有韧性，蛋白不浑浊。

血圈蛋——受过精的鸡蛋，因受热而胚盘发育，呈现鲜红色小血圈。

血丝蛋——由血圈蛋继续发育扩大，灯光透视蛋黄有阴影，气室较大。打开后，蛋中有血丝。

血环蛋——受过精的鸡蛋，因受热时间较久，蛋壳发暗，手摸有光滑感觉，灯光透视蛋黄上有黑影，将蛋打开后，蛋黄边缘有血丝，蛋白稀薄。

孵化蛋——鸡蛋储存日久或受热、受潮，蛋白变稀，水分渗入蛋黄使蛋黄膨胀，蛋黄膜破裂，透视时蛋黄散如云状，打开后黄白全部相混。

泻黄蛋——由于蛋内微生物的作用或化学变化所致。透视时黄白混杂不分，全部呈灰黄色。将蛋打开后，蛋黄、蛋白全部变稀、混浊，并带有异味。

粘壳蛋（粘皮蛋、靠黄、顶壳）——鸡蛋经久储未曾翻动或受了潮，蛋白变稀，蛋白比重大于蛋黄，使蛋黄上浮，粘在蛋壳上。透视时气室大，粘壳程度轻者粘壳处带红色，称为红粘壳蛋；粘壳程度重者粘壳处带黑色，称为黑粘壳蛋；黑色面积占整个蛋黄面积二分之一以上者，视为重度黑粘壳蛋；黑色面积占整个蛋黄面积二分之一以下者，视为轻度黑粘壳蛋。除粘壳外，蛋白、蛋黄界限分明，无变质发臭现象。

黑腐蛋（臭蛋、坏蛋）——这类蛋是严重变质的蛋，蛋壳呈乌灰色，甚至因受内部硫化氢气体膨胀作用而破裂；透视时蛋不透光、呈灰黑色；蛋打开后蛋内的混合物呈灰绿色或暗黄色，并带有恶臭味。

霉蛋——鲜蛋受潮或雨淋后发霉。仅壳外发霉，内部正常者称为壳外霉蛋。壳外和壳膜内壁有霉点，蛋液内无霉点和霉味，品质无变化者，视为轻度霉蛋。表面有霉点，透视时内部也有黑点，打开后壳膜及蛋液内均有霉点，并带有霉味者，视为重度霉蛋。

虫蛋——为寄生虫引起的，蛋打开后，蛋白内有小虫体。如发现血块者不属于虫蛋。

流清蛋（破损蛋、流汤蛋）——蛋壳受外界力量震动而破碎，蛋白流出。破口直径小于1 cm，视为小口流清蛋。

格窝蛋（瘪嘴蛋）——蛋受挤压使蛋壳局部破裂凹下呈嘴状而蛋膜未破、蛋清不外流。

裂纹蛋（哑板蛋、哑子蛋）——蛋受压、碰撞，使壳裂成长破缝，将蛋握在手中相碰发出哑板声音。

（七）饮料、糕点类食品质量感官鉴别常用术语及其含义

（1）饮料类。

色泽——各种酒类和软饮料应具有的相应的色泽。如白酒应是无色透明（个别的可带有本品种特有颜色）、无沉淀、无悬浮物的液体。

香气——各种酒类和软饮料应具有相应的溢香气。如白酒的香气分为溢香、喷香、留香。一般白酒都具有本身特有的醇香。

滋味——各种酒类和软饮料在品尝时应体现出的本品种固有的味道。如白酒的滋味有浓厚、淡薄、绵软、辛辣、纯净和邪味等。

（2）糕点类。

回潮——糕点在存放保管期间，从空气中吸收水汽而引起色、香、味、形的变化。

干缩——糕点在存放保管期间，失去水分，引起皱皮、僵皮、减重等，口感也发生变化。

走油——含有油脂的糕点，在存放保管期间，油分外渗，糕点失去光泽和原有的风味。

变质——糕点在存放保管过程中被细菌、霉菌等微生物污染而引起品质劣变，导致不能食用。

变味——糕点在存放过程中被微生物污染，或与有强烈异味的物质同储，或由糕点内油脂氧化而产生异味，失去原味。

脱色——糕点在存放过程中失去原有的色泽而变得乌暗，特别是受日光照射后失去原有的鲜艳色泽。

虫蛀——糕点在加工过程中原料不洁、工艺不佳，夹杂混入的虫卵发育为成虫，或存放过程中被昆虫蛀蚀。

第二节　食品的物理检验

食品的物理检验法是根据食品的相对密度、折光率、旋光度等物理常数与食品的组成及含量之间的关系进行检验的方法。其可以分为两种类型：① 根据食品的物理常数如相对密度、折光率、旋光度等与食品的组成及含量之间的关系进行检验的方法；② 根据食品的质量指标，食品的一些物理量如罐头的真空度、面包的比体积等可采用物理检验法直接测定。

一、密度法

（一）密度与相对密度

密度是指物质在一定温度下单位体积的质量，以符号 ρ 表示，其单位为 g/cm^3。相对密度是指某一温度下物质的质量与同体积某一温度下水的质量之比，以符号 d 表示。因为物质具有热胀冷缩的性质，所以密度和相对密度的值都随温度的改变而改变。故密度应标示出测定时物质的温度，表示为 ρ_t。而相对密度应标示出测定时物质的温度及水的温度，表示为 $d_{t_2}^{t_1}$，如 d_4^{20}，其中 t_1 表示物质的温度，t_2 表示水的温度。

当用密度瓶或密度天平测定液体的相对密度时，以测定溶液对同温度时水的相对密度比较方便。通常测定液体在 20 ℃ 时对水在 20 ℃ 时的相对密度，以 d_{20}^{20} 表示。d_{20}^{20} 和 d_4^{20} 之间可以用下式进行换算。

$$d_4^{20} - d_{20}^{20} \times 0.998\,23$$

式中，0.998 23——水在 20 ℃ 时的密度，g/cm^3。

同理，若要将 $d_{t_2}^{t_1}$ 换算为 $d_4^{t_1}$，可按下式计算：

$$d_4^{t_1} = d_{t_2}^{t_1} \times \rho_{t_2}$$

式中，ρ_{t_2}——温度 t_2 时水的密度，g/cm^3。

各种液态食品都有一定的相对密度，当其组成成分及其浓度发生改变时，其相对密度也发生改变，故测定液态食品的相对密度可以检验食品的纯度和浓度。

（二）液态食品相对密度的测定方法

1. 密度瓶法

密度瓶是测定液体相对密度的专用精密仪器，是容积固定的玻璃称量瓶，其种类和规格有多种。常用的有带温度计的精密密度瓶和带毛细管的普通密度瓶（见图3-1）。在一定温度下，同一密度瓶分别称取等体积的样品溶液和蒸馏水的质量，两者之比即为该样品溶液的相对密度。

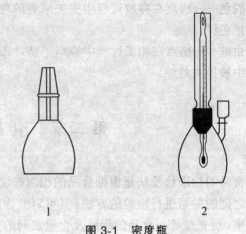

图 3-1　密度瓶

1—带毛细管的普通密度瓶；2—带温度计的精密密度瓶

测定时先把密度瓶清洗干净，再依次用乙醇、乙醚洗涤，烘干并冷却后，精密称重。然后装满样品溶液并盖上盖子，在20 ℃水浴中浸30 min，使内容物的温度达到 20 ℃，用滤纸吸去支管标线上的样品溶液，盖上侧管帽后取出。用滤纸把瓶外擦干，置于天平室内30 min 后称重。将样品溶液倾出，洗净密度瓶，装入煮沸30 min并冷却到20 ℃以下的蒸馏水，按上法操作。测出同体积20 ℃蒸馏水的质量。按下式进行计算。

$$d_{20}^{20} = \frac{m_2 - m_0}{m_1 - m_0}$$

式中，m_0——空密度瓶质量，g；

　　　m_1——密度瓶和水的质量，g；

　　　m_2——密度瓶和样品的质量，g。

注意事项：

① 本法适用于测定各种液体食品的相对密度，特别适合于样品量较少的场合，对挥发性样品也适用，结果准确，但操作较繁琐。

② 测定较黏稠样品溶液时，宜使用具有毛细管的密度瓶。

③ 水及样品必须装满密度瓶，瓶内不得有气泡。

④ 拿取已达恒温的密度瓶时，不能用手直接接触密度瓶球部，以免液体受热流出。应该戴隔热手套拿取瓶颈或用工具夹取。

⑤ 水浴中的水必须清洁无油污，防止瓶外壁被污染。

⑥ 天平室温度不得高于 20 ℃，以免液体膨胀流出。

2. 密度计法

密度计是根据阿基米德原理制成的，其种类很多，但结构和形式基本相同，都是由玻璃外壳制成。其头部呈球形或圆锥形，里面灌有铅珠、水银或其他重金属，使其能直立于溶液中，中部是胖肚空腔，内有空气故能浮起，尾部是一细长管，内附有刻度标记，刻度是利用各种不同密度的液体标度的。食品工业中常用的密度计按其标度方法的不同，可分为普通密度计、锤度计、乳稠计、波美计等（见图3-2）。

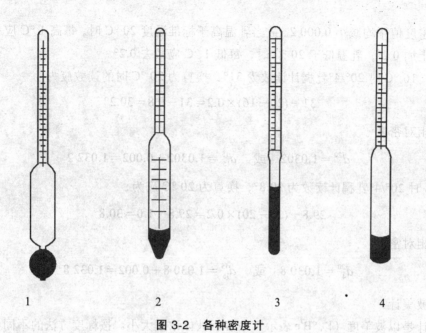

图 3-2 各种密度计

1—普通密度计；2—附有温度计的糖锤度密度计；3、4—波美密度计

（1）普通密度计。

普通密度计是直接以 20 ℃ 时的密度值为刻度的。一套通常由几支组成，每支的刻度范围不同，刻度值小于 1 的（0.700～1.000）称为轻表，用于测量比水轻的液体；刻度值大于 1 的（1.000～2.000）称为重表，用来测量比水重的液体。

（2）锤度计。

锤度计是专用于测定糖液浓度的密度计。锤度是以蔗糖溶液的质量百分比浓度为刻度的，以符号° Bχ表示。其刻度方法是以 20 ℃ 为标准温度，在蒸馏水中为 0° Bχ，在 1%蔗糖溶液中为 1° Bχ（即 100 g 蔗糖溶液中含有 1 g 蔗糖），以此类推。锤度计的刻度范围有多种，常用的有：0～6° Bχ，5～11° Bχ，10～16° Bχ，15～21° Bχ等。若测定温度不在标准温度（20 ℃）应该进行温度校正。当测定温度高于 20 ℃ 时，因糖液体积膨胀导致相对密度减小，即锤度降低，故应加上相应的温度校正值；反之，则应减去相应的温度校正值。

（3）乳稠计。

乳稠计是专用于测定牛乳相对密度的密度计，测量相对密度的范围为 1.015～1.045。它是将相对密度减去 1.000 后再乘以 1 000 作为刻度，以度表示，其刻度范围为 15°～45°。使用时把测得的读数按上述关系可换算为相对密度值。乳稠计按其标度方法不同分为两种：一种是按 20°/4°标定的，另一种是按 15°/15°标定的。两者的关系是：后者读数是前者读数加 2，即

$$d_{15}^{15} = d_4^{20} + 0.002$$

使用乳稠计时，若测定温度不是标准温度，应将读数校正为标准温度下的读数。对于 20°/4°乳稠计，在 10 ℃～25 ℃ 范围内，温度每升高 1 ℃，乳稠计读数平均下降 0.2°，即相

当于相对密度值平均减小 0.000 2。故当乳温高于标准温度 20 ℃时，每高 1 ℃应在得出的乳稠计读数上加 0.2°，乳温低于 20 ℃时，每低 1 ℃应减去 0.2°。

例如：16 ℃时 20°/4°乳稠计读数为 31°，换算为 20 ℃时的读数应为：

$$31-(20-16)\times 0.2=31-0.8=30.2°$$

即牛乳的相对密度

$$d_4^{20}=1.0302 \quad \text{或} \quad d_{15}^{15}=1.0302+0.002=1.032\ 2$$

25 ℃时 20°/4°乳稠计读数为 29.8°，换算为 20 ℃应为：

$$29.8+(25-20)\times 0.2=29.8+1.0=30.8°$$

即牛乳的相对密度

$$d_4^{20}=1.030\ 8 \quad \text{或} \quad d_{15}^{15}=1.030\ 8+0.002=1.032\ 8$$

（4）波美计。

波美计是以波美度（以°B′e 表示）来表示液体浓度大小。按标度方法的不同分为多种类型，常用的波美计的刻度方法是以 20 ℃为标准，在蒸馏水中为 0°B′e，在 15%氯化钠溶液中为 15°B′e，在纯硫酸（相对密度为 1.8427）中为 66°B′e，其余刻度等分。

波美计分为轻表和重表两种，分别用于测定相对密度小于 1 的和相对密度大于 1 的液体。波美度与相对密度之间存在下列关系。

$$d_{20}^{20}=\frac{145}{145+°B′e} \quad \text{（适用于轻表）}$$

$$d_{20}^{20}=\frac{145}{145-°B′e} \quad \text{（适用于重表）}$$

利用密度计测定时先将混合均匀的被测样品溶液沿筒壁徐徐注入适当容积的清洁量筒中，注意避免起泡沫。然后将密度计洗净擦干，缓缓放入样品溶液中，待其静止后，再轻轻按下少许，然后待其自然上升，静止并无气泡冒出后，从水平位置读取与液平面相交处的刻度值。同时用温度计测量样品溶液的温度，如测得温度不是标准温度，应对测得值加以校正。

注意事项：

① 该法操作简便迅速，但准确性差，需要样品溶液量多，且不适用于极易挥发的样品。

② 操作时应注意不要让密度计接触量筒的壁及底部，待测定溶液中不得有气泡。

③ 读数时应以密度计与液体形成的弯月面的下缘为准。若液体颜色较深，不易看清弯月面下缘时，则以弯月面上缘为准。

二、折光法

通过测量物质的折光率来鉴别物质的组成、确定物质的纯度、浓度及判断食品品质的分析方法称为折光法。

（一）基本概念

1. 光的反射现象与反射定律

一束光线照射在两种介质的分界面上时，要改变它的传播方向，但仍在原介质上传播，这种现象叫光的反射（见图3-3）。

光的反射遵守以下定律：

① 入射线、反射线和法线总是在同一平面内，入射线和反射线分居于法线的两侧。

② 入射角等于反射角。

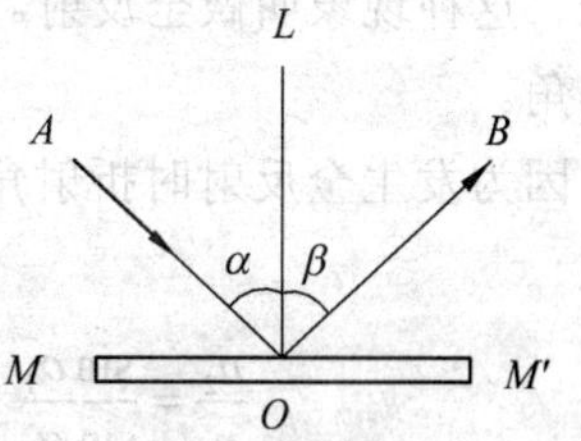

2. 光的折射现象与折射定律

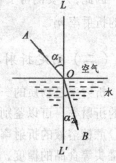

图 3-3　光的反射

当光线从一种介质（如空气）射到另一种介质（如水）时，除了一部分光线反射回第一种介质外，另一部分进入第二种介质中并改变它的传播方向，这种现象称为折射现象（见图3-4）。

光的折射遵守以下定律：

① 入射线、法线和折射线在同一平面内，入射线和折射线分居法线的两侧。

② 无论入射角怎样改变，入射角正弦与折射角正弦之比，恒等于光在两种介质中的传播速度之比。即

$$\frac{\sin \alpha_1}{\sin \alpha_2} = \frac{v_1}{v_2}$$

图 3-4　光的折射

式中，v_1 是光在第一种介质中的传播速度，v_2 是光在第二种介质中的传播速度。α_1 是入射角，α_2 是折射角。

实验表明，光线在不同的介质界面发生折射时，相同入射角的情况下，折射角不同，这意味着定律中的 n 值是与介质有关的。当光从真空中射向不同的介质发现 n 值不同，表明 n 值只与介质的光学性质有关，人们就把 n 称为介质的折射率。由折射定律得到，在 α_1 一定的情况下，α_2 越小，说明光传播方向改变得越强。研究表明，某种介质的折射率，等于光在真空中的传播速度 c 与光在这种介质中的传播速度 v 之比。即 $n = c/v$。所以，折射率较大的介质，光在其中传播速度较小。于是，折射定律可表示为：

$$\frac{\sin \alpha_1}{\sin \alpha_2} = \frac{n_2}{n_1}$$

3. 全反射与临界角

两种介质相比较，光在其中传播速度较大的叫光疏介质，其折射率较小；反之叫光密介质，其折射率较大。当光线从光疏介质进入光密介质（如光从空气进入水中，或从样品溶液射入棱镜中）时，因 $n_1 < n_2$，由折射定律可知折射角 α_2 恒小于入射角 α_1，即折射线靠近法线；反之当光线从光密介质进入光疏介质（如从棱镜射入样品溶液）时，因 $n_1 > n_2$，折射角 α_2 恒大于入射角 α_1，即折射线偏离法线。在后一种情况下如逐渐增大入射角，折射线会进一步偏离法线，当入射角增大到某一角度，如图3-5中4的位置时，其折射线4'恰好与 OM 重合，

此时折射线不再进入光疏介质而是沿两介质的接触面 OM 平行射出，这种现象称为全反射。即光从光密介质射入光疏介质时，当入射角增大到某一角度，使折射角达 90°时，折射光完全消失，只剩下反射光，这种现象叫做全反射。发生全反射的入射角称为临界角。

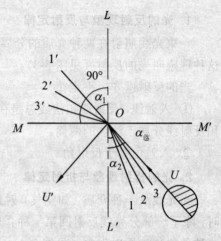

图 3-5　光的全反射

因为发生全反射时折射角等于 90°，所以有如下的关系：

$$\frac{n_2}{n_1}=\frac{\sin\alpha_1}{\sin\alpha_2}=\frac{\sin 90}{\sin\alpha_{临}}$$

即

$$n_1=n_2\sin\alpha_{临}$$

式中，n_2——棱镜的折射率，是已知的。

因此，只要测得了临界角 $\alpha_{临}$ 就可以求出被测样品溶液的折射率 n_1。

（二）测定折射率的意义

折射率是物质的一种物理性质。它是食品生产中常用的工艺控制指标，通过测定液态食品的折射率，可以鉴别食品的组成，确定食品的浓度，判断食品的纯净程度及品质。

蔗糖溶液的折射率随浓度增大而升高。通过测定折射率可以确定糖液的浓度及饮料、糖水罐头等食品的糖度，还可以测定以糖为主要成分的果汁、蜂蜜等食品的可溶性固形物的含量。

各种油脂具有其一定的脂肪酸构成，每种脂肪酸均有其特定的折射率。含碳原子数目相同时不饱和脂肪酸的折射率比饱和脂肪酸的折射率大得多；不饱和脂肪酸分子量越大，折射率也越大；酸度高的油脂折射率低。因此测定折射率可以鉴别油脂的组成和品质。

正常情况下，某些液态食品的折射率有一定的范围，如正常牛乳乳清的折射率在 1.341 99～1.342 75，当这些液态食品因掺杂、浓度改变或品种改变等原因而引起食品的品质发生了变化时，折射率常常会发生变化。所以测定折射率可以初步判断某些食品是否正常。如牛乳掺水，其乳清折射率降低，故测定牛乳乳清的折射率即可了解乳糖的含量，判断牛乳是否掺水。

必须指出的是：折光法测得的只是可溶性固形物含量，但对于番茄酱、果酱等个别食品，已通过实验编制了总固形物与可溶性固形物的关系表。先用折光法测定可溶性固形物的含量，即可查出总固形物的含量。

（三）常用的折光仪

折光仪是利用临界角原理测定物质折射率的仪器。食品工业中最常用的是阿贝折光仪、手提式折光仪、数字阿贝折光仪。

1. 阿贝折光仪的结构及原理

阿贝折光仪的结构如图 3-6 所示。其光学系统由观测系统和读数系统两部分组成（见图 3-7）。

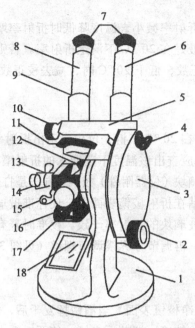

图 3-6 阿贝折光计

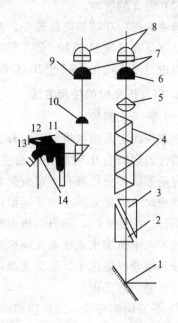

图 3-7 阿贝折光计的光学系统

1—底座；2—棱镜调节旋钮；3—圆盘组（内有刻度板）；4—小反光镜；5—支架；6—读数镜筒；7—目镜；8—观察镜筒；9—分界线调节螺丝；10—消色调节旋钮；11—色散刻度尺；12—棱镜锁紧扳手；13—棱镜组；14—温度计插座；15—恒温器接头；16—保护罩；17—主轴；18—反光镜

观测系统：光线由反光镜 1 反射，经进光棱镜 2、折射棱镜 3 及其间的样品溶液薄层折射后射出。再经色散补偿器 4 消除由折射棱镜及被测样品所产生的色散，然后由物镜 5 将明暗分界线成像于分划板 6 上，经目镜 7、8 放大后成像于观测者眼中。

读数系统：光线由小反光镜 14 反射，经毛玻璃 13 射到刻度盘 12 上，经转向棱镜 11 及物镜 10 将刻度成像于分划板 9 上，通过目镜 7、8 放大后成像于观测者眼中。当旋动旋钮 2 时，使棱镜摆动，视野内明暗分界线通过十字交叉点，表示光线从棱镜入射角达到了临界角。当测定样品溶液浓度不同时，折射率也不同，故临界角的数值亦有不同。在读数镜筒中即可读取折射率 n，或糖液浓度，或固形物的含量。

在阿贝折光仪的望远目镜的金属筒上，有一个供校准仪器用的示值调节螺钉，通常用 20 ℃ 的水校正仪器（其折光率 $N_D^{20}=1.3330$），也可用已知折光率的标准玻璃校正。

2. 影响折射率测定的因素

（1）光波长的影响。

物质的折射率因光的波长而异，波长较长的折射率较小，波长较短的折射率较大。测定时光源通常为白光。当白光经过棱镜和样品溶液发生折射时，因各色光的波长不同，折射程度也不同，折射后分解成为多种色光，这种现象称为色散。光的色散会使视野明暗分界线不清，产生测定误差。为了消除色散，在阿贝折光仪观测镜筒的下端安装了色散补偿器。

（2）温度的影响。

溶液的折射率随温度而改变，温度升高时折射率减小，温度降低时折射率增大。折光仪上的刻度是在标准温度 20 ℃ 下刻制的，所以最好在 20 ℃ 下测定折射率。否则，应该对测定结果进行温度校正。超过 20 ℃ 时，加上校正数；低于 20 ℃ 时，减去校正数。

3. 阿贝折光仪的使用方法

（1）折光仪的校正。

通常用测定蒸馏水折射率的方法进行校准，在 20 ℃ 下折光仪应表示出折射率为 1.332 99 或可溶性固形物为 0。若校正时温度不是 20 ℃，应查出该温度下蒸馏水的折射率再进行核准。对于高刻度值部分用具有一定折射率的标准玻璃块（仪器附件）校准。方法是打开进光棱镜，在校准玻璃块的抛光面上滴一滴溴化萘，将其粘在折射棱镜表面上，使标准玻璃块抛光的一端向下，以接受光线。测得的折射率应与标准玻璃块的折射率一致。校准时若有偏差，可先使读数指示于蒸馏水或标准玻璃块的折射率值，再调节分界线调节螺丝（见图 3-6 中 9），使明暗分界线恰好通过十字线交叉点。

（2）使用方法。

① 分开两面棱镜，以脱脂棉球蘸取酒精擦净棱镜表面。当酒精挥发干后，滴加 1～2 滴样品溶液于下面棱镜平面的中央。迅速闭合两块棱镜，调节反光镜，使两镜筒内视野最亮。

② 由目镜观察，转动棱镜旋钮，使视野出现明暗两部分。

③ 旋转色散补偿器旋钮，使视野中只有黑白两色。

④ 旋转棱镜旋钮，使明暗分界线在十字线交叉点。

⑤ 从读数镜筒中读取折射率或质量百分浓度。

⑥ 测定样品溶液温度。

⑦ 打开棱镜，用水、乙醇或乙醚擦净棱镜表面及其他各机件。在测定水溶性样品后，用脱脂棉吸水洗净，若为油类样品，须用乙醇或乙醚、二甲苯等擦拭。

4. 手持折光仪（糖度计）

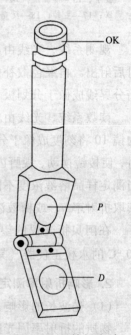

手持折光仪又称为糖度计（见图 3-8），它由一个棱镜、一个盖板及一个观测镜筒组成，利用反射光测定。其光学原理与阿贝折光仪相同。该仪器操作简单，便于携带，常用于生产现场检验。使用时打开棱镜盖板 D，用擦镜纸仔细将折光棱镜 P 擦净，取一滴待测糖液置于棱镜 P 上，将溶液均匀分布在棱镜表面，合上盖板 D，将光窗对准光源，调节目镜观测镜筒 OK 使现场内分划线清晰可见，视野中明暗分界线相应的读数即为溶液中糖的质量百分数。手持折光计的测定范围通常为 0～90%，其刻度标准温度为 20 ℃，若测量时在非标准温度下，则需进行温度校正。

图 3-8　手持折光计

三、旋光法

应用旋光仪测量旋光性物质的旋光度从而测定物质含量的分析方法叫旋光法。

（一）偏振光与旋光度

光是一种电磁波，光波的振动方向与其前进方向互相垂直。自然光有无数个与光的前进方向互相垂直的光波振动面。

如果在光前进的方向上放一个尼科尔（Nicol）棱镜或人造偏振片，由于这种晶体只允许与棱镜晶轴互相平行的平面上振动的光才能透过棱晶，而在其他平面上振动的光线则被挡住。这种只在一个平面上振动的光称为平面偏振光，简称偏振光或偏光，如图 3-9 所示。

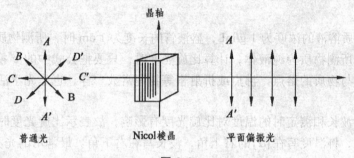

图 3-9

当平面偏振光通过某种介质时，有的介质对偏振光没有作用，即透过介质的偏振光的偏振面保持不变，而有的介质却能使偏振光的偏振面发生旋转。这种能使偏振光的振动平面发生旋转的性质叫做旋光性。具有旋光性的物质叫做旋光性物质或光学活性物质。许多食品成分都具有光学活性，例如单糖、低聚糖、淀粉以及大多数的氨基酸和羟基酸等（见图 3-10）。能使偏振光振动平面向右旋转（顺时针方向）的物质，叫做右旋体；能使偏振光振动平面向左旋转（逆时针方向）的物质叫做左旋体。通常用"＋"表示右旋，用"－"表示左旋。旋光性物质使偏振光振动平面旋转的角度叫做旋光度，用 α 表示。测定物质旋光度的仪器称为旋光仪。

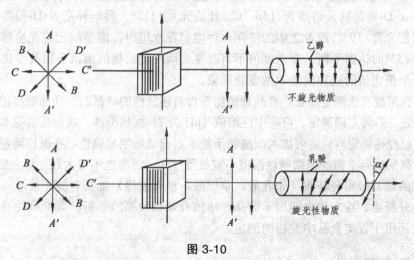

图 3-10

（二）比旋光度及变旋光作用

旋光性物质的旋光度的大小取决于该物质的分子结构，并与测定时溶液的浓度、盛液管的长度、测定温度、所用光源的波长等因素有关。对于特定的光学活性物质，在光源波长和温度一定的情况下，其旋光度 α 与溶液的浓度 c 和液层的厚度 L 成正比。为了便于比较各种不同旋光性物质的旋光度的大小，引入比旋光度这个概念。比旋光度与从旋光仪中读到的旋光度数值的关系如下所示。

$$[\alpha]_{\lambda}^{t} = \frac{\alpha}{L \times c}$$

式中，$[\alpha]$ 为比旋光度，t 为测定温度，λ 为光源波长，α 为旋光仪上的读数，L 为盛液长度，c 为溶液的浓度。

当旋光性物质溶液的浓度为 1 g/mL，盛液管的长度为 1 dm 时，所测物质的旋光度数值即为比旋光度。若所测物质为纯液体，计算比旋光度时，只要把公式中的 c 换成液体的密度 d 即可。比旋光度与物质的熔点、沸点或折射率等物理常数一样，也是光学活性物质所特有的一种物理常数。

因偏振光的波长和测定时的温度对比旋光度有影响，故表示比旋光度时，还要把温度及光源的波长标出，将温度写在 $[\alpha]$ 的右上角，波长写在右下角。最常用的光源是钠光（D），λ = 589.3 nm，所测得的旋光度记为 $[\alpha]_{D}^{t}$。所用溶剂的不同也会影响物质的旋光度。因此在不用水作为溶剂时，需注明溶剂的名称，例如，右旋的酒石酸在 5% 的乙醇中其比旋光度为：$[\alpha]_{D}^{20} = +3.79$（乙醇，5%）。这说明该物质的比旋光度为 3.79，使平面偏振光向右旋转，测定时的温度为 20 ℃，使用钠光光源，溶剂为乙醇，溶液浓度为 5%。

具有光学活性的还原糖类（如葡萄糖、果糖、乳糖、麦芽糖等），在溶解之后，其旋光度起初迅速变化，渐渐变得较缓慢，最后达到恒定值，这种现象称为变旋光作用。这是由于有的糖存在两种异构体，即 α 型和 β 型，它们的比旋光度不同。这两种环形结构及中间的开链结构在构成一个平衡体系过程中，即显示出变旋光作用。

早在 1885 年前药物学家坦瑞特（Tanret）就分离出物理性质不同的两种 D-葡萄糖。一种是我们称为 α-D-葡萄糖，熔点为 146 ℃，比旋光度+112°，另一种是 β-D-葡萄糖，熔点是 150 ℃，比旋光度+19°。两者之中的任何一种溶解在水里时，溶液的比旋光度都逐渐发生变化，直到为+53°时达到平衡，旋光度值不再改变。两种葡萄糖的溶液分别改变比旋光度值，最终达到一个恒定值的这种现象叫做变旋现象。

因此，在用旋光法测定蜂蜜、商品葡萄糖等含有还原糖的样品时，样品配成溶液后，宜放置过夜再测定。若需立即测定，可将中性溶液（pH 为 7）加热至沸，或加几滴氨水后再稀释定容；若溶液已经稀释定容，则可加入碳酸钠干粉至石蕊试纸刚显碱性。在碱性溶液中，变旋光作用迅速，很快达到平衡。但微碱性溶液不宜放置过久，温度也不可太高，以免破坏果糖。

大多数的氨基酸和羟基酸（如乳酸、苹果酸、酒石酸等）都具有旋光性。

在食品分析中，旋光法主要用于糖品、味精及氨基酸等的分析，其准确性及重现性都较好。旋光法还用于谷类食品中淀粉的测定。

（三）旋光仪

1. 普通旋光仪

在实际工作中通常用旋光仪测定化合物的旋光性。普通旋光仪主要是由一个光源和两个尼科尔（Nicol）棱镜组成的，在两个尼科尔棱镜中间有一个盛放样品的旋光管。当平面偏振光通过盛有旋光性化合物的旋光管后，偏振面就会被旋转（向右或向左）一个角度，这时偏振光就不能通行无阻地穿过与起偏镜棱轴相平行的检偏镜。只有检偏镜也旋转（向右或向左）相同的角度，旋转了的平面偏振光才能完全通过，目镜处视野才明亮。观察检偏镜上携带的刻度盘所旋转的角度，即为该旋光性物质的旋光度 α。其测定原理如图 3-11 所示。

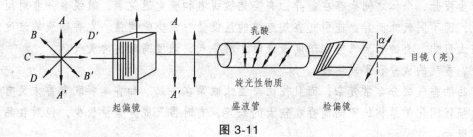

图 3-11

测定时将干燥清洁的旋光管装入待测溶液（应澄清且无气泡）恒温后，装入旋光仪。调整检偏镜使出现的三分视野恰好消失，此角度即为旋光度，可由刻度盘上读出。重复两次，再做稀释一倍的旋光度，以确定其真实的旋光度值。实验中注意恒温。

2. 检糖计

检糖计是测定糖类的专用旋光计，刻度数值直接表示为蔗糖的百分含量（kg/L），其测定原理与旋光计相同。检糖计的基本光学元件如图 3-12 所示。

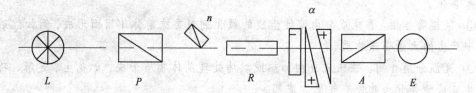

图 3-12　检糖计的基本光学元件

检糖计在结构上有以下特点：

① 起偏器、半棱镜和检偏器都是固定不动的，三者的光轴之间所成的角度与半影式旋光计在零点时的情况相同。在检偏器前装有一个石英补偿器，它由一块左旋石英板和两块右旋石英楔组成，两边的石英片固定，中间的可上下移动，且与刻度尺相联系。

② 检糖计的另一个特点是以白光作为光源。这是利用石英和糖液对偏振白光的旋光色散程度相近这一性质。

③ 检糖计读数尺的刻度是以糖度表示的。最常用的是国际糖度尺，以 °S 表示。其标定方法是：在 20 ℃ 时，把 26.000 g 纯蔗糖配成 100 mL 的糖液，用 200 mm 观测管以波长 λ = 589.440 nm 的钠黄光为光源，测得的读数定为 100 °S。即 1 相当于 100 mL 糖液中含有 0.26 g 蔗糖。读数为 x °S，表示 100 mL 糖液中含有 $0.26x$ g 蔗糖。

检糖计与旋光计的读数之间换算关系为：1 °S = 0.346 26°，1° = 2.888 °S。

食品香气与呈香物质

香气是构成食品风味的重要因素之一。人可以通过嗅觉识别香气的程度，因为发香物质一般是挥发性的，它的微粒在空气中扩散，进入鼻腔刺激嗅觉神经，传至中枢神经从而使人得到嗅感。古语云："入芝兰之室，久而不闻其香"，这是典型的嗅觉适应现象。嗅觉细胞很容易产生疲劳，个体之间也存在差异，有嗅觉敏锐者和嗅觉迟钝者，敏锐者并非对所有气味都敏锐，因不同气味而异。能引起香气感觉的最低量叫做嗅觉阈值。发香物质的浓度对嗅觉也有很大影响，有的物质只有在浓度极低时才有香气，浓度高时则为臭气。

一、香气的成分和形成途径

食品的香气成分非常复杂，而且往往与滋味联系在一起。如香辛料既有香味又有辣味。香气的强弱因化学结构的不同而存在较大的差异，有时香气成分含量极少，但对食品的风味影响却极大。

在呈香物质中，具有一些特定的原子或原子团，这些原子团称为发香团。主要的发香团有：羟基、苯基、羰基、醛基、羧基、硝基、酯基、醚基、亚硝基、酰胺基、异氰基、内酯基，另外磷、硫、砷、氟等原子对嗅感也有重要的作用。

食品中气味的形成途径可以大致分为以下四个方面：

① 生物合成。香气成分直接由生物合成，如以酯类化合物为母体的香味物质。例如柑橘、甜瓜、香蕉等的香气就属于此类。

② 直接酶作用。香味是由酶对香味物质的前体作用而形成的，例如蒜酶对亚砜作用形成的洋葱香味。

③ 间接酶作用。香味成分由酶促生成的氧化剂对香味前体作用而形成，例如红茶在发酵过程中产生的大量香味物质。

④ 高温分解作用。香味成分由加热或烘烤处理前体物质形成，如花生、芝麻、巧克力焙炒后生成呋喃等化合物使香气更加浓郁。

食品中的香气除上述自身具有或在加工时产生外，也可以通过添加香精调制而成。下面简单介绍各类食品的香气成分。

二、植物性食品的香气成分

1. 水果的香气成分

很多水果具有浓郁的天然香味，这主要是含有低级脂肪酸、有机酸酯类、醛类、醚类和几种单萜烯类化合物。香气随成熟度而增加，也可以通过人工催熟来增加香气。例如葡萄的主体香气成分是邻氨基苯甲酸甲酯，苹果的主体香气成分是乙酸异戊酯，桃的主体香气成分是醋酸乙酯和沉香醇酸内酯。

2. 蔬菜的香气成分

各种蔬菜的香气不同而且较淡，但葱、蒜、姜等因含有含硫化合物，在酶作用下而具有强烈的香辣味。如果加热，酶就失去活性，其中的含硫化合物产生硫醇而使它们带有甜味。萝卜中含有甲硫醇，在酶作用下具有刺激性香辣味。香菇的主体成分是具有活泼香气的含硫亲环合物——香菇精。蘑菇的主体香气成分是 1-辛烯醇，具有强烈的鲜蘑菇味。黄瓜中的香味化合物主要是醛类，最重要的香味化合物有反-2-顺-6-壬二烯醛、2-反-壬烯醛、亚油酸、亚麻酸等是风味前体，同时生成的有顺-3-己烯醛、反-2-己烯醛和反-2-壬烯醛，所以黄瓜具有特殊的清香气味。

3. 嗜好性食品的香气成分

嗜好性食品主要有茶叶、咖啡、可可等。

茶叶是世界三大饮料之一，茶叶的香气是决定其品质好坏的重要因素。茶叶的香型和特征香气化合物与茶树品种、采摘季节、叶片年龄、加工方法、加工温度、炒制时间、发酵过程以及储存条件等因素均有很大的关系。对茶叶香气化合物的研究表明其有 500 种以上的化合物存在。绿茶的主要香气成分是表现浓郁香味的二甲硫醚、β-紫萝酮和焦糖香。红茶香气成分多达 300 余种，主要是在发酵过程中产生的。茶叶中只要含有微量的二氢海葵内酯和顺-茶螺烷，就能使茶叶具有特有的甜香味和花香。

咖啡的香气是咖啡豆在烘烤过程中产生的。主要成分是呋喃、吡咯及噻吩衍生物。现已分离出 400 多种化合物，其中糖醛基硫醇对咖啡的浓郁香味起决定作用。可可的香气主要是 L-亮氨酸与 L-苯丙氨酸的降解产物生成的 4-甲基-5-乙烯基氮杂茂形成的。

三、动物性食品的香气成分

1. 水产品的气味

新鲜鱼贝类的腥味主要成分是六氢吡啶、δ-氨基戊醛和 δ-氨基戊酸。淡水鱼的主要腥味是醛或胺，储存久后贝类的腥臭味主要是氨、三甲胺、硫化氢、吲哚和粪臭素，其中三甲胺是最主要的成分。海藻香气的主要成分是甲硫醚，海参类含有壬二烯醇，具有黄瓜般的香气。鱼加热后产生的鱼香，主要是一些含氮有机物、有机酸、含硫化合物和羰基化合物。加工时加入少量食醋即可除去腥味。

2. 加热后产生的肉香

肉香的主要成分是内酯、呋喃类化合物、含硫化合物。它们是由氨基酸、脂类、核酸、糖类及内酯类等前体物质在加热时通过以下三种途径而形成的：① 脂类经氧化、水解、脱水、脱羧等反应，形成醛酮、内酯类化合物；② 糖、氨基酸、二羰基化合物等发生美拉德反应与降解反应产生的呋喃衍生物、醇、醛、酮、硫化物等；③ 由以上反应产物互相反应而产生更多的其他香气成分。

由此可知，肉香形成的过程很复杂，成分也很复杂，肉香是以上各种成分的综合作用的体现。不同的肉类因各自成分及含量不同而具有各自特殊的香气。如牛羊肉的膻气主要来源于一些脂肪酸，鸡肉汤具有的微弱硫化物的气味来自于含硫化合物。

3. 鲜乳的乳香

主要成分是挥发性脂肪酸、羰基化合物和其他一些微量的挥发性成分。牛奶香的主体香气成分是微量的甲硫醚。刚挤出的牛乳具有强烈吸收外界异味的能力，应避免与带异臭气味的物料接触。牛乳受到脂水解酶的作用或暴露于空气中时间过长，都会使之产生酸败味。牛乳暴露于日光中，由于氧气的作用，维生素 B_2 与蛋氨酸会产生 β-甲硫基丙醛，从而使其具有日晒味。此外，细菌可以使牛乳中的亮氨酸分解成 3-甲基丁醛，产生出麦芽臭味。

鲜奶酪的香气物质主要是挥发性脂肪酸、丁二酮、3-羧基丁酮和异戊醛等。新鲜黄油香气的主要成分是挥发性酸（乙酸、正丁酸、异丁酸、正戊酸、异戊酸、正辛酸等），异戊醛、双乙酰和 3-羟基-2-丁酮等。

四、发酵食品的香气成分

发酵食品或调味品的香气主要是由微生物作用蛋白质、糖、脂肪等物质产生酯、醇、醛、酚、酸等化合物而形成的，其成分很复杂，与微生物的种类和原料成分有很大关系。

1. 酒类的香气成分

据分析，白酒中的香气成分近200种，酯香对酒的香型起决定作用。如茅台酒以乙酸乙酯和乳酸乙酯为主体香气成分，泸州特曲以己酸乙酯和醋酸乙酯为主体香气成分，黄酒的主体香气成分是酯、醇、酚、酸及羰基化合物等。我国白酒主要可分为酱香型（如茅台酒）、浓香型（如五粮液、洋河大曲、古井贡酒等）、清香型（如杏花村汾酒）和米香型。其香气从感官上可以分为浴香、喷香、留香三方面。酿造酒用的水中的微量元素对酒香类型起了极为重要的作用。

2. 酱油及酱的香气

优质酱油中呈香物质近300余种。主要成分有醛、酸、醇、酯、酚等，其中最重要的是由麦皮中的木质素转化来的4-乙基愈疮木酚、4-乙基苯酚和对羟基苯乙醇等。

3. 馒头发酵蒸熟后的香气

该香气清淡，其主要成分是醇、有机酸和少量的酯。

4. 乳酸制品的香气。

该香气来自于柠檬酸在微生物作用下产生的丁二酮和1-羟基丁酮。

五、食品焙烤中香气的生成

许多食品在焙烘、烧烤及油炸时发出浓郁的香气。这主要是由于食品中各种成分发生热解、降解、美拉德反应和焦糖化反应等所致。焙烤食品香气的主要成分是大量的羰基化合物、呋喃类化合物和少量的含硫化合物。花生焙炒时产生的香气主要有 N-甲基吡咯。芝麻焙炒后产生的特有香气来自于芝麻酚。油炸类食品的香气成分来自油脂分解时产生的醇、低级脂肪酸、羰基化合物以及碳氨反应产生的各种物质。面包制品的香气来源既有发酵过程中产生的醇和酯，也有碳氨反应产生的许多羰基化合物，还有发酵时加入的亮氨酸和赖氨酸等增香物质。

六、香料和香精

在食品加工、烹饪中添加了香料和香精，香料和香精是食品加工中所添加少量即赋予食品以香味的物质，它可以改善或增加食品的香气和香味，也称为增香剂或赋香剂（Flavoring Agents）。例如面包焙烤加工中，制作奶油面包，除了原料中面粉的自然气味外，面包中的奶油香味就是添加的人工合成香料，如添加的2,3-己二酮合成香料，该物质具有奶油味。美国2003年允许使用的合成香料为2 068种，中国2004年允许使用的合成香料为1 242种。

香料（Spice）又称为香原料、天然增香剂，是制作香精的原料，但它们有时也可以直接用于食品中赋香，如甜橙油、香兰素、乙基麦芽酚等，一般是低分子量的挥发性物质，多为脂溶性化合物。香精也称调和香料，是由人工调配出来的各种香料的混合体，人们可以根据不同的需要选用香型。香精按香型可分为六类，分别为花香型，如玫瑰、水仙香型，多用于化妆品中；非花香型，多根据幻想而调配，如力士、古龙香型，多用于化妆品中；果香型，模仿果实的香气调配而成，如橘子、香蕉、苹果等，多用于食品和清洁用品中（如牙膏等）；酒用香型，如清香型、浓香型、酱香型、白兰地酒香型；烟用香型，如可可香型、桃香型、薄荷香型、茶花型；食品用香型，如方便食品中经常采用的肉香型、海鲜香型。

随着风味化学研究的深入，人们发现有些化合物如麦芽酚、乙基麦芽酚除了有助香的效果外，还有一些特殊的作用，例如可以显著地增加饮料、酒等食品的原有风味，尤其是增加甜味和香味，同时又能掩盖和除去食品中一些令人不愉快的异味例如苦味、腥臊味，因此把这类直接用于食品中能显著增强或改善原有风味的香料叫做风味增效剂（Flavor Enhancers）。香兰素同麦芽酚、乙基麦芽酚一样，具有相同的作用结果。风味增效剂之所以能增效，在于其能够改善和提高嗅觉细胞的敏感性。香味化合物是通过对嗅觉细胞的刺激，由神经将刺激信号传递给大脑，所以香味化合物浓度越高，所产生的刺激信号越强，香气的感觉强度就越大；反之，我们所感受到的香气越弱。在有风味增效剂存在时，由于敏感性提高，加强了对嗅感神经的刺激，加深了香气信息的传递，使大脑得到了放大的信号，最终使人产生了浓厚的香气和甜味的感觉，以达到食品的增香、增甜效果的目的。

三种常用的风味增效剂中，乙基麦芽酚的增效能力最强，一般来讲一份乙基麦芽酚可以代替 3~8 份的麦芽酚、24 份的香兰素。

思考题

一、填空题

1. 密度是指_____；相对密度（比重）是指_____。

2. 测定食品的相对密度的意义是 _____。

3. 折光法是通过_____的分析方法。它适用于_____类食品的测定，常用的仪器有_____、手持折光仪、数字阿贝折光仪。

4. 旋光法是利用_____测量旋光性物质的旋光度而确定被测成分含量的分析方法。

5. $[\alpha]_D^t = +98.3$（CH_3OH），这说明该物质的比旋光度是_____，向_____旋转，测定时的温度为_____，使用_____光源，溶剂为_____。

二、选择题

1. 物质在某温度下的密度与物质在同一温度下对 4 ℃水的相对密度的关系是(   )。

A. 相等   B. 数值上相同   C. 可换算   D. 无法确定

2. 下列仪器属于物理法所用的仪器是 (   )。

A. 烘箱   B. 手持糖度计   C. 阿贝折光计   D. B 和 C 均对

三、问答题

1. 使用密度计时选择刻度范围合适的密度计有何意义？

2. 列举三例说明食品质量和折光率的关系。

3. 叙述使用密度计测定液体样品的方法以及注意事项。

第四章 食品一般成分的分析

第一节 水分的测定

一、食品中水分的含量

水是食品的主要成分之一，也是食品分析的重要项目之一。水分的测定对于保持食品具有良好的感官性状，计算生产中的物料平衡和成本核算，以及实行生产工艺监督等方面有着重要的意义。

一定的水分含量可以保证食品品质，延长食品保藏期。各种食品的水分含量都有各自的标准，有时若水分含量超过或降低 1%，无论在质量和经济效益上都会起到非常重要的作用。例如，奶粉要求水分的含量为 3.0%～5.0%，如果水分含量提高到 3.5%以上，就容易造成奶粉结块，这样会导致商品价值降低。如果水分含量提高后奶粉还容易变色，储藏期也会变短。另外，对于有些食品如果水分含量过高，组织状态就会发生软化，弹性随之下降甚至完全消失。

各种食品水分的含量差别很大。例如，蔬菜含水量为 85%～97%，水果为 80%～90%，鱼类是 67%～81%，蛋类是 73%～75%，乳类为 87%～89%，猪肉为 43%～59%。即使是干态食品，也含有少量的水分，如脱水蔬菜为 6%～9%，面粉为 12%～14%，饼干 2.5%～4.5%。面包的水分随品种不同而各有差异，一般为 32%～42%，如主食面包为 32%～36%，花色面包为 36%～42%。

从含水量来讲，食品的含水量高低直接影响到食品的风味、腐败和发霉。同时，干燥的食品如果吸潮后还会发生许多物理性质方面的变化，例如面包和饼干类的变硬就不仅是失水干燥，而且也是由于水分含量变化而造成淀粉结构发生变化的结果。此外，在肉类加工中，如香肠的口味就与吸水、持水的情况关系十分密切。所以，食品的含水量与食品的新鲜度、硬软性、流动性、呈味性、保藏性、加工性等许多方面有着极为重要的关系。

二、食品中水分的存在形式

动植物食品中含有的水分，从水本身来看，可以分为两种。一种是与普通水一样的以热力学运动的自由流动水，称为自由水或游离水（Free Water），游离水具有水的一切特性，也就是说 100 ℃ 时水要沸腾，0 ℃ 以下要结冰，并且容易汽化。游离水是我们食品的主要分散剂，可以溶解糖、酸、无机盐等，它主要存在于细胞间隙中，所以容易游离除去。另一种为食品成分中与蛋白质的活性基（—OH，—CONH，—NH$_2$，—COOH，—CONH$_2$）和碳水化合物的活性基（—OH）以氢键结合而不能自由运动的结合在一起的水，称为结合水或束缚水（Bound Water）。它是以氢键的形式与有机物的活性基团结合在一起，故也称为束缚水。束缚水不具有水的特性，所以要除掉这部分水是困难的。它有两个特点：① 不易结冰（冰点为 $-40\,℃$）；② 不能作为溶质的溶剂。不同种类的食品，其水分含量差异颇大，但是在食品中几乎均以结合水或自由水的形态存在。

在烘干食品时，自由水容易汽化，而结合水则难于汽化。冷冻食品时，自由水冻结，而结合水在 $-30\,℃$ 仍然不冻结。结合水和食品的构成成分相结合，可以稳定食品的活性基。自由水能促使腐蚀食品的微生物繁殖和酶发生作用，并加速非酶促褐变反应或者脂肪氧化等化学劣变。

三、水分含量的测定方法

食品中水分的测定方法有很多，根据测定原理的不同，可以分为直接法和间接法两大类。利用水分本身的物理性质和化学性质测定水分的方法称为直接法，如重量法、蒸馏法和卡尔-费休法；利用食品的密度、折射率、电导、介电常数等物理性质测定水分的方法称为间接法。

要根据食品的性质和测定目的来选择测定水分的方法，现择要介绍如下。

（一）重量法

重量法也称为干燥法，凡是在操作过程中有称量步骤的测定方法，统称为重量法，如常压干燥法、真空干燥法、红外线干燥法、微波干燥法等。

1. 原理

在一定温度和压力条件下，将样品加热干燥，以排除其中的水分，样品干燥前后减少的量即为水分的量，由此计算样品的水分含量。

2. 干燥法的基本要求

应用本法测定水分的样品应该符合下述三项条件：

① 水分是样品中唯一的挥发性组分，这就是说在加热时只有水分挥发。如样品中含酒精、香精油、芳香酯等都不能用干燥法，这些都有挥发成分。

② 水分的挥发要完全，而其他组分的逸失所引起的样品质量变化可以忽略不计。对于一些糖、果胶和明胶所形成冻胶中的结合水来说，它们结合得非常牢固，很不容易除去，有时样品甚至被烘干发硬变焦，样品中的结合水都不能除掉。因此，采用常压干燥的水分，并不能代表食品中总的水分含量。

③ 食品中其他组分的化学性质要稳定，在加热过程中由于发生化学反应而引起的质量变化可以忽略不计。

由于食品的组分极为复杂且多半含有胶态物质，要想把结合水完全除去是较为困难的。有时，加热温度已经使样品炭化，而有些结合水依然无法除去，所以烘箱干燥法实际上不可能测出食品中的真正水分，因为在食品干燥后，食品的内部还残留一部分水分。若用真空烘箱干燥法，测定结果就比较接近真正水分，重现性也好。例如许多生物材料中的水分，大部分可以用一般烘干法除去，但是要除去其中最后残留的 1%的水，却十分困难。若采用真空干燥法，这些残留的水分就可以较快地除去，并且不易引起食品中其他组分发生化学变化。

（二）蒸馏法

蒸馏法是将样品和不溶于水的有机溶剂放入蒸馏式水分测定装置中加热，使试样中的水分与溶剂蒸汽一起蒸发，蒸汽在冷凝管中冷凝，测量被冷凝装置收集的水，由水分的容量来确定样品中水分的含量。

在蒸馏法中，常用的有机溶剂有苯、甲苯、二甲苯和 CCl_4 等，有机溶剂的选择依据是对热不稳定的食品一般不采用二甲苯，因为它的沸点高（140 ℃），常选用低沸点的有机溶剂，如苯（沸点为 80 ℃）。对于一些含有糖分并且能够分解释放出水分的样品，如脱水洋葱和脱水大蒜可以采用苯，要根据样品的性质来选择合适的有机溶剂。

蒸馏法有多种形式，目前应用最广的是共沸蒸馏法，它是 AOAC 规定的水分测定方法之一。这种方法用于测定样品中除水分外，还有大量挥发性物质，例如醚类、芳香油、挥发酸等，特别适用于饲料、啤酒花、调味品和香料等食品中水分的测定。

（三）卡尔-费休法

卡尔-费休法是测定各种物质中微量水分的一种方法，在水存在时，即样品中的水分与卡尔-费休试剂中的 SO_2 与 I_2 发生氧化还原反应，通过滴定的方法来测定样品中的水分。这种方法自从 1935 年由卡尔-费休提出后，一直采用 I_2、SO_2、吡啶、无水 CH_3OH（含水量在 0.05% 以下）配制成卡尔-费休试剂。该方法操作简便，测定快速而且准确，只是需要专用的仪器设备，常用于脱水果蔬、糖果、巧克力、油脂、乳粉、炼乳及香料等样品中水分的测定。

（四）电导测定法

食品的主要成分如碳水化合物、蛋白质、脂类等物质都是电的绝缘材料。干燥食品的电阻很大，而在含水食品中，溶于水的蛋白质、无机盐等导电成分的量会随着食品的含水量增加而增加，其电阻就会随之变小，即电导率随之变大。因此，通过测定已知含水量食品的电阻值（或电导率），建立电阻值（或电导率）与食品含水量的关系，即绘制校正曲线后，在相同的条件下测定待测样品的电阻值（或电导率），即可以计算出样品的水分含量。

电导测定法检测快速，所用仪器结构简单，适用于面粉、大米、种子等谷物样品中水分的测定，尤其是水分含量为 11%～16% 时测定结果的准确度较高。

四、干燥法测定食品中的水分含量

（一）常压干燥法

1. 原理

食品中的水分一般指在大气压下，于 100 ℃ 左右加热所失去的物质。但实际上在此温度下所失去的是挥发性物质的总量，而不完全是水。

2. 操作步骤概要

清洗称量皿 ⟶ 烘至恒重 ⟶ 准确称取样品（固体样品按照要求粉碎）⟶ 放入调好温度的烘箱中（100 ℃～105 ℃）⟶ 烘 1.5 h ⟶ 于干燥器中冷却 ⟶ 称重 ⟶ 再烘 0.5 h

⟶ 直至恒重（两次重量差不超过 0.002 g 即为恒重），计算样品中的水分含量。

3. 注意事项

① 对于含油脂或高脂肪的样品，由于脂肪氧化而使后面一次的质量反而增加，应该以前一次的质量来计算。

② 对于易焦化和容易分解的食品，可以选用比较低的温度或缩短干燥时间。

③ 对于液体与半固体样品，要在称量皿中加入事先称好的纯净干燥的海砂，使样品疏松，沸水浴将样品蒸干后，再放入烘箱里干燥，否则如果不加海砂容易使样品表面形成一层膜，导致水分不易挥发。

（二）真空干燥法

1. 原理

利用较低温度，在减压下进行干燥以排除水分，样品中减少的量即为样品的水分量。

本法适用于 100 ℃ 以上加热容易变质、破坏或含有不易除去结合水的食品，如糖浆、味精、砂糖、糖果、蜂蜜、果酱和脱水蔬菜等样品都可以采用真空干燥法来测定水分。

2. 操作步骤概要

准确称取 2.00～5.00 g 样品 ⟶ 放入烘至恒重的称量皿中 ⟶ 放入真空烘箱中 ⟶ 操作条件是 70 ℃、真空度为 93.3～98.6 kPa（700～740 mmHg）⟶ 烘 5 h ⟶ 于干燥器中冷却 ⟶ 直至恒重。

根据样品恒重后的失重量、原始质量，计算样品中水分的含量。

3. 注意事项

干燥样品时，烘箱与真空泵必须连接装有干燥剂的缓冲瓶，以吸收样品挥发逸出的水分。真空烘箱进气阀也必须连接干燥装置，以保证在取样品时通入烘箱的气体是干燥的。通常，吸收水分干燥气体用的干燥剂有无水硫酸钠、无水过氯酸镁、五氧化二磷、无水浓硫酸以及变色硅胶等。

（三）其他干燥法

对于特殊的样品，需要采用特殊的方法进行快速测定，常用的快速测定方法有红外吸收光谱法和微波干燥法等。

红外线属于电磁波，一般指波长 0.75～1 000 μm 的光。红外波段可以分为三部分：① 近红外区，0.75～2.5 μm；② 中红外区，2.5～25 μm；③ 远红外区，25～1 000 μm。其中，中红外区是研究应用最多的区域，水分子对三个区域的光波均具有选择吸收作用。根据水分对某一波长的红外光的吸收程度与其在样品中含量存在一定关系的事实即建立了红外光谱测定水分的方法。

微波是指频率为 $1 \times 10^3 \sim 3 \times 10^5$ MHz（波长为 0.1～30 cm）的电磁波。当微波通过含水样品时，因水分引起的能量损耗远远大于干物质所引起的损耗，所以测量微波能量的损耗就可以求出样品的含水量。

红外线和微波干燥样品时，不是通过热空气介质来加热样品，而是被照射样品中的极性分子吸收电磁波，分子振动加剧而产生热。由于电磁波的穿透能力强，样品的表层和内部同时被加热，水分子即迅速汽化挥发。因此，红外吸收光谱法和微波干燥法是一种快速测定水分的方法，但都需要采用专用的仪器设备。

五、水分活度值的测定

（一）水分活度

食品中的水分并不是静止的，而是处于一种活动的状态，会随环境条件的变动而变化。如食品周围环境的空气干燥，湿度低，则水分会从食品向空气中蒸发，水分逐渐减少而干燥，反之亦然。因此，食品的含水量除了用百分含量（%）表示外，还可以用水分活度 A_w 来表示。

水分活度是指食品在密闭容器内测得的水蒸气压力（p）与同温度下测得的纯水的饱和蒸气压力（p_0）之比，即 $A_w = P/P_0 = RH/100$，式中 RH（Relative Humidity）是与环境平衡的相对湿度。

一般食品不仅含有水，而且含有蛋白质、淀粉等固形物，所以它的水相对的就比纯水少，故其水蒸气压也就小，即一般有 $P < P_0$，所以 A_w 值皆小于 1。

鱼和水果等含水量高的食品，其水分活度为 0.98～0.99，A_w 值都比较大；米和大豆等水分少的干燥食品，其水分活度为 0.60～0.64，A_w 值就比较小。

水分对食品的品质特性如脂类的自动氧化、非酶褐变、微生物生长、酶促反应等影响非常大，含水量高的食品容易变质发霉。但是，水分含量相同的不同食品，其变质速度不相同。这一现象除了与食品的组成成分、结构有关外，还与水在食品中的存在状态和结合形式有关，即与水分活度有关。

当水分活度 A_w 小于 0.2 时，除了氧化反应外，其他反应都处于最小值；当 A_w 为 0.7～0.9 时，美拉德褐变反应、脂类氧化、维生素 B_1 降解、叶绿素损失、微生物繁殖和酶促反应均显示出最大速率。

水分活度 A_w 除了影响化学反应和微生物生长外，还影响干燥和半干燥食品的质地。例如，欲保持饼干、膨化玉米花和油炸马铃薯片等食品的脆性，防止砂糖、奶粉和速溶咖啡等结块，以及硬糖果、蜜饯等发生黏结，均应保持适当低的水分活度值。干燥物质不致造成食品适宜特性损失的允许最大 A_w 为 0.35～0.5。即当食品水分与环境空气水分平衡在水分活度为 0.3（相对湿度 30%）的储藏条件下时，各种化学反应和微生物的繁殖速度很低，食品可以长期安全储藏。因此，研究水分活度对食品品质的影响比研究水分含量对食品品质的影响更科学，更具有实际意义。FAO 和 WHO 等组织都明确提出了水分活度是食品稳定性和耐藏性的一项重要指标，并且做了一些相应的规定，如腌制、发酵和酸化食品的水分活度为 0.70。

（二）水分活度的测定

食品中水分活度的测定方法很多，如平衡蒸气压法、电湿度计法、附敏感器的湿动仪法、溶剂萃取法、扩散法、水分活度测定仪法和近似计算法等。一般常用的有水分活度测定仪法（A_w 测定仪法）、溶剂萃取法和扩散法。水分活度测定仪法操作简便，能在较短时间内得到结果。

1. 水分活度 A_w 测定仪法

（1）原理。

在一定温度下，主要利用 A_w 测定仪中的传感器根据食品中水的蒸汽压力的变化，从仪器的表头上读出指针所示的水分活度。在样品测定前需用氯化钡饱和溶液校正水分活度测定仪的 A_w 为 9.000。

（2）操作步骤概要。

① 仪器校正。

将两张滤纸浸于氯化钡饱和溶液中 $\longrightarrow$ 用小夹子轻轻地把它放在仪器的样品盒内 $\longrightarrow$ 将传感器的表头放在样品盒上，轻轻地拧紧 $\longrightarrow$ 置于 20 ℃ 恒温烘箱中 $\longrightarrow$ 加热恒温 3 h $\longrightarrow$ 将表头上的校正螺丝拧动使 A_w 为 9.000。

② 样品测定。

取样 $\longrightarrow$ 于 15 ℃~25 ℃ 恒温 $\longrightarrow$ 置于容器样品盒内（水果蔬菜样品需迅速捣碎，汤汁与固形物按比例取样，肉和鱼等固体试样需适当切细） $\longrightarrow$ 将传感器的表头置于样品盒上轻轻地拧紧 $\longrightarrow$ 于 20 ℃ 恒温烘箱中 $\longrightarrow$ 加热 2 h $\longrightarrow$ 不断观察表头仪器指针的变化情况 $\longrightarrow$ 至指针恒定不变时 $\longrightarrow$ 所指的数值即为此温度下试样的水分活度 A_w 值。

2. 溶剂萃取法

（1）原理。

本法以苯为溶剂将水分从样品中萃取出来。苯与水互不相溶，在一定温度下，用溶剂苯所萃取的水量与样品中的水分活度成正比，其结果与同温度下测定的苯中的饱和溶解水值与水相中水的比值即为该样品的水分活度。

（2）操作步骤概要。

称取样品 1.00 g $\longrightarrow$ 于 250 mL 磨口三角烧瓶中 $\longrightarrow$ 加入 100 mL 苯 $\longrightarrow$ 塞上瓶塞 $\longrightarrow$ 振摇 1 h $\longrightarrow$ 静置 10 min $\longrightarrow$ 吸取 50 mL 溶液 $\longrightarrow$ 于卡尔-费休水分测定器中 $\longrightarrow$ 加入无水甲醇 70 mL $\longrightarrow$ 混合 $\longrightarrow$ 用卡尔-费休试剂滴定至微红色 $\longrightarrow$ 直电流指针再不变即为终点 $\longrightarrow$ 记录。

若求苯中的饱和溶解水值，步骤为：量取蒸馏水 10 mL 代替样品 $\longrightarrow$ 加入苯 100 mL $\longrightarrow$ 振摇 2 min $\longrightarrow$ 静置 5 min $\longrightarrow$ 同以上样品的测定方法。

（3）计算样品中水分活度值

$$A_w = [H_2O]_n \times 10 / [H_2O]_0$$

式中，$[H_2O]_n$ ——从食品中萃取的水量，即用卡尔-费休试剂滴定度乘以滴定样品时消耗卡尔-费休试剂的毫升数；

　　　$[H_2O]_0$ ——测定纯水中萃取的水量，即用卡尔-费休试剂滴定度乘以滴定纯水萃取液时消耗卡尔-费休试剂的毫升数。

3. 扩散法

样品在康威氏微量扩散皿密封和恒温下，分别在较高和较低的标准饱和溶液中扩散平衡后，根据样品重量的增加和减少的量，求出样品中水分活度 A_w 值。限于篇幅，这里不再叙述。

第二节 灰分的测定

灰分是代表食品中的矿物盐或无机盐类。在测定食品的灰分时，如果灰分含量很高，就说明该食品的生产工艺粗糙或混入了泥沙，或者加入了不符合卫生标准要求的食品添加剂。如含泥沙较多的红糖、食盐等其灰分含量必然增高，因此测定食品的灰分是评价食品质量的指标之一。在必要时，还可以分析灰分中所含的各种元素（如 Ca、P、Fe、I、K、Na 等），这也是评价食品营养的参考指标之一。所以，对于食品要规定一定的灰分含量。

一、基本概念及测定灰分的意义

（一）基本概念

1. 灰化

灰化是指在高温条件下灼烧、消解、氧化试样的有机物，提取无机物的一种方法。在灰化过程中，试样中的有机物及少量无机物被氧化、分解后挥发逸失，大量的无机物生成难挥发性盐或氧化物而残留下来。因此，灰化可以对试样中的无机物进行提取、分离，并达到浓缩的目的。灰化常用于各种元素及无机成分测定时的样品前处理，既是灰分测定的方法，又是无机成分分析的试样前处理方法。

灰化进行时，试样的组分发生非常复杂的氧化、还原、分解、化合等化学变化。首先，水分及挥发性的组分挥发逸失，随着灰化温度的进一步升高，大量的有机物分解、氧化产生的 CO、CO_2、H_2O、NO、NO_2、NH_3 等气体挥发。经过一定的时间灰化后，残留物是以难熔性氧化物、磷酸盐、硫酸盐、碳酸盐、卤化物、硅酸盐等为主要成分的无机物。但是，灰化残留物不能真正代表试样中无机成分的总量。采用不同的灰化方法、灰化温度和灰化时间，灰化残留物的组成成分和总量差别很大。常用的灰化方法有干法灰化（高温灼烧）法、湿法灰化（酸消解）法、低温灰化法等。

2. 灰分

灰分是指有机物经高温灼烧以后的残留物，采用 550 ℃～600 ℃干法灰化法测定的灰分，称为总灰分或粗灰分。通常我们测定的灰分为总灰分。根据灰分成分的溶解特性的不同，在总灰分中包括水溶性灰分和水不溶性灰分，以及酸溶性灰分和酸不溶性灰分。由于影响灰分测定结果的因素较多，灰分的测定必须采用规定的标准方法。否则，测定结果就没有可比性。

不同食品的灰分组成和含量相差很大，食品的灰分主要取决于原料的来源和加工工艺。植物性食品原料的灰分含量主要受到土壤、水源等地理条件、栽培条件、成熟程度、加工工艺和加工精度等因素的影响；动物性食品原料的灰分含量主要受品种、饲养条件、生产工艺等因素的影响。同一种食品试样，灰分的含量也随着测定方法、灰化条件的不同而有所差异。

（二）测定灰分的意义

食品的总灰分含量是控制食品成品或半成品质量的重要依据。如牛奶中的总灰分在牛奶中的含量是恒定的。一般在 0.68%~0.74%，平均值非常接近 0.70%，因此可以用测定牛奶中总灰分的方法测定牛奶是否掺假，若掺水，灰分就会降低。另外还可以判断浓缩比，如果测出牛奶灰分在 1.4% 左右，说明牛奶浓缩一倍。粮食中的无机物主要存在于籽粒的糊粉层和胚部，而胚乳中含量很少，通常仅有皮层的 1/20。灰分在粮食籽粒中的分布是由外到里含量愈来愈低，纤维素物质的分布也符合这一规律，故可以用灰分表示大米、小麦粉的加工精度。例如富强粉，麦子中麸皮的灰分含量高，而胚乳中蛋白质的含量高，麸皮的灰分比胚乳的含量高 20 倍，就是说面粉中的精度高，则灰分就低。灰分的测定可以评定食品是否卫生，有没有受到污染。如果灰分含量超过了正常的范围，可以说明在食品生产中使用了不合理的卫生标准。如果原料中有杂质或加工过程中混入了一些泥沙，那么测定灰分时就可以检出。此外，在品种鉴别和掺伪检验方面，灰分的测定也是很有意义的。例如发酵葡萄酒的灰分含量就远高于兑制的葡萄酒，借此可以鉴别这两个品种的酒。总之，灰分是某些食品重要的质量控制指标，是食品成分全分析的项目之一。

二、总灰分的测定

（一）实验条件的选择

1. 准备坩埚（灰化容器）

灰分测定所用试样的容器需要具备耐高温、化学稳定性好、热膨胀系数低等特点，常见的有素瓷坩埚、白金坩埚（铂坩埚）、镍坩埚、石英坩埚、不锈钢坩埚、金-白金坩埚等。

素瓷坩埚耐酸、耐卤素、耐高温，广泛用于一般试样的总灰分测定，在实验室经常使用。它的使用温度可以达到 1 200 ℃；内壁涂釉而光滑，吸附性小，称量易恒重；物理和化学稳定性良好，价格低廉。但是，素瓷坩埚对碱敏感，在盛装碱性试样时，部分釉质会被溶解。如果长期使用后内壁会出现微孔，将产生吸附而不易恒重。另外，当温差较大时，常会出现爆裂。

铂坩埚又称为白金坩埚，化学性质稳定，在空气中灼烧不被氧化，与大多数化学试剂都不发生反应，能耐熔融的碱金属碳酸盐以及氟化物的腐蚀，本身熔点高达 1 773 ℃。铂坩埚价格昂贵，在高温下可与 Fe、Pb、Sn、固体 K_2O、王水、卤素等反应而被腐蚀，使内表面形成小孔，产生对试样组分的吸附。

石英坩埚的性能与素瓷坩埚相似，耐酸、耐卤素，而耐碱能力差，价格也较贵。镍坩埚和金-白金坩埚用于特殊情况下灰分的测定或灰化处理试样。

2. 样品的处理

灰分测定时，样品的处理较为简单。固体试样应粉碎、搅匀，然后称取适量样品；半固体或含水量高的水果、蔬菜等试样应先在烘箱内烘干，再进行灰分测定；液体试样则应该将其在水浴加热中蒸干；油脂试样可以先燃烧炭化后再灰化。富含糖、蛋白质、淀粉的样品在灰化前需要加几滴纯植物油（防止发泡）。

对于各种样品应该称取多少克要根据样品的种类和性质来决定。一般以相当于 10~100 mg 灰分的试样量为宜，例如谷物及其制品、肉及其肉制品称取 3~5 g；糕点、淀粉及其制品、蔬菜及其制品称取 5~10 g；牛乳取 5 g；奶粉等称取 1 g；水果及其制品须称取 25 g；油脂称取 50 g；啤酒量取 50 mL；蒸馏酒量取 25～100 mL。

3. 灰化的温度和时间

由于掌握灰化程度的原则是灰分残留物必须全部是无机物，不得残留有机物。因此，灰化温度和灰化时间是灰分测定中最为重要的实验条件，为了得到高精密度的测定结果，应该合理控制灰化温度和灰化时间。

灰化的温度影响试样的灰化速度、灰化程度和无机成分的逸失率。如果灰化温度过低，试样就灰化不完全，所需灰化时间长；而如果灰化温度过高，NaCl、KCl 以及试样中硫、磷等元素将有不同程度的损失，或者形成熔融状态的磷酸盐包裹、覆盖的炭粒，使灰化不完全。因此选择灰化温度时，在试样的无机成分不损失的前提下，尽可能选择较高的灰化温度，525 ℃、550 ℃ 和 600 ℃ 的灰化温度是大多数食品的无机成分不受损失的上限温度。如果考虑氯在灰化过程中的损失，在残留物中磷酸过剩的情况下，即使 400 ℃ 也是过高的温度。所以要根据所测的样品来选择灰化温度。

灰化的温度因样品的不同而有所差异，一般水果蔬菜类制品、肉类、糖类、谷物、乳制品（除奶油外）、鱼、海产品、酒类不大于 525 ℃。其中，黄油在测定灰分后需要定量食盐，故灰化温度采用抑制氯挥发的温度，要低于 500 ℃。在我国的国家标准测定方法中，规定了各种试样的灰化温度为 525 ℃～600 ℃。

不同食品的灰化难易程度也不同，在各种标准方法中规定了灰化温度，却没有规定灰化的时间。通常，以样品在高温下灼烧至灰白色后无黑色炭粒，或者在一定程度上达到恒重为准，一般灰化需要 2～5 h。但是，试样的灰分组成成分不同，有些样品即使灰化完全，颜色也达不到灰白色。例如，铁含量较高的食品，残灰呈蓝褐色；铜、锰含量高的样品，残灰则呈现蓝绿色，所以要根据样品的不同来观察颜色。

4. 灰化的方法

对于较容易灰化完全的样品，经适当的前处理后，称取一定量的试样置于已恒重的容器内，放入已达到规定温度的高温炉中，灰化至残留物呈浅灰色，经冷却、称重、再灰化至恒重。

在试样灰化过程中，灰化残留物中有较多被熔融盐覆盖、包裹的炭粒时，可采用添加灰化辅助剂的方法进行灰化。通过改变灰化残留物的组织结构，分散试样及灰化残留物，调整灰化残留物的酸碱性等，以加速高温氧化作用，加快灰化速度，避免灰分结块或与坩埚黏结，固定灰化残留物中的挥发性成分，来得到稳定的灰分测定结果。

① 试样灼烧到表面呈黑灰色后，取出冷却至室温，加少量去离子水溶解水溶性盐，将水溶性盐过滤后，残留物继续灰化。灰化残留物中水溶性盐被溶解后，被熔融盐覆盖、包裹的炭粒释放出来，或者改变了灰化残留物的组织结构，可以加速氧化作用，加快灰化速度。

② 在试样中加入硝酸、过氧化氢等氧化剂，可以加速试样的氧化；在试样中加入碳酸铵、乙醇等试剂，可溶出盐溶性、醇溶性组分，加快灰化速度。试样中添加的这些灰化辅助剂经高温灼烧后，完全挥发而不产生残留物。在测定中没有必要做空白试验，操作较方便，效果良好。

③ 在灰化残留物中，过剩的钾、钠等阳离子主要以碳酸盐的形式残留在灰分中。通过添加硫酸，可以使阳离子全部以硫酸盐的形式保留在灰分中，避免过剩阳离子的挥发逸失。但是，灰分中与碳酸根离子、氯离子置换的硫酸根离子将会有所增加。因此，添加硫酸测定的灰分要用硫酸灰分来表示。

④ 在试样中添加氧化镁、碳酸钙等固体惰性试剂，将这些熔点较高（MgO 的熔点是 2 800 ℃）的灰化辅助剂均匀分布于试样中，可以起到机械分散试样的作用，能够扩大灰化残留物的表面积，使其结构疏松，氧气容易进入。同时，还可以避免无机盐熔融、覆盖或包裹炭粒，大大提高灰化的速度，并且能够固定灰分的成分而避免挥发逸失。由于这类灰化辅助剂会残留在灰分中，需要做空白试验并从测定结果中扣除。

⑤ 将灰化作为一种元素测定的样品前处理方法时，在灰化过程中各种元素的挥发损失是不同的。其中，磷、硫、氯等元素较容易挥发逸失，采用加入灰化辅助剂是固定待测元素的有效方法之一。

（二）测定步骤概要

取大小适宜、洁净的素瓷坩埚放入马福炉中，在 600 ℃ 下灼烧半小时后关闭马福炉电源，待炉内温度降至 200 ℃ 以后，将素瓷坩埚移入干燥器中冷却至室温，称量并重复灼烧至恒重。

称取适量试样于已恒重的素瓷坩埚中，在电炉上以小火加热，使试样干燥并充分炭化至无烟，然后移入马福炉中，于 550 ℃～600 ℃ 灼烧至无炭粒，即为灰化完全。待炉内温度降至 200 ℃ 以下后，将坩埚置于干燥器中冷却至室温后称重。重复灼烧、称重直至恒重，恒重后残留物的量即为总灰分的含量。

三、水溶性灰分和水不溶性灰分的测定

在试样总灰分中加入一定量的去离子水，盖上表面皿，加热至沸腾，用无灰滤纸过滤，并用适量热的去离子水洗涤残渣。将不溶物连同滤纸一起转移至原坩埚中，在水浴上加热蒸发至干涸后放入干燥箱中干燥，再进行灰化，残留物即水不溶性灰分，总灰分质量与水不溶性灰分的质量之差为水溶性灰分量。

四、酸溶性灰分和酸不溶性灰分的测定

取适量 10% 盐酸加入试样的总灰分或水不溶性灰分中，将坩埚置于小火上轻微煮沸 5 min，用无灰滤纸过滤，并用适量热的去离子水洗涤残渣至洗液中无氯离子为止。将不溶物连同滤纸一起转移至原坩埚中，在水浴上加热蒸发至干涸后放入干燥箱中干燥，再进行灰化，残留物即酸不溶性灰分，总灰分质量与酸不溶性灰分的质量之差为酸溶性灰分量。

第三节 酸度的测定

一、概 述

（一）酸度的概念

食品中的酸度通常用总酸度（滴定酸度）、有效酸度、挥发酸度来表示。

1. 总酸度

总酸度是指食品中所有酸性物质的总量，包括已离解的酸浓度和未离解的酸浓度，采用标准碱液来滴定，并以样品中主要代表酸的百分含量来表示，故总酸度又称为可滴定酸度。

2. 有效酸度

有效酸度是指样品中呈离子状态的氢离子的浓度（严格地讲是活度）用 pH 计进行测定，用 pH 表示。

3. 挥发性酸

挥发性酸是指食品中易挥发部分的有机酸。如乙酸、甲酸等低碳链的直链脂肪酸，可以用直接或间接滴定法进行测定。

4. 牛乳酸度

牛乳中有两种酸度：① 外表酸度；② 真实酸度。外表酸度也称为固有酸度（或潜在酸度），指刚挤出来的新鲜牛乳本身所具有的酸度，主要来源于鲜牛乳中的酪蛋白、白蛋白、柠檬酸、枸杞酸及磷酸盐等酸性成分。外表酸度在新鲜牛乳中占 0.15%～0.18%（以乳酸计）。真实酸度也称为发酵酸度，指牛乳放置过程中，在乳酸菌作用下乳糖发酵产生了乳酸所引起的，使牛乳酸度增加。

如果牛乳的含酸量超过了 0.15%～0.20%（pH 为 6.6），即认为有乳酸存在。习惯上把含酸量在 0.20% 以下的牛奶称为新鲜牛奶，把含酸量大于 0.20% 的牛奶称为不新鲜牛奶。当含酸量达到 0.30% 时，饮用时具有一定的酸味，这时 pH 为 4.3；当牛奶结块时酸度为 0.6%，说明已经腐败变质。

外表酸度与真实酸度之和就是牛乳的总酸度，而新鲜牛乳的总酸度即只为外表酸度，其大小可以通过标准碱滴定来测定。

（二）食品中有机酸的种类与分布

1. 食品中常见的有机酸及其含量

食品中常见的有机酸有柠檬酸、苹果酸、酒石酸、草酸、琥珀酸、乳酸及醋酸等。这些有机酸有的是食品中的天然成分，如水果蔬菜及其制品中的有机酸；有的是在食品加工中人为添加的，如配制型饮料中加入的柠檬酸；有的是在生产加工储存过程中产生的，如酸奶、食醋中的有机酸。一种食品中可以同时含有一种或多种有机酸。如苹果中主要含有苹果酸，苹果酸含量是 1.02%，还含有少量的柠檬酸，柠檬酸含量是 0.03%。菠菜中则以草酸为主，此外还含有苹果酸及柠檬酸等。食品中的酸味物质，除了有机酸外，还有无机酸，如可乐中主要含有人为添加的磷酸。

水果蔬菜中有机酸的含量取决于品种、成熟度以及产地的气候条件等因素，其他食品中有机酸的含量取决其原料的种类、产品的配方等因素。一些常见食品的 pH 如下所示。

常见水果蔬菜的 pH 举例：

苹果 3.0～5.0	杏 3.4～4.0	柠檬 2.2～3.5	西瓜 6.0～6.4	橙 3.55～4.9
草莓 3.8～4.4	桃 3.2～3.9	葡萄 2.55～4.5	番茄 4.1～4.8	梨 3.2～3.95
辣椒（青）5.4	豌豆 6.1	南瓜 5.0	菠菜 5.7	胡萝卜 5.0

常见肉、蛋、乳类食品的 pH 举例：

牛肉 5.1～6.2　　　羊肉 5.4～6.7　　猪肉 5.3～6.9　　鸡肉 6.2～6.4　　　鱼肉 6.6～6.8

牛乳 6.5～7.0　　　虾肉 6.0～7.0　　蟹肉 7.0　　　　鲜蛋白 7.8～8.8　　鲜蛋黄 6.0～6.3

2. 酸味物质在食品中的作用

酸味物质在食品中主要有以下三个方面的作用。

（1）显味剂。

不论是哪种途径得到的酸味物质，都是食品中重要的显味剂，对食品的风味有很大的影响。大多数有机酸具有很浓的水果香味，能够刺激食欲，促进消化，有机酸在维持人体体液的酸碱平衡方面起着显著的作用。我们每个人对体液 pH 也有一定的要求，人体体液 pH 为 7.3～7.4。如果人体体液的 pH 过大，就要抽筋，过小则又会发生酸中毒。

（2）保持颜色稳定。

食品中酸味物质的存在，即 pH 值的高低，对保持食品颜色的稳定性，也起着一定的作用。在水果加工过程中，如果加酸降低介质的 pH 值，可以抑制水果的酶促褐变程度。如果选用 pH 为 6.5～7.2 的沸水热烫蔬菜，能很好地保持绿色蔬菜特有的鲜绿色。

（3）防腐作用。

酸味物质在食品中还能起到一定的防腐作用。当食品的 pH 小于 2.5 时，一般除霉菌外，大部分微生物的生长都受到了抑制。若将醋酸的浓度控制在 6%时，可以有效地抑制腐败菌的生长。

（三）食品中酸度测定的意义

1. 测定酸度可以判断果蔬的成熟程度

如测定出葡萄所含的有机酸中苹果酸高于酒石酸时，说明葡萄还未成熟，因为在成熟的葡萄中含有大量的酒石酸。不同种类的水果和蔬菜，酸的含量因成熟度、生长条件而异，一般成熟度越高，酸的含量就越低。如番茄在成熟过程中，总酸度从绿熟期的 0.94%下降到完全成熟期的 0.64%，同时糖的含量增加，糖酸比增大，具有良好的口感，故通过对酸度的测定可以判断某些果蔬的成熟度，对于确定果蔬的收获期以及加工工艺条件很有意义。

2. 酸度反映了食品的质量指标，可以判断食品的新鲜程度

有机酸是微生物的重要代谢产物，通过食品中某种酸的含量可以判断食品是否发生腐败以及腐败程度。例如，水果发酵制品中醋酸的含量大于 1%时，表明该食品已腐败；牛乳及其制品、番茄制品和啤酒的乳酸含量高时，表明由乳酸菌产生的腐败已经发生；水果制品中若有游离的半乳糖醛酸，表明受到霉烂水果的污染；油脂中如果游离脂肪酸和短碳链的脂肪酸增加，油脂可能趋于酸败。由此可见，食品中酸性物质的检测，对食品的色、香、味、储藏稳定性和质量评价都有着十分重要的意义。

综上所述，食品中有机酸含量的多少，直接影响到食品的风味、色泽、稳定性和品质的高低。酸度的测定对微生物发酵过程也具有一定的指导意义，如在酒和啤酒生产中，对麦芽汁、发酵液、酒曲等的酸度都有一定的要求。发酵制品中酒、啤酒以及酱油、食醋中的酸度也是一个重要的质量指标。

二、总酸度的测定（滴定法）

（一）原理

食品中的有机酸（弱酸）用标准碱液滴定时，被中和生成盐类。用酚酞作指示剂，当滴定到终点（pH 为 8.2，指示剂显红色）时，根据消耗的标准碱液体积，计算出样品中总酸的含量。其反应方程式如下所示：

$$RCOOH + NaOH \longrightarrow RCOONa + H_2O$$

因为食品中含有多种有机酸,总酸度的测定结果通常以样品中含量最多的那种酸来表示。用 K 表示换算为适当酸的系数，即 1 mol 氢氧化钠相当于主要酸的克数。例如，一般分析葡萄及其制品时，用酒石酸表示，K 值为 0.075；测柑橘类果实及其制品时，用柠檬酸表示，K 值为 0.064；分析苹果及其制品时，用苹果酸表示，K 值为 0.067；分析乳品、肉类、水产品及其制品时，用乳酸表示，K 值为 0.090；分析酒类、调味品时，用醋酸表示，K 值为 0.060。

（二）操作步骤概要

1. 样品的处理

（1）固体样品。

将样品适度粉碎过筛，混合均匀。取适量样品，用 15 mL 无 CO_2 的蒸馏水将其转移至 250 mL 容量瓶中，在 75 ℃～80 ℃ 水浴上加热 30 min（若是果脯类，则在沸水浴中加热 1 h），冷却后定容，用干燥滤纸过滤，弃去初始滤液 25 mL，收集滤液备用。

（2）含二氧化碳的饮料、酒类。

将样品于 45 ℃ 水浴中加热 30 min，除去 CO_2，冷却后备用。

（3）调味品及不含 CO_2 的饮料、酒类。

将样品混合均匀后直接取样，必要时也可加适量水稀释，若混浊则需过滤。

（4）咖啡样品。

将样品粉碎后通过 40 目的筛孔，称取 10 g 样品于三角瓶中，加入 75 mL 80%乙醇，加塞放置 16 h，并不时地摇动，过滤。

（5）固体饮料。

称取 5g 样品于研钵中，加入少量无 CO_2 蒸馏水，研磨成糊状，用无 CO_2 蒸馏水转移至 250 mL 容量瓶中定容，摇匀后过滤。

2. 滴定

准确量取制备的滤液 50 mL，加入酚酞指示剂 2～3 滴，用 0.1 mol/L 标准碱液滴定至微红色且 30 s 内不褪色，记录滴定所消耗标准碱液的体积，计算样品的总酸度。

3. 注意事项

① 样品浸泡及稀释所用的蒸馏水中不能含有 CO_2，因为 CO_2 溶于水生成碳酸，影响滴定终点时酚酞的颜色变化。必须在样品分析前将蒸馏水煮沸并迅速冷却，以除去水中的 CO_2。样品中若含有 CO_2 对测定也会有干扰，所以对含有 CO_2 的饮料、酒类等样品，在测定前必须除去 CO_2。

② 样品的稀释用水量应该根据样品中酸的含量来确定。为了使误差在允许范围之内，一般要求滴定时消耗 0.1 mol/L 氢氧化钠溶液不少于 5 mL，最好是 10～15 mL。

③ 由于食品中有机酸都为弱酸，在用强碱滴定时，其滴定终点偏碱性，一般 pH 在 8.2 左右，所以选用酚酞为终点指示剂。

④ 若样品有颜色（例如果汁类）可以加大稀释比或用电位滴定法测定，按 100 mL 样品溶液中加入 0.3 mL 酚酞的比例来加入酚酞指示剂。

⑤ 各类食品的酸度以主要酸表示，但有些食品（如乳品、面包等）也可用中和 100 g（mL）样品所需 0.1 mol/L（乳品）或 1 mol/L（面包）氢氧化钠溶液的体积毫升数来表示，符号为 °T。例如，新鲜牛奶的酸度为 16～18° T，面包的酸度为 3～9° T。

三、有效酸度（pH）的测定

常用测定溶液 pH 的方法有比色法和电位法（pH 计法）。比色法是利用不同的酸碱指示剂来显示 pH 的大小。由于各种酸碱指示剂在不同的 pH 范围内显示不同的颜色，因此用不同指示剂的混合物显示不同的颜色来指示溶液的 pH。常用的 pH 试纸就属于这一类，它简便、经济、快速，但结果不甚准确，仅能粗略地估计各类样品溶液的 pH。下面简要介绍电位法（pH 计法）。

1. 电位法测定 pH 原理

在一定温度下，样品溶液中的各种有机酸会有不同程度的离解，当离解达到平衡后，置于样品溶液中的玻璃指示电极与甘汞参比电极组成工作电池，利用电位计测量工作电池的电动势，以确定样品溶液中氢离子的活度，即 $E = K' + 0.059 \lg \alpha(H^+) = K' - 0.059 pH$。在一定条件下，工作电池的电动势与样品溶液的 pH 成线性关系。

工作电池的电动势的测量受到很多因素的影响，当用已知 pH 的溶液对电位计进行校正后，求得 K' 值，即可以用于样品溶液的 pH 测量。

2. 操作步骤概要

水果蔬菜类样品经捣碎混匀后，可以直接用于测定 pH；鱼、肉类样品用除去 CO_2 的蒸馏水浸泡，过滤，滤液用于测定 pH。

将玻璃指示电极置于蒸馏水中浸泡 24 h 以上，用已知 pH 的标准溶液校正酸度计，然后测定样品溶液的 pH。

四、挥发酸度的测定

食品中的挥发酸主要是醋酸和痕量的甲酸、丁酸等低碳链的直链脂肪酸。正常生产的食品中，其挥发酸的含量较稳定；若在生产中使用了不合格的原料，或者违反正常的工艺操作，就会由于糖的发酵而使挥发酸的含量增加，因此导致食品的品质降低。所以，挥发酸的含量是某些食品的一项质量控制指标。测定挥发酸的方法可以分为直接法和间接法两大类。直接法是通过直接蒸馏、水蒸气蒸馏或溶剂萃取后，用标准碱溶液滴定提取液。间接法是将挥发酸蒸发除去后，用标准碱溶液滴定样品溶液的不挥发酸，最后从总酸度中减去不挥发酸即得到挥发酸的含量。直接蒸馏法对挥发酸蒸馏不完全,挥发酸度测定的主要方法为水蒸气蒸馏法。

1. 原理

用难以挥发的磷酸来酸化样品,以抑制样品中挥发酸的离解。采用水蒸气蒸馏法提取挥发酸,用 0.1 mol/L 氢氧化钠标准溶液滴定提取液,将消耗的氢氧化钠溶液的体积数换算为与之相当的醋酸质量,用样品中醋酸的质量百分率来表示挥发酸度。

2. 操作步骤概要

连接水蒸气蒸馏装置,将水蒸气发生器内的水预先煮沸 10 min,以除去 CO_2。准确称取适量的均匀样品 2~3 g,加入 50 mL 煮沸过的蒸馏水置于 200 mL 烧瓶中,加 10%磷酸溶液 1 mL(目的是使结合态的挥发酸转变为游离态),使样品溶液的 pH 为 1~2,加热蒸馏至馏出液为 300 mL 为止。同时,在相同条件下做空白试验。将蒸馏液加热至 60 ℃~65 ℃,加入酚酞指示剂 3~4 滴,用 0.1 mol/L 氢氧化钠标准溶液滴定至微红色,1 min 内不褪色即为滴定终点。记录滴定所消耗的氢氧化钠标准溶液的体积,并用与之相当的醋酸质量来计算样品中的挥发酸度。

第四节　脂类的测定

一、脂类的概念及测定意义

脂类是油脂和类脂的总称,它们是动植物的重要组成成分。食品中的脂类主要包括脂肪(甘油三酸酯)和一些类脂质,如脂肪酸、磷脂、糖脂、甾醇、固醇等,大多数动物性食品及某些植物性食品(如种子、果实、果仁等)都含有天然脂肪或类脂化合物。各种食品的含脂量各不相同,其中植物性或动物性的油脂中脂肪含量最高,而在水果蔬菜中脂肪的含量很低。几种食物 100g 中脂肪含量(g)如下:猪肉(肥)90.3,核桃 66.6,花生仁 39.2,黄豆 20.2,青菜 0.2,柠檬 0.9,苹果 0.2,香蕉 0.8,牛乳 3 以上,全脂炼乳 8 以上,全脂乳粉 25~30。

脂肪是食品中重要的营养成分之一。脂肪可以为人体提供必需的脂肪酸;脂肪是一种富含热能的营养素,是人体热能的主要来源,每克脂肪在体内可以提供 37.62 kJ(9 kcal)的热能,比碳水化合物和蛋白质都要高一倍以上;脂肪还是脂溶性维生素的良好溶剂,有助于脂溶性维生素的吸收;脂肪与蛋白质结合生成的脂蛋白,在调节人体生理机能和完成体内生化反应方面都起着十分重要的作用。但过量摄入脂肪对人体健康也是不利的。

在食品加工生产过程中,原料、半成品、成品的脂类含量对产品的风味、组织结构、品质、外观、口感等都有着直接的影响。蔬菜本身的脂肪含量较低,在生产蔬菜罐头时,添加适量的脂肪可以改善产品的风味。如对于面包之类的焙烤食品,脂肪的含量特别是卵磷脂等组分,对于面包心的柔软度、面包的体积及其结构都有重要的影响。因此,在含脂肪的食品中,其含量都有一定的规定,这是食品质量管理中的一项重要指标。测定食品的脂肪含量,可以用来评价食品的品质,衡量食品的营养价值,而且对实行工艺监督,生产过程中的质量管理,研究食品的储藏方式是否恰当等方面都有着重要的意义。

食品中脂肪的存在形式有游离态的,如动物性脂肪及植物性油脂;也有结合态的,如天然存在的磷脂、糖脂、脂蛋白以及某些加工食品（例如焙烤食品及麦乳精等）中的脂肪，与蛋白质或碳水化合物等成分形成结合态。对大多数食品来说，游离态脂肪是主要的，结合态脂肪的含量较少。

脂类不溶于水，易溶于有机溶剂。测定脂类大多采用低沸点的有机溶剂来萃取的方法。常用的溶剂有乙醚、石油醚、氯仿-甲醇混合溶剂等。其中乙醚溶解脂肪的能力强，应用最广泛。但乙醚易燃，沸点低，沸点只有 34.6 ℃，并且含有大约 2% 的水分，含水乙醚会同时抽出糖分等非脂成分，所以实际运用时，必须采用无水乙醚做提取剂，并且要求样品中绝对不能含有水分。石油醚溶解脂肪的能力比乙醚弱些，但吸收水分比乙醚少，也不像乙醚易燃很危险，而使用石油醚时允许样品中含有微量水分。这两种溶液只能直接提取游离的脂肪，对于结合态脂类，必须预先用酸或碱破坏脂类和非脂成分的结合后才能够提取。因二者各有特点，故常常混合起来使用。氯仿-甲醇是另一种有效的溶剂，它对于脂蛋白、磷脂的提取效率较高，特别适用于水产品、家禽、蛋制品等食品脂肪的提取。

用溶剂来提取食品中的脂类时，要根据食品的种类、性状及所选取的分析方法，在测定之前必须对样品进行预处理。有时需将样品粉碎、切碎、碾磨等；有时需将样品烘干；有的样品易结块，可加入 4～6 倍量的洁净海砂；有的样品含水量较高，可加入适量无水硫酸钠，使样品成粒状。以上处理的目的都是为了增加样品的表面积，减小样品的含水量，使有机溶剂能够更有效地提取出脂类。

二、脂类的测定方法

食品的种类不同，其中脂肪的含量及存在形式就不相同，测定脂肪的方法也就不同。常用的测定脂类的方法有索氏提取法、酸分解法、罗紫-哥特里法、巴布科克氏法、盖勃氏法和氯仿-甲醇提取法等。其中，索氏提取法是经典的标准方法，该方法简便易行，对简单脂类含量的测定结果重现性很好，但对极性脂类和结合脂的测定存在一定的局限性。

（一）索氏提取法

1. 原理

利用脂类物质不挥发的特性，将经过预处理后分散并且干燥的样品用有机溶剂进行连续的液固萃取，将样品中的脂类物质完全萃取后蒸发溶剂，所得到的残留物即脂肪（或粗脂肪）。

一般食品用有机溶剂来浸提，挥发有机溶剂后称得的质量主要是游离态脂肪。此外，还含有磷脂、色素、树脂、蜡状物、挥发油、糖脂等物质，所以用索氏提取法测得的脂肪也称为粗脂肪。

食品中的游离脂肪一般都能直接被乙醚、石油醚等有机溶剂抽提，而结合态脂肪不能直接被乙醚、石油醚提取，需要在一定条件下进行水解等处理，使之转变为游离脂肪后才能提取，故索氏提取法测得的只是游离态脂肪，而结合态脂肪测不出来。此法是经典方法，对大多数样品来说结果比较可靠，但费时间，溶剂用量大，并且需要专门的索氏提取器。

2. 操作步骤概要

（1）样品处理。

索氏提取法原则上适用于脂类含量较高，而结合态的脂类含量较少，能够烘干磨细，不易吸湿结块的样品的测定，所以各种食品试样都应该干燥后进行测定。

① 固体样品。

精密称取干燥并研细的样品 2～5 g（可取测定水分后的样品），必要时拌以海砂，毫无损失地转移至滤纸筒内。

② 半固体或液体样品。

称取 5.0～10.0 g 于蒸发皿中，加入洁净的海砂约 20 g，在沸水浴上加热蒸发干后，再于 95 ℃～105 ℃ 烘干、研细，全部转移至滤纸筒内，蒸发皿及黏附有样品的玻璃棒都用沾有乙醚的脱脂棉擦净，将棉花一同放进滤纸筒内。

（2）抽提。

将滤纸筒放入索氏抽提器内，连接已经干燥至恒重的脂肪接受瓶，由冷凝管上端加入无水乙醚或石油醚，加量为接受瓶的 2/3 体积，于水浴加热使乙醚或石油醚不断地回流提取，水浴温度约为 55 ℃。抽提时间视样品的性质、脂类的含脂量和测定条件而定，一般为 6～12 h。

（3）回收溶剂、烘干、称重。

抽提完全后，取下接受瓶，回收乙醚或石油醚，待接受瓶内乙醚剩下 1～2 mL 时，在水浴上蒸发干，再于 100 ℃～105 ℃ 干燥 2 h，取出放干燥器内冷却 30 min 后称重，重复操作至恒重，计算粗脂肪的含量。

3. 注意事项及说明

（1）样品。

① 样品应该干燥后研细。如果样品中含有水分会直接影响到溶剂的提取效果，而且溶剂会吸收样品中的水分而造成非脂成分溶出。装样品的滤纸筒必须要严密，不能往外漏样品，但也不能包得太紧而影响溶剂渗透。放入滤纸筒时高度不能超过回流弯管，否则超过弯管的样品中的脂肪不能抽提干净，造成实验过失误差。

② 对于含有大量糖及糊精的样品，要先以冷水使糖及糊精溶解，经过过滤除去，将残渣连同滤纸一起烘干后，再一起放入抽提管中。

（2）溶剂。

① 抽提用的乙醚或石油醚要求无水、无乙醇、无过氧化物，挥发残渣含量低。因水和乙醇可以使水溶性物质溶解，如水溶性盐类、糖类等，导致测定结果偏高。过氧化物会导致脂肪氧化，在烘干时也有引起爆炸的危险。

② 在挥发乙醚或石油醚时，切忌直接用明火加热，应该用电热套、电水浴等。烘干前应除去全部残余的乙醚，因乙醚稍微有残留，放入烘箱时都会有发生爆炸的危险。使用乙醚一定要小心！注意安全！

（3）操作。

① 提取时水浴温度不能过高，以每分钟从冷凝管滴下 80 滴左右，每小时回流 6～12 次为宜，提取过程中应注意防火。

② 在抽提时,冷凝管上端最好连接一个氯化钙干燥管，这样可以防止空气中的水分进入，也可以避免乙醚挥发在空气中而导致危险发生，如无此装置可以塞一团干燥的脱脂棉球。

③ 抽提是否完全，可以凭经验，也可以用滤纸或毛玻璃来检查，由抽提管下口滴下的乙

醚滴在滤纸或毛玻璃上，挥发后不留下油迹表明已抽提完全，若能够留下油迹就说明抽提不完全。

（二）酸水解法

酸水解法可以将样品中被其他成分包埋或结合的脂类物质释放出来，以弥补索氏提取法测定的局限性。该方法适用于各类食品中脂肪的测定，对固体、半固体、黏稠液体或液体食品，特别是加工后的混合食品，容易吸湿、结块而不易烘干的食品，不能采用索氏提取法测定的样品，用此法效果较好。

1. 原理

将试样与盐酸溶液在 70 ℃～80 ℃ 的温度下加热进行水解，使结合或包藏在组织里的脂肪游离出来，再用乙醚和石油醚来提取脂肪，回收有机溶剂，干燥后称重，提取物的质量即脂肪的含量。

在酸水解的过程中，食品试样中蛋白质、淀粉、纤维物质等包裹或结合脂类的成分适度水解，使脂类物质游离，并与已呈游离状态的脂类及少量脂溶性成分一起被溶剂萃取，该方法的测定结果称为总脂肪含量。但是在盐酸溶液中加热时，磷脂几乎完全分解为脂肪酸和醇，因为仅定量前者，测定值就会偏低。故本法不宜用于测定含有大量磷脂的食品，如鱼类、贝类和蛋品等。此法也不适用于含糖高的食品，因糖类遇强酸容易炭化而影响测定结果。

2. 操作步骤概要

（1）样品的准备。

① 固体样品。

准确称取 2.0 g，置于 50 mL 大试管中，加 8 mL 水混匀后再加入 10 mL 盐酸。

② 液体样品。

称取 10.0g 置于 50 mL 大试管中，加入 10 mL 盐酸。

（2）水解。

将试管放入 70 ℃～80 ℃ 水浴中，每 5～10 min 用玻璃棒搅拌一次，至样品完全溶解为止，整个过程约需 40～50 min。

（3）萃取。

在试样水解液中加入 10 mL 95%乙醇，混合，使蛋白质变性甚至沉淀，促使其与脂肪完全分离。冷却后将混合物移入 100 mL 具塞量筒中，用 25 mL 乙醚分数次洗涤试管。待乙醚全部倒入量筒后，加塞振摇 1 min，小心开塞放出气体，再塞好静置 12 min。为了增加有机相的憎水性，有利于分层并且使乙醇进入水层中，可以加入适量的石油醚，故用石油醚-乙醚的等量混合溶液来冲洗瓶塞及量筒口附着的脂肪。

（4）测定。

静置 10～20 min，待上部液体清晰，吸出上层清液于已恒重的锥形瓶内，将锥形瓶置于水浴上蒸干，再加 5 mL 乙醚于量筒内，振摇，静置后，将上层乙醚吸出，放入原锥形瓶内。

将锥形瓶在水浴上蒸发干后，置于 100 ℃～105 ℃ 烘箱中干燥 2 h，取出放入干燥器内冷却 30 min 后称重，重复以上操作至恒重，计算试样中总脂的含量。

（三）乳脂的测定方法

在乳浊液中，乳脂被以蛋白质为主体的薄膜所包裹着而呈脂肪球存在于乳液中，当脂肪球膜被软化破坏后，乳浊液也被破坏，脂肪即可分离出来。乳脂的测定需要采用化学或机械的方法破坏脂肪球膜，再用溶剂来提取，蒸馏除去溶剂后，残留物即乳脂肪。罗紫-哥特里法（Rose-Gottlieb Method，RG 法）、巴布科克法（Babcock Method，B 法）和盖勃法（Gerber Method，G 法）都是测定乳脂肪的标准分析方法。根据对比研究表明，前者的准确度较后两者高，后两者中巴布科克法的准确度比盖勃法的稍高些，两者的差异比较明显。

1. 罗紫–哥特里法（Rose–Gottlieb Method，RG 法）

（1）原理。

利用氨-乙醇溶液破坏乳的胶体性状及脂肪球膜，使其溶解在氨-乙醇溶液中，而脂肪游离出来，再用乙醚-石油醚提取出脂肪，蒸馏除去溶剂后，残留物即乳脂肪。乳类脂肪虽然也属游离脂肪，但因脂肪球被乳中酪蛋白钙盐所包裹，又处于高度分散的胶体分散系中，故不能直接被乙醚、石油醚来提取，需预先用氨水处理，故本方法也称为碱性乙醚提取法。

本法适用于各种液状乳（生乳、加工乳、部分脱脂乳、脱脂乳等），各种炼乳、奶粉、奶油及冰淇淋等能在碱性溶液中溶解的乳制品，也适用于豆乳或加水呈乳状食品。本方法被国际标准化组织（ISO）、联合国粮农组织（FAO）、世界卫生组织（WHO）等采用，是乳及乳制品脂类定量的国际标准法。

（2）操作步骤概要。

取一定量的样品（牛奶 10.0 mL，精密称取乳粉 1.000 g 后用 10 mL 60 ℃水分数次溶解）于抽脂瓶中，加入 1.25 mL 25%氨水（相对密度 0.91），充分混匀，置于 60 ℃水浴中加热 5 min后再振摇 2 min。加入 95%乙醇溶液 10 mL，充分摇匀，于冷水中冷却后，加入 25 mL 乙醚（不含过氧化物），振摇半分钟后再加入 25 mL 石油醚，振摇半分钟后静置半小时。待上层液体澄清时，读取醚层的体积数，放出一定量的乙醚抽提液至已恒重的烧瓶中，蒸馏回收乙醚和石油醚后，放入 100 ℃～105 ℃烘箱中干燥 1.5 h，取出放入干燥器中冷却至室温后称重，重复操作直至恒重。

（3）注意事项及说明。

① 若无抽脂瓶时，可用容积 100 mL 的具塞量筒代替使用，待分层后读数，用移液管吸出一定量的醚层。

② 加氨水后，要充分混匀，否则会影响下一步操作中醚对脂肪的提取。

③ 操作时加入乙醇的作用是沉淀蛋白质以防止乳化，并溶解醇溶性物质，使其留在水中，避免进入醚层而影响测定结果。

④ 加入石油醚的目的是降低乙醚的极性，使乙醚与水不混溶，抽提出脂肪，并且可以使分层清晰。

2. 巴布科克法（Babcock Method，B 法）和盖勃法（Gerber Method，G 法）

（1）原理。

用浓硫酸溶解乳中的乳糖和蛋白质等非脂成分，将牛奶中的酪蛋白钙盐转变成可溶性的重硫酸酪蛋白，使脂肪球膜被破坏，脂肪游离出来，再利用加热离心，使脂肪完全迅速分离，直接读取脂肪层的数值，即样品中乳脂的含量。

这两种方法都是测定乳脂肪的标准方法，适用于鲜乳及乳制品脂肪的测定。对含糖多的乳品（如甜炼乳、加糖乳粉等），采用此方法时糖容易焦化，使测定结果的误差较大，故不适宜。此法操作简便，迅速。对大多数样品来说其测定精度满足要求，但不如罗紫-哥特里法准确，这两种方法所需仪器如图 4-1 所示。

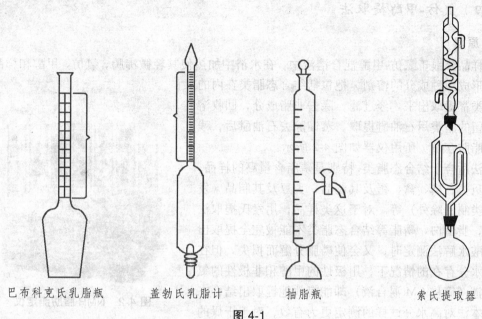

巴布科克氏乳脂瓶　　　　盖勃氏乳脂计　　　　抽脂瓶　　　　　　索氏提取器

图 4-1

（2）操作步骤概要。

① 巴布科克法（Babcock Method，B 法）。

吸取 17.6 mL 均匀的新鲜乳品，注入巴布科克氏乳脂瓶中，再量取 17.5 mL 硫酸，沿瓶颈壁缓缓注入瓶中，将瓶颈回旋，使液体充分混合，至无凝块并且呈均匀的棕色。置于乳脂离心机上，以约 1000 r/min 的速度离心 5 min，取出加入 80 ℃以上的水至瓶颈基部，再置于离心机中离心 2 min，取出后再加入 80 ℃以上的水至脂肪浮到 2 或 3 刻度处，再置于离心机中离心 1 min，取出后置于 55 ℃～60 ℃水浴中，5 min 后立即读取脂肪层的最高与最低点所占的格数，即样品中脂肪的含量。

② 盖勃法（Gerber method，G 法）。

在乳脂计中先加入 10 mL 90%硫酸（颈口勿沾湿硫酸），再沿管壁小心地加入混匀的牛乳 11 mL，使样品和硫酸不要混合（勿摇动），然后加入 1 mL 异戊醇。塞上橡皮塞，瓶口向下，同时用布包裹以防止摇动时酸液冲溅，用力摇动使凝块完全溶解，呈均匀的棕色液体，瓶口向下静置数分钟，置于 65 ℃～70 ℃水浴中保温 5 min。取出乳脂计并放入离心机中，以 800～1 000 r/min 的转速离心 5 min，再置于 65 ℃～70 ℃水浴中（注意水浴水面应高于乳脂计的脂肪层），5 min 后取出立即读取脂肪层的数值，换算为样品中脂肪的百分含量。

（3）注意事项及说明。

① 硫酸的浓度要严格遵守规定的要求，如过浓会使乳炭化成黑色溶液而影响读数；过稀则不能使酪蛋白完全溶解，会使测定值偏低或使脂肪层浑浊。

② 硫酸除了可以破坏脂肪球膜，使脂肪游离出来外，还可以增加液体的相对密度，使脂肪容易浮出。

③ 盖勃法中所用异戊醇的作用是促使脂肪析出，并能降低脂肪球的表面张力，以利于形成连续的脂肪层。

（四）氯仿-甲醇提取法

1. 原理

将样品分散于氯仿-甲醇混合溶液中，在水浴中加热使其轻微沸腾，氯仿、甲醇和样品中的水分形成三种成分的溶剂，把包括结合态脂类在内的全部脂类都提取出来。经过滤，除去非脂成分，回收溶剂，残留的脂类用石油醚提取，蒸馏除去石油醚后，残留物即脂肪含量，所用仪器如图 4-2 所示。

本法适合于结合态脂类，特别是磷脂含量高的样品，如鱼、贝类，肉、禽、蛋及其制品，大豆及其制品（发酵大豆类制品除外）等。对于这类样品，用索氏提取法测定时，脂蛋白、磷脂等结合态脂类不能被完全提取出来；用酸水解法测定时，又会使磷脂分解而损失。但在有一定水分存在的情况下，用极性的甲醇和非极性的氯仿混合液（简称 CM 混合液）却能有效地提取出结合态脂类。本法对高水分试样的测定更为有效，对于干燥的

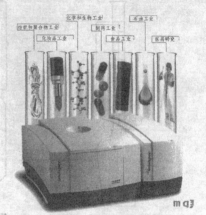

图 4-2　NMR 脂肪测定仪

样品，可以先在样品中加入一定量的水，使组织膨润后，再用 CM 混合液来提取。

2. 操作步骤概要

准确称取样品 5 g，置于具塞三角瓶内（高水分的食品可以加适量硅藻土使其分散），加入 60 mL CM 混合溶液（干燥食品要加入 2～3 mL 水）。连接提取装置，于 65 ℃ 水浴中加热，从微沸开始计时，提取 1 h。取下三角烧瓶，用玻璃过滤器过滤，用另一只具塞三角烧瓶来收集溶液。用 CM 混合溶液洗涤烧瓶、滤器及滤器中样品的残渣，洗涤液合并入滤液中，把烧瓶置于 65 ℃～70 ℃ 水浴中蒸馏并回收有机溶剂，至烧瓶内物料呈浓稠态（不能使其干涸），冷却后加入 25 mL 石油醚溶解内容物，再加入无水硫酸钠 15 g，立即加塞振荡 1 min，将醚层转移到具塞离心沉淀管中进行离心分离（3 000 r/min）5 min，用移液管迅速吸取离心管中澄清的醚层 10 mL 于已恒重的称量瓶内，蒸馏除去石油醚后，于 100 ℃～105 ℃ 烘箱中烘至恒重，计算样品中脂肪的含量。

第五节　碳水化合物的测定

一、概　述

碳水化合物是生物界三大营养物质之一（Carbohydrate，Protein，Fat），是自然界最丰富的有机化合物。碳水化合物主要存在于植物界，如谷类和水果蔬菜等食物。碳水化合物统称

为糖类，它包含了单糖、低聚糖及多糖，是大多数食品的重要组成成分，也是人和动物体的重要能源。单糖、双糖、淀粉能为人体所消化吸收，可以提供热能，果胶、纤维素对维持人体的健康具有重要的作用。

（一）碳水化合物的化学组成、分类和性质

1. 化学组成（Chemical Composition）

碳水化合物是由碳、氢、氧三种元素组成的一类多羟基醛或多羟基酮化合物，而且绝大多数氢原子是氧原子的两倍，即氢原子与氧原子的个数比为 2：1。它们的比例与水分子的组成相同（水分子 H_2O），可以用通式 $C_n(H_2O)_m$ 来表示，但是笼统地把糖类称为碳水化合物是不太确切的。比如，我们熟悉的甲醛的分子式为 CH_2O，醋酸为 $C_2H_4O_2$，乳酸为 $C_3H_6O_3$，从它们的结构上讲都类似于氢与氧的原子个数比为 2：1 的关系。按照这个比例它们都应属于碳水化合物，但是以上几种物质都没有糖类的特性，所以它们都不是碳水化合物。

又比如，$C_5H_{10}O_4$ 去氧核糖，还有鼠李糖 $C_6H_{12}O_5$，这些都属于糖类，但并不符合氢氧原子的个数比例。因此称碳水化合物是由 C、H、O 组成的，通式为 $C_n(H_2O)_m$ 是不确切的，但是历史上一直沿用下来，人们已经习惯了，所以至今仍然采用这种说法。

2. 分类（Chemical Classification）

有机化学将糖类可以分成三类，它是根据糖类在稀酸溶液中的水解情况来分类的。

（1）单糖。

单糖是糖的最基本组成单位，食品中的单糖主要有葡萄糖、果糖和半乳糖，它们都是含有六个碳原子的多羟基醛或多羟基酮，分别称为己醛糖（葡萄糖、半乳糖）和己酮糖（果糖）。此外还有核糖、阿拉伯糖、木糖等戊醛糖。

（2）双糖或低聚糖。

双糖是两个分子的单糖缩合而成的糖，主要有蔗糖、乳糖和麦芽糖。蔗糖由一分子葡萄糖和一分子果糖缩合而成，普遍存在于具有光合作用的植物中，是食品工业中最重要的甜味物。乳糖由一分子葡萄糖和一分子半乳糖缩合而成，存在于哺乳动物的乳汁中。麦芽糖以麦芽中含量最多，故而得名。它由两分子葡萄糖缩合而成，游离的麦芽糖在自然界并不存在，通常由淀粉水解产生。

（3）多糖。

由很多单糖缩合而成的高分子化合物称为多糖，如淀粉、纤维素、果胶等。淀粉广泛存在于谷类、豆类及薯类食物中，纤维素主要存在于谷类的麸糠和水果蔬菜的表皮中，果胶存在于各类植物的果实中。

在这些碳水化合物中，人体能消化利用的是单糖、双糖和多糖中的淀粉，称为有效碳水化合物；多糖中的纤维素、半纤维素、果胶等由于不能被人体消化利用，称为无效碳水化合物。但这些无效碳水化合物能够促进肠道蠕动，改善消化系统的机能，对维持人体健康有着重要的作用，也是人们膳食中不可缺少的成分。

那么究竟什么是有效碳水化合物？什么是无效碳水化合物呢？现代营养工作者从营养的角度把碳水化合物分为两大类：有效碳水化合物和无效碳水化合物（膳食纤维）。把对人体有营养性的即可以提供能量的碳水化合物称为有效碳水化合物。而无效碳水化合物即膳食纤维，

营养学上所指的膳食纤维是指一切不受消化酶影响的植物食品中的大分子，包括纤维素、半纤维素、果胶和木质素。膳食纤维可以促进肠蠕动，减少肠黏膜与粪便接触的时间，降低肠道中某些有害物质的浓度以预防肠癌的发生。此外，膳食纤维可以使血清胆固醇下降，并有利于糖尿病人降低血糖而改善症状。

对于膳食纤维，近几年来人们研究得比较多，因为它直接关系到人体健康。在西方国家生活的人普遍比东方国家吃得细、精，也就是他们吃的纤维少，谷类食物较少，而动物性食品多，如蛋白质、油脂等含量高，所以西方国家得直肠癌的人较多。目前这一研究结果已经引起了西方人的重视。现在他们有好多食品厂在面包中额外加一些膳食纤维（如米糠、麸皮等），还专门把有些食物直接破碎，比如将小麦、玉米破碎后进行加工即食用。这样各种维生素都没有被破坏，对身体非常有好处。所以在粮谷等类食物进行碾磨加工时，既要达到一定的精白度，还要注意尽量减少维生素的损失，并且注意保持膳食中纤维素要有一定的数量。

在食物成分表中，食品中碳水化合物的含量通常以总碳水化合物或无氮抽出物来表示，二者都以减差法计算。

$$总碳水化合物（\%）= [100-（水分+粗蛋白质+灰分+粗脂肪)]\%$$

$$无氮抽出物（\%）= [100-（水分+粗蛋白质+灰分+粗脂肪+粗纤维素)]\%$$

3. 性质（Chemical Property）

对于糖的性质这里简单提一下（不区分单、双糖）。

（1）糖的显色反应。

单糖与浓盐酸或浓硫酸作用，脱去三分子水生成糖醛。

（2）还原性。

一些低分子糖具有还原性（蔗糖没有还原性，因为蔗糖没有半缩醛羟基）。

（3）旋光性。

在一定的条件下，可以测出各种糖类的旋光活性（详见第三章第二节）。

$$[\alpha]_\lambda^t = \frac{\alpha}{c \cdot l}$$

（二）碳水化合物的测定意义

1. 糖对于新生婴儿来说是最理想的

例如乳糖，因为婴儿的消化道内含有较多的乳糖酶，这种乳糖酶能够把乳糖分解成葡萄糖和半乳糖，而半乳糖是构成婴儿脑神经的重要物质。如果用蔗糖代替乳糖，婴儿的大脑发育将会受到影响。乳糖对于成年人来说，由于体内的乳糖酶减少，乳糖并不容易被吸收。

2. 糖是焙烤食品的主要成分之一

在焙烤食品中，糖与蛋白质发生美拉德反应。美拉德反应是食品热加工时发生的主要反应之一，可以使焙烤制品产生金黄色的颜色。这种颜色可以增加人们的食欲感，同时也增加了食品的色、香、味。

3. 生理方面

（1）提供能量。

糖类是人体的主要供能物质，我国人民膳食中总热能的 60%～70%都来自糖类（以谷物为主）。糖类价格便宜，而且提供能量比较及时，最终的新陈代谢产物是 CO_2 和水，对生理无毒害作用。由于人体所需的大部分能量由糖类来供给，因而防止了脂肪在体内的大量氧化，产生过多的酮体，如乙酰乙酸、β-氨基丁酸等对身体健康不利，同时也可以节约体内的蛋白质而有益于维持氮的平衡。

（2）构成细胞成分。

糖与脂类形成糖脂，是细胞膜和神经组织的结构成分；糖与蛋白质结合成糖蛋白，糖蛋白是构成软骨、骨骼和眼球角膜等结缔组织的基质成分；糖类还参与核酸（RNA）、脱氧核糖核酸（DNA）的合成。

（3）促进消化。

果蔬中的纤维素、果胶虽不能被机体所消化利用，但可以促进胃肠蠕动和消化，促使分泌消化液并有助于正常的消化和排便功能。

（4）保护肝脏。

如果糖类摄入充分，可以使肝脏内储存丰富的糖原，从而可以提高机体的解毒能力，保护肝脏少受化学药品的毒害，如伯葡萄糖醛酸直接参与肝脏的解毒作用。

综上所述，碳水化合物的测定，在食品工业中具有非常重要的意义。在食品加工工艺中，糖类对改变食品的形态、组织结构、物理化学性质以及色、香、味等感官指标也起着十分关键的作用。例如，食品加工中常需要控制一定量的糖酸比，糖果中糖的组成及比例直接关系到其风味和质量；糖的焦糖化作用及碳氨反应既可以使食品获得诱人的色泽与风味，又能引起食品的褐变，必须根据工艺需要加以控制。食品中糖类的含量也标志着它的营养价值的高低，是某些食品的主要质量指标。糖类的测定历来是食品的主要分析项目之一。

测定食品中糖类的方法很多，测定单糖和低聚糖常用的方法有物理法、化学法、色谱法和酶法等。物理法包括相对密度法、折光法和旋光法。此法只能用于某些特定样品，如测定糖液浓度，番茄酱中固形物的含量，糖品的蔗糖成分，谷物中淀粉的含量等。化学法是应用最广泛的常规分析法，它包括还原糖法（费林氏法、高锰酸钾法、铁氰化钾法等）、碘量法、缩合反应法等，食品中还原糖、蔗糖、总糖的测定多采用化学法。但此法测得的多是糖的总量，不能确定糖的种类及每种糖的含量。利用色谱法可以对样品中各种糖分进行分离和定量。较早的方法有纸色谱法和薄层色谱法，目前利用气相色谱法和高效液相色谱法分离和定量食品中的游离糖已较可靠的分析方法，但尚未作为常规分析方法。近年来发展起来的糖离子色谱法具有灵敏度高、选择性好等优点，已成为一种卓有成效的糖的色谱分析法。用酶法测定糖类也有一定的应用，如用 β-半乳糖脱氢酶测定半乳糖、乳糖，用葡萄糖氧化酶测定葡萄糖等；对于多糖，淀粉的测定常采用先使之水解为单糖，然后再用上述方法测定生成的单糖含量的方法；而果胶和纤维素的测定则多采用重量法，并且粗纤维的测定有被膳食纤维的测定所取代的趋势，因为后者的测定结果较前者更接近人的生理利用率。

下面分别介绍各类碳水化合物的测定方法，重点介绍国内外的标准分析方法，同时适当介绍有影响的参考方法。

二、可溶性糖类的测定

食品中的可溶性糖通常是指葡萄糖、果糖等游离的单糖及蔗糖等低聚糖。测定可溶性糖类时，一般需选择适当的溶剂来提取样品，并对提取液进行纯化，排除干扰物质，然后才能进行测定。

（一）糖类的提取与净化

1. 糖类的提取

单糖和低聚糖习惯上称为糖类，它们的一些物理化学性质很相近，在水和乙醇水溶液中有较大的溶解度，温水和乙醇水溶液在提取糖类时，常伴随有可溶性蛋白质、氨基酸、多糖和色素等杂质。采用 40 °C～50 °C 的温水提取糖类时，效果最好。若温度过高，将有更多的可溶性淀粉及糊精等杂质被溶出。用温水作提取剂时，常在提取液中加入二氯化汞来抑制酶的活性，防止糖类被酶水解。而水果及其制品用温水提取糖类时，应该控制提取液在中性条件，可以用碳酸钙来中和，以防止蔗糖等低聚糖的水解。采用 75%～85% 的乙醇水溶液提取糖类时，蛋白质及大多数多糖的溶出率很低，并且还可以避免糖类被酶水解，这是一种较好的提取方法。对于水分含量较高的试样，提取液中乙醇的最终浓度应该在 75%～85% 内，以防止蛋白质等杂质的溶出。对于试样中的脂类和色素，可以在提取糖类之前，先将样品磨碎并浸泡成溶液，可以用石油醚浸提来萃取。如果用乙醇作提取剂，加热时应该安装回流装置。

2. 糖类提取液的净化

在提取糖类的过程中，除了含有单糖和低聚糖等可溶性糖类外，还不同程度地含有一些影响测定的杂质，如色素、蛋白质、可溶性果胶、可溶性淀粉、有机酸、氨基酸、单宁等，这些物质的存在常会使提取液带有颜色，或呈现浑浊状态，进而影响测定终点的观察；也可能在测定过程中与被测成分或分析试剂发生化学反应，影响分析结果的准确性；胶态杂质的存在还会给过滤操作带来困难，因此必须把这些干扰物质除去。常用的方法是加入澄清剂来沉淀这些干扰物质。能作为澄清剂的物质，必须具备以下几点要求：① 能较完全地除去干扰物质，不吸附或沉淀被测定物质，也不改变被测糖分的理化性质。② 过量的澄清剂不影响糖的测量，或易于除掉过剩的澄清剂。③ 沉淀颗粒要小，操作简便。

澄清剂的种类很多，在糖类分析中实验室常用的有以下三种：

① 中性醋酸铅 $[Pb(CH_3COO)_2 \cdot 3H_2O]$。

这是最常用的一种澄清剂。铅离子能够与很多离子结合，生成难溶沉淀物，同时吸附除去的部分杂质。它适用于植物性的萃取液，能除去蛋白质、单宁、有机酸、果胶等杂质。它的作用较可靠，不会沉淀样品溶液中的还原糖，在室温下也不会形成铅糖化合物，因而适用于测定还原糖样品溶液的澄清剂。但它的脱色能力较差，不能用于深色样品溶液的澄清，否则需要加活性炭进行处理。铅盐有毒性，使用时应该注意安全。

② 醋酸锌和亚铁氰化钾溶液。

它是利用醋酸锌 $[Zn(CH_3COO)_2 \cdot 2H_2O]$ 与亚铁氰化钾反应生成的亚铁氰酸锌（白色沉淀）与蛋白质共同沉淀。这种澄清剂用于富含蛋白质的提取液，常用于沉淀蛋白质，对乳制品、豆制品等试样最理想。但它的脱色能力差，适用于色泽较浅且蛋白质含量较高的样品溶液的澄清。

③ 硫酸铜和氢氧化钠溶液。

这种澄清剂是由硫酸铜溶液（69.28 g $CuSO_4 \cdot 5H_2O$ 溶于 1 L 水中）和 1 mol/L 氢氧化钠溶液组成的。在碱性条件下，铜离子可以使蛋白质沉淀，适合于富含蛋白质的样品溶液的澄清，如牛乳等样品。

除了上述三种澄清剂外，还有碱性醋酸铅、氢氧化铝溶液、活性炭等也可以作为澄清剂。其中，碱性醋酸铅适用于深色的蔗糖溶液，可以除去色素、有机酸、蛋白质，缺点是沉淀颗粒大，能够带走果糖。氢氧化铝溶液的澄清效果差，只能除去胶态杂质。活性炭能吸附糖类而造成糖的损失。这些缺点限制了它们在糖类分析上的应用。

使用澄清剂时应该根据样品溶液的种类、干扰成分的种类及含量加以选择，同时还必须考虑所采用的分析方法。如用直接滴定法测定还原糖时就不能用硫酸铜-氢氧化钠溶液来澄清样品，这样可以避免在样品溶液中引入 Cu^{2+}；用高锰酸钾滴定法测定还原糖时，就不能用醋酸锌-亚铁氰化钾溶液来澄清样品溶液，这样可以避免在样品溶液中引入 Fe^{2+}。

在具体操作时，加入澄清剂的用量必须适当。如果用量太少，肯定达不到澄清的目的，而用量太多又会使分析结果产生误差。不同的物质，因干扰物质种类和含量的不同，所需加入澄清剂的量也不同。过量以后，糖液中会存在 Zn^{2+}、Pb^{2+} 等。

用中性醋酸铅作为澄清剂时，首先向样品溶液中加入 1～3 mL 醋酸铅饱和溶液(约 30%)，充分混合后静置 15 min，向上层清液中加入几滴中性醋酸铅溶液，上层清液中如无新的沉淀形成，说明杂质已经沉淀完全。如有新的沉淀形成，就再重新混匀并静置几分钟，如此重复直至无沉淀形成时为止，也可以用 20% 或 10% 中性醋酸铅溶液。采用醋酸铅做澄清剂时，澄清后的样品溶液中残留有铅离子，Pb^{2+} 能与还原糖（特别是果糖）结合生成铅糖化合物，这样就使测得的还原糖含量偏低。因此，经过铅盐澄清的样品溶液必须要加除铅剂，防止生成铅糖而降低糖的浓度。常用的除铅剂有 K_2CrO_4（草酸钾）、Na_2CrO_4（草酸钠）、Na_2HPO_4（磷酸氢二钠）、Na_2SO_4（硫酸钠）等，使用时可以加少量固体即可。

（二）总糖的测定

在许多食品中共存着多种单糖和低聚糖。这些糖有的是来自原料，有的是生产过程中为了某种目的而人为加入的，有的则是在加工过程中形成的（如蔗糖水解为葡萄糖和果糖）。对于这些糖分别加以测定是比较困难的，通常也是不必要的。在食品生产中通常需要测定的是其总量，这就提出了"总糖"的概念。

食品中的总糖主要指具有还原性的葡萄糖、果糖、戊糖、乳糖和在测定条件下能够水解为还原性单糖的蔗糖（水解后生成一分子葡萄糖和一分子果糖）、麦芽糖（水解后生成两分子葡萄糖）以及可能部分水解的淀粉（水解后生成两分子葡萄糖）。还原糖类之所以具有还原性是由于分子中含有游离的醛基（—CHO）或酮羰基（R—C=O）。

总糖是食品生产中的常规分析项目。它反映的是食品中可溶性单糖和低聚糖的总量，其含量的高低对产品的色、香、味、组织形态、营养价值、成本等都有一定程度的影响。总糖是麦乳精、糕点、果蔬罐头、饮料等许多食品的重要质量指标。

测定总糖的经典化学方法都是以其能够被各种试剂氧化而为基础的，主要的测定方法有铁氰化钾法、蒽酮比色法和费林氏容量法。费林氏容量法由于反应复杂，影响因素较多，所以不如铁氰化钾法准确，但其操作简单迅速，试剂稳定，故仍被广泛采用。蒽酮比色法要求比色时糖液的浓度在一定范围内，检测液还必须是澄清的。此外，在大多数情况下，测定中还要求不能含有淀粉和糊精，这就必须在测定前将淀粉、糊精事先除去，可是这样导致操作复杂化，就限制了该方法的广泛应用。

1. 铁氰化钾法

（1）原理。

样品中原有的糖和水解后产生的转化糖都具有还原性质，在碱性溶液中能将铁氰化钾还原，根据铁氰化钾的浓度和分析滴定量即可计算出含糖量。其反应方程式如下所示：

$$C_6H_{12}O_6 + 6K_3[Fe(CN)_6] + 6KOH \longrightarrow (CHOH)_4 \cdot (COOH)_2 + 6K_4[Fe(CN)_6] + 4H_2O$$

当滴定到终点时，稍过量的转化糖就能将指示剂次甲基蓝还原为无色的隐色体，隐色体容易被空气中的氧所氧化，很快会变成指示剂的颜色。

（2）操作步骤概要。

标定时准确称取蔗糖 1.000 0 g $\longrightarrow$ 溶解后定容至 500 mL $\longrightarrow$ 取此溶液 50 mL $\longrightarrow$ 于 100 mL 容量瓶中 $\longrightarrow$ 加入 5 mL 盐酸 $\longrightarrow$ 摇匀 $\longrightarrow$ 于 65 ℃～70 ℃水浴中加热 15 min $\longrightarrow$ 取出冷却 $\longrightarrow$ 用 30% NaOH 溶液中和 $\longrightarrow$ 加水至刻度 $\longrightarrow$ 倒入滴定管中 $\longrightarrow$ 取 10 mL 1%铁氰化钾于锥形瓶中 $\longrightarrow$ 加入 10% NaOH 溶液 2.5 mL 和 12.5 mL 的水及数粒玻璃珠 $\longrightarrow$ 加热至沸腾 $\longrightarrow$ 保持 1 min $\longrightarrow$ 加次甲基蓝指示剂 1 滴 $\longrightarrow$ 立即以糖液滴定至蓝色褪去时为止，记录用量，计算铁氰化钾溶液的浓度。

称取 10g 样品 $\longrightarrow$ 溶解在 100 mL 水中 $\longrightarrow$ 于 250 mL 容量瓶中 $\longrightarrow$ 加入 20%醋酸铅溶液 10 mL $\longrightarrow$ 至沉淀完全时为止 $\longrightarrow$ 加入 10 mL 10% Na$_2$HPO$_4$ $\longrightarrow$ 至不再产生沉淀时为止 $\longrightarrow$ 加水至刻度 $\longrightarrow$ 过滤后取滤液 50 mL $\longrightarrow$ 于 100 mL 容量瓶中 $\longrightarrow$ 按照铁氰化钾标定法进行转化，中和以及滴定，记录用量后计算糖的含量。

2. 蒽酮比色法

（1）原理。

糖与硫酸反应脱水生成羟甲基呋喃甲醛，生成物再与蒽酮缩合成蓝色的化合物，其颜色深浅与溶液中糖的浓度成正比，可以进行比色定量测定。

（2）试剂的配制。

① 硫酸锌溶液：溶解 500 g 化学纯硫酸锌于 500 mL 水中。

② 亚铁氰化钾溶液：溶解 10.6 g 化学纯亚铁氰化钾于 100 mL 水中。

③ 0.2%蒽酮试剂：溶解蒽酮 0.2 g 于 100 mL 95%硫酸中，置棕色瓶中在冷暗处保存。

④ 0.1%葡萄糖液：准确称取干燥葡萄糖 0.100 0 g，溶解后定容至 100 mL。

（3）操作步骤概要。

称取 10 g 样品 $\longrightarrow$ 用 100 mL 热水溶解后转移至 500 mL 容量瓶中 $\longrightarrow$ 加入硫酸锌 5 mL $\longrightarrow$ 沸水浴加热 5 min $\longrightarrow$ 取出后在摇动下加入亚铁氰化钾 5 mL $\longrightarrow$ 冷却 $\longrightarrow$ 定容至 500 mL $\longrightarrow$ 过滤 $\longrightarrow$ 吸取滤液 25 mL $\longrightarrow$ 转移至 250 mL 容量瓶中 $\longrightarrow$ 定容至 250 mL $\longrightarrow$ 吸取稀释液 1 mL 于比色管中 $\longrightarrow$ 加入 10 mL 蒽酮试剂 $\longrightarrow$ 摇匀 $\longrightarrow$ 沸水浴加热 6 min $\longrightarrow$ 冷却 $\longrightarrow$ 在 620 nm 波长下比色测定。

吸取系列标准溶液和水各 2 mL，加入 10 mL 蒽酮试剂后同法在 620 nm 波长下测定吸光度，绘制以吸光度为横坐标，糖液浓度为纵坐标的标准曲线。根据样品溶液的吸光度查标准曲线而得出糖的含量。

实验注意事项：

① 样品溶液必须清澈透明，加热后不应有蛋白质沉淀。如样品溶液颜色较深时，可以用活性炭脱色后再进行测定。

② 所取糖液浓度为 1～2.5 mg/100 mL。

（三）还原糖的测定

还原糖是指具有还原性的糖类。在糖类中，分子中含有游离醛羰基或酮羰基的单糖和含有游离潜醛羰基的双糖都具有还原性。葡萄糖分子中含有游离醛羰基，果糖分子中含有游离酮羰基，乳糖和麦芽糖分子中含有游离的潜醛羰基，故它们都是还原糖。其他双糖（如蔗糖）、三糖乃至多糖（如糊精、淀粉等），其本身不具有还原性，属于非还原性糖，但都可以通过水解生成相应的还原性单糖，测定水解液的还原糖含量就可以求得样品中相应糖类的含量。在测定还原糖时一般以测定总糖时所有将糖类水解为转化糖再进行测定的方法都可以用来测定还原糖。

还原糖的测定方法很多，其中最常用的有直接滴定法、高锰酸钾滴定法、萨氏法、碘量法等。下面主要介绍直接滴定法和高锰酸钾滴定法。

1. 直接滴定法

（1）原理。

还原糖经过提取并用醋酸锌和亚铁氰化钾溶液净化后，以糖提取液作为滴定剂，直接滴定一定体积、经过标定的费林试剂。用亚甲基蓝作为滴定终点的指示剂，当费林试剂被滴定完全并有微量糖液滴入时，亚甲基蓝就被还原为无色的隐色体，即滴定终点。为避免隐色体被空气中的氧所氧化而显蓝色，必须保证在沸腾状态下进行滴定操作。

（2）试剂的配制。

① 费林氏 A 液：称取 15 g 硫酸铜和 0.05 g 亚甲基蓝，溶于水并稀释至 1000 mL。

② 费林氏 B 液：称取 50 g 酒石酸钾钠和 75 g 氢氧化钠，溶于水中，再加入 4 g 亚铁氰化钾，完全溶解后，用水稀释至 1000 mL。

（3）操作步骤概要。

称取样品 10～20 g，溶液的制备与标定同铁氰化钾法。将样品溶液倒入滴定管中，吸取 A、B 液先进行预滴定，再正式滴定，注意总沸腾时间为 2 min，即滴定在 2 min 内完成。

预滴定：吸取 A、B 液各 5 mL ⟶ 从滴定管中加入 15 mL 样品溶液 ⟶ 使其在 2 min 之内加热沸腾 ⟶ 继续滴加样品溶液（始终保持沸腾状态）⟶ 至蓝色变浅时以每秒 1 滴的速度滴定 ⟶ 至蓝色刚好褪去为终点，记录消耗样品溶液的体积。

正式滴定：

量取 A、B 液各 5 mL ⟶ 于三角瓶中 ⟶ 加入比预滴定量少 1.0 mL 的样品溶液 ⟶ 严格控制 2 min 内加热至沸腾 ⟶ 继续滴加样品溶液（始终保持沸腾状态）⟶ 至蓝色变浅时以每两秒 1 滴的速度滴定 ⟶ 至蓝色刚好褪去为终点，记录消耗样品溶液的体积。同法平行操作三次，取其平均值。

最后计算出样品中还原糖的含量。

本方法又称为快速法，它是在蓝-爱农法（Lane-Egnon Method）基础上发展起来的，是"国际食糖分析方法统一委员会"推荐的还原糖标准分析方法之一，也是我国的国家标准（GB/T 5009.7—85）推荐方法之一。这种方法的特点是操作简便快速，试剂用量少，滴定终点明显。对于熟练人员来说，该方法是还原糖的测定中最准确的分析方法之一。

2. 高锰酸钾法

（1）原理。

还原糖在碱性溶液中使铜盐还原成氧化亚铜，在酸性条件下，氧化亚铜能使硫酸铁还原为硫酸亚铁，再用高锰酸钾标准溶液滴定硫酸亚铁。根据高锰酸钾标准溶液的消耗量及浓度计算氧化亚铜的生成量，并由此计算样品中还原糖的含量。

（2）试剂的配制。

① 费林氏 A 液：称取 34.639 g 硫酸铜，加适量水溶解，加入 0.5 mL 硫酸，再用水稀释至 500 mL，用精制石棉过滤。

② 费林氏 B 液：称取 173 g 酒石酸钾钠和 50 g 氢氧化钠，加适量水溶解并稀释至 500 mL，用精制石棉过滤，储存于带橡皮塞的玻璃瓶中。

（3）操作步骤概要。

① 样品处理。

一般样品用水直接提取；富含淀粉的样品，45 ℃ 水浴加热用温水提取；各类汽水等含 CO_2 的样品，需水浴加热除去 CO_2 后用水定容；含酒精的饮料需用 1 mol/L 氢氧化钠溶液中和，沸水浴蒸发浓缩至原体积的四分之一后用水定容。

在糖提取液中加入费林氏 A 液 10 mL 和 1 mol/L 氢氧化钠溶液 4 mL，用水稀释，静置 30 s 后过滤。

② 测定。

取 50 mL 处理的样品溶液 $\longrightarrow$ 于 400 mL 烧杯中 $\longrightarrow$ 加 A、B 液各 25 mL $\longrightarrow$ 加热控制在 4 min 内沸腾 $\longrightarrow$ 再准确煮沸 2 min $\longrightarrow$ 趁热抽滤 $\longrightarrow$ 用 60 ℃ 水洗涤氧化亚铜沉淀至不显碱性 $\longrightarrow$ 将抽滤的滤纸（或者石棉）及 Cu_2O 转入原来的烧杯中 $\longrightarrow$ 用 25 mL 硫酸铁溶液溶解氧化亚铜沉淀 $\longrightarrow$ 用 0.11 mol/L 高锰酸钾标准溶液滴定至微红色。用 50 mL 水按上述方法做空白实验。

（3）注意事项。

① 煮沸后的溶液如果显红色而不显蓝色，表明费林试剂用量不足，可以减少取样体积。

② 在洗涤 Cu_2O 的整个过程中应该使沉淀上层始终保持一层水层，以隔绝空气，避免 Cu_2O 被空气中的氧所氧化。

③ 此法适用于各类食品中还原糖的测定，有色样品溶液不受限制，准确度高，重现性好。准确性和重现性都优于直接滴定法，但操作复杂、费时，需使用特制的高锰酸钾法糖类检索表。

（四）蔗糖的测定

1. 原理

样品除去蛋白质后，其中的蔗糖经盐酸水解转化为还原糖，用还原糖的测定方法，确定样品中蔗糖的含量。蔗糖经水解后生成两分子的还原糖（一分子的葡萄糖和一分子的果糖），蔗糖的分子量为 342，后来增加到 2×180，这样 $342/360 = 0.95$，所以转化糖换算成蔗糖应该乘以换算系数 0.95。

实际上测定的还原糖包括两部分：一是样品中原有的还原糖，二是蔗糖经酸水解后生成的还原糖。

2. 操作步骤概要

量取还原糖样品处理稀释液 50 mL ⟶ 于 100 mL 容量瓶中 ⟶ 加入 6 mol/L 盐酸 5 mL ⟶ 于 68 ℃～70 ℃ 水浴加热 15 min ⟶ 冷却 ⟶ 加 2 滴甲基红指示剂 ⟶ 用 20% 氢氧化钠溶液中和至中性 ⟶ 加水定容至刻度 ⟶ 取此溶液按照直接滴定法或高锰酸钾法来测定还原糖的含量。

三、淀粉的测定

淀粉是一种多糖。它广泛存在于植物的根、茎、叶、种子等组织中，是人类食物的重要组成部分，也是供给人体热能的主要来源。稻谷类粮食含淀粉达 70% 以上，干燥的豆类为 36%～47%。蔬菜淀粉含量悬殊较大，马铃薯约为 15%，叶菜类少于 0.2%。水果几乎不含淀粉（除了香蕉，成熟香蕉约为 8.8%）。

淀粉是由单一葡萄糖分子聚合而成的同聚多糖。按聚合的形式不同，可以形成两种不同的淀粉分子——直链淀粉和支链淀粉。直链淀粉是由葡萄糖残基以 α-1,4 糖苷键结合构成的，分子呈直链状，支链淀粉是由葡萄糖残基以 α-1,4 糖苷键结合构成直链主干，而支链通过第六碳原子以 β-1,6 苷链与主链相连，形成"树枝"状支叉结构。由于两种淀粉分子的结构不同，性质上也有一定的差异。不同来源的淀粉，所含直链淀粉和支链淀粉的比例是不同的，因而也具有不同的性质和用途。普通淀粉由 15%～30% 的直链淀粉和 70%～85% 的支链淀粉组成。一般直链淀粉的聚合度为数百至数千，而支链淀粉为数万，支链的平均链长为 20～25 个葡萄糖单位。

淀粉的主要性质如下：① 水溶性。直链淀粉不溶于冷水，可溶于热水。支链淀粉常压下不溶于水，只有在加热并加压时才能溶解于水。② 醇溶性。不溶于浓度在 30% 以上的乙醇溶液。③ 水解性。在酸或酶的作用下可以水解，最终产物是葡萄糖。④ 旋光性。采用不同的淀粉提取方法，所得淀粉水溶液的比旋光度 $[\alpha]_D^{20}$ 为 （+）201.5°～205°，它使平面偏振光向右旋转。

食品加工中，淀粉的用途很多。面包、饼干、糕点等食品原料中主要成分是淀粉；在糖果的生产中不仅使用大量的淀粉糖浆，还使用原淀粉和变性淀粉；罐头、肉类食品也使用淀粉作为加工辅助材料，用作增稠剂、乳化剂、保湿剂、胶体生成剂、黏合剂等。随着食品工业的发展，淀粉及淀粉制品在食品生产中的应用将会越来越普遍。

淀粉含量是某些食品主要的质量指标，也是食品生产管理中常作的分析项目。淀粉的测定方法有多种，都是根据淀粉的理化性质而建立的。常用的方法有：根据淀粉在酸或酶作用下能水解为葡萄糖，通过测定还原糖进行定量的酸水解法和酶水解法；根据淀粉具有旋光性而建立的旋光法；根据淀粉不溶于乙醇的性质而建立的酸化酒精沉淀法。

（一）含多量淀粉样品的测定

本法适用于含淀粉量多的样品，如小麦糖、米糖、山芋干、藕糖、糕干粉、代乳糖等。

1. 原理

样品经乙醚除去脂肪，乙醇除去可溶性糖类后，残留物在淀粉酶作用下或在一定酸度下水解成单糖，然后按还原糖的测定方法来测定葡萄糖含量，再乘上换算系数 0.9 即折算成淀粉含量。

根据反应式：淀粉与葡萄糖之比为 162.1∶180.12＝0.9∶1，说明 0.9 g 淀粉水解后可得 1 克葡萄糖。

2. 操作步骤概要

称取干燥样品 2～3 g ⟶ 用乙醚洗涤 4～5 次，每次用量 10 mL ⟶ 用 85%的乙醇溶液 150 mL 分数次洗涤以除去可溶性糖类 ⟶ 将残留液用 200 mL 水全部转移到锥形瓶中 ⟶ 加入稀盐酸（2∶1）20 mL ⟶ 至沸水浴溶解 2 h ⟶ 立即在流动水中冷却 ⟶ 用 20% NaOH 溶液中和（甲基红为指示剂）⟶ 加入 20%醋酸铅溶液 20 mL 以沉淀蛋白质、果胶等杂质 ⟶ 加入 20 mL 10%硫酸钠溶液以除去过量的铅 ⟶ 摇匀后用水转移至 500 mL 容量瓶中 ⟶ 加水定容 ⟶ 过滤 ⟶ 取滤液按还原糖的测定方法来测定葡萄糖的含量。

所得葡萄糖含量乘以换算系数 0.9 即样品中淀粉的含量。

注意：用乙醚提取少量的脂肪，若样品中仅含微量脂肪，乙醚洗涤可以省略。

（二）含少量淀粉样品的测定

此法适用于含淀粉量少的植物性样品，如蔬菜以及某些果品等。

1. 原理

样品经乙醚除去脂肪，乙醇除去可溶性糖类后，残留物在淀粉酶作用下或在一定酸度下水解成单糖，然后按还原糖测定方法测定葡萄糖含量，再乘上换算参数 0.9 即折算成淀粉含量。

2. 操作步骤概要

称取样品 5～10 g ⟶ 于 250 mL 三角瓶中 ⟶ 加入 0.5 mol/L 硫酸 100 mL ⟶ 在高压锅中水解 15 min ⟶ 降压冷却 ⟶ 用 20% NaOH 溶液中和 ⟶ 加入 20%醋酸铅 20 mL 以沉淀蛋白质、果胶等杂质 ⟶ 加入 10%硫酸钠溶液 11.5 mL 除去过量的铅 ⟶ 把溶液转移到 250 mL 容量瓶中 ⟶ 加水定容 ⟶ 摇匀后过滤 ⟶ 取滤液按测定还原糖的方法来测定葡萄糖含量。

另取一份样品，按总糖的测定方法进行转化，测定总糖含量（以葡萄糖计），二者之差为淀粉水解产生的葡萄糖量，即为 1 g 淀粉水解而得。

计算样品中的淀粉含量为：

$$淀粉\% = 水解后的总糖(以葡萄糖计\%) - 转化糖(以葡萄糖计\%) \times 0.9$$

（三）熟肉制品中淀粉含量的测定

在熟肉制品中有的加入相当多的淀粉，有的几乎不加。它们的差别是很大的，在测定这类食品时，要根据具体情况来决定取样量的多少。测定的方法有重量法、容量法、比色法。

不管采用哪一种方法，测定的原理都是相同的，即把样品与氢氧化钠和乙醇溶液共热，使蛋白质和脂肪溶解，而淀粉和粗纤维不溶解。过滤后，用氢氧化钠溶液来溶解淀粉，使之与粗纤维分离，然后加入醋酸酸化，用乙醇使淀粉重新沉淀。再次过滤后，将沉淀滤出称重或者溶解后加酸水解。最后按总糖的测定方法来测定总糖的含量（以葡萄糖计），并折算成淀粉的含量。

1. 容量法

称取样品 5 g 于 500 mL 磨口锥形瓶中 ⟶ 加入 100 mL 水和 7 mL 浓盐酸 ⟶ 加热回流 1 h ⟶ 冷却 ⟶ 用 30% NaOH 溶液中和破坏组织、皂化脂肪 ⟶ 用滤纸滤入 500 mL 容量瓶中 ⟶ 加入 2%醋酸锌溶液 5 mL 和 6%亚铁氰化钾溶液 5 mL ⟶ 加水至刻度 ⟶ 摇匀 ⟶ 按照直接滴定法或蓝-爱农法（Lane-Egnon Method）测定转化糖的含量（同时做空白试验）。

2. 比色法

称取样品 5 g 于 250 mL 离心管中 ⟶ 加水 40 mL ⟶ 摇匀 ⟶ 加入 2%醋酸锌溶液 3 mL 和 6% 亚铁氰化钾溶液 3 mL ⟶ 于 1 500 转/分的离心机中离心 5 min ⟶ 倒出上层清液 ⟶ 加入 25 mL 水 ⟶ 重复上面操作两次（每次加入 2%醋酸锌溶液 1 mL 和 6%亚铁氰化钾溶液 1 mL） ⟶ 残渣移入滤纸上 ⟶ 把残渣移入 250 mL 锥形瓶中 ⟶ 用 0.1 mol/L 盐酸 50 mL 将残渣清洗入瓶内 ⟶ 于 68 ℃～70 ℃ 水浴中加热 ⟶ 搅拌 ⟶ 保持 1.5 h ⟶ 加入 12%盐酸 10 mL ⟶ 移入 100 mL 容量瓶中 ⟶ 加入 20%磷酸溶液 15 mL 并加水至刻度（不算脂肪层） ⟶ 静置 30 min ⟶ 过滤 ⟶ 取滤液 1 mL 于试管中 ⟶ 加入 5 mL 苯酚钠（溶解 8 g 2,4-二硝基苯酸钠和 2.5 g 苯酚于 5%氢氧化钠溶液 200 mL 中，另外溶解 100 g 酒石酸钾钠于 700 mL 蒸馏水中，两者混合并稀释至 1 L） ⟶ 塞紧玻璃塞 ⟶ 于沸水浴中加热 6 min ⟶ 冷却 3 min ⟶ 移入 100 mL 容量瓶中 ⟶ 用水稀释至刻度 ⟶ 静置 25 min ⟶ 540 nm 波长测定吸光度值。

同时做空白试验，称取 0.2 g 干燥的纯葡萄糖 ⟶ 加入 0.17 mol/L 盐酸 ⟶ 用水稀释至 100 mL 进行标准空白测定，通过样品溶液和标准空白溶液的吸光度值来计算还原糖的含量。

四、纤维的测定

纤维是植物性食品的主要成分之一，广泛存在于各种植物体内，其含量随食品种类的不同而异，尤其在谷类、豆类、水果、蔬菜中含量较高。食品纤维在化学上不是单一组分的物质，而是包括多种成分的混合物，其组成非常复杂，并且随着食品的来源、种类而变化。因此，不同的研究者对纤维的解释也有所不同，其定义也就不同，因此纤维是比较模糊的概念。早在 19 世纪 60 年代，德国的科学家首次提出了"粗纤维"的概念，用来表示食品中不能被稀酸、稀碱所溶解，不能为人体所消化利用的物质。它仅仅包括食品中的部分纤维素、半纤维素、木质素及少量含氮的物质，而不能代表食品中纤维的全部内容。到了近代，在研究和评价食品的消化率和品质时，从营养学的观点，提出了食物纤维（膳食纤维）的概念。膳食纤维是指食品中不能被人体消化酶所消化的多糖类和木质素的总和。它包括纤维素、半纤维素、戊聚糖、木质素、果胶、树胶等，至于是否应该包括作为添加剂而添加的某些多糖（例如羧甲基纤维素、藻酸丙二醇等）还没有明确统一的认识。粗纤维不能代表膳食纤维，食物纤维比粗纤维更能客观、准确地反映食物的可利用率，因此有逐渐取代粗纤维指标的趋势。

纤维是人类膳食中不可缺少的重要物质之一，在维持人体健康、预防疾病方面有着独特的作用，已经日益引起人们的重视。人类每天要从食品中摄入一定量（8～12 g）的纤维物质才能维持人体正常的生理代谢功能。为了保证纤维的正常摄取，一些国家强调增加纤维含量高的谷物、果蔬制品的摄食，同时还开发了许多强化纤维的配方食品。在食品生产和食品开发中，常常需要测定纤维物质的含量，它也是食品成分全分析项目之一，对于食品品质的管理和营养价值的评定都具有重要意义。

纤维素是高分子化合物，分子式以 $(C_6H_{10}O_5)_n$ 来表示，不溶于任何有机溶剂，对稀酸或稀碱都相当稳定，但纤维素与硫酸或盐酸共热时完全水解得到 α-葡萄糖，不完全水解得到纤维二糖。根据纤维素的性质，用稀酸或稀碱来处理样品，将杂质除去后用重量法（即干燥法）进行测定。如果与浓硫酸共热可得到葡萄糖，用容量法进行测定。食品中纤维的测定提出最早、应用最广泛的是粗纤维测定法即重量法。该法操作简便、迅速，适用于各类食品，是应用最广泛的经典分析法。目前，我国的食品成分表中"纤维"一项的数据都是用此法测定的，但该法测定结果粗糙，重现性差。由于酸碱处理时纤维成分会发生不同程度的降解，使测得值与纤维的实际含量差别很大，这是此法的最大缺点。而容量法操作复杂，一般很少采用。此外还有中性洗涤纤维法、酸性洗涤纤维法、酶解重量法等分析方法。

（一）重量法测定纤维素

1. 原理

在热的稀硫酸作用下，样品中的糖、淀粉、果胶和半纤维素等物质经水解而除去，再用热的氢氧化钠处理，使蛋白质溶解、脂肪皂化而除去。然后用乙醇和乙醚处理以除去单宁、色素及残余的脂肪，所得的残渣即粗纤维，如其中含有无机物质，可经灰化后扣除。最后残渣减去灰分即得粗纤维素。

2. 操作步骤概要

（1）酸处理。

称取干燥样品 2～5 g（新鲜样品 20～30 g） $\longrightarrow$ 用乙醚提取脂肪（无脂肪可省略） $\longrightarrow$ 转入 500 mL 锥形瓶中 $\longrightarrow$ 加入 200 mL 煮沸的 1.25%硫酸 $\longrightarrow$ 连接回流冷凝管后 $\longrightarrow$ 加热至微沸 $\longrightarrow$ 回流 30 min $\longrightarrow$ 取下后立即用布氏漏斗过滤 $\longrightarrow$ 用沸水洗至不显酸性时为止（用甲基红指示剂来检验）。

（2）碱处理。

用煮沸的 1.25%氢氧化钠溶液 20 mL 冲洗滤布上的残留物于锥形瓶中 $\longrightarrow$ 连接回流冷凝管后 $\longrightarrow$ 回流 30 min $\longrightarrow$ 取出用滤布过滤 $\longrightarrow$ 用沸水洗 2～3 次 $\longrightarrow$ 洗至酚酞指示剂不呈碱性时为止。

（3）干燥灰化。

用蒸馏水把滤布上的残留物洗入 100 mL 烧杯内 $\longrightarrow$ 倒入有石棉的古氏坩埚内 $\longrightarrow$ 抽去水分 $\longrightarrow$ 用 10～20 mL 乙醇洗涤一次 $\longrightarrow$ 抽干（或用乙醚洗几次） $\longrightarrow$ 将坩埚与内容物于 105 ℃ 在烘箱里烘 2～4 h $\longrightarrow$ 移入干燥器中放置 30 min $\longrightarrow$ 称重（至恒重） $\longrightarrow$ 于 700 ℃ 灼烧 1 h $\longrightarrow$ 使残留物全部灰化 $\longrightarrow$ 干燥冷却 $\longrightarrow$ 称重，灼烧前后的重量之差即为粗纤维

的含量。

该法操作简便，适用于各类食品，是目前测定纤维的标准分析方法，但测定结果粗糙，因为用酸碱处理时纤维素、半纤维素、木质素等食物纤维成分都发生了不同程度的降解，并且残留物中还包含了少量的无机物、蛋白质等成分，故测定结果只能称为"粗纤维"。

（二）容量法

1. 原理

样品用 2%盐酸除去可溶性糖类、淀粉和半纤维素等物质后，残渣用 80%硫酸溶解，使纤维成分加热水解为还原糖（主要是葡萄糖），然后按还原糖的测定方法测定，根据葡萄糖的含量折算成纤维素的含量，乘以换算系数 0.9 即可。

根据反应式 $162.1 : 180.12 = 0.9 : 1$，即 0.9 g 纤维素水解后得到 1 g 葡萄糖。

2. 操作步骤概要

称取样品 5 g ⟶ 于 250 mL 磨口三角瓶中 ⟶ 加入 2%盐酸 150 mL（用盐酸除去可溶性糖类、淀粉和半纤维等） ⟶ 回流沸腾 4 h ⟶ 用古氏石棉坩埚抽滤 ⟶ 用热水洗至无氯离子为止 ⟶ 抽干 ⟶ 再用乙醇和乙醚各洗涤一次 ⟶ 在室温下放置 2 h（使乙醚挥发） ⟶ 将坩埚与沉淀物移入原烧杯中 ⟶ 加入 10 倍量的 80%硫酸 ⟶ 放置 3 h 使纤维素水解 ⟶ 加入 15 倍酸量的水 ⟶ 于 70 ℃ 水浴中加热 5 h ⟶ 水解为葡萄糖 ⟶ 冷却后用水定容至 1 000 mL ⟶ 测定葡萄糖的含量。

五、果胶物质的测定

果胶物质是一种植物胶，存在于植物的果实、茎、块茎等细胞间隙中，是构成植物细胞的主要成分之一。果胶物质是组成复杂的高分子聚合物，分子中含有半乳糖醛酸、乳糖、阿拉伯糖、葡萄糖醛酸等，但基本结构是 D-吡喃半乳糖醛酸以 α-1,4 糖苷键结合的长链而形成的聚半乳糖醛酸，通常以部分甲酯化状态存在，是人体不能消化吸收的一类碳水化合物。

根据水果蔬菜的成熟过程，果胶物质一般以原果胶、果胶、果胶酸三种不同的形态存在于水果蔬菜等植物组织中，它们之间的一个重要区别是甲氧基的含量或酯化的程度不同，因而也具有不同的特性。

① 原果胶是与纤维素、半纤维素结合在一起的高度甲酯化的聚半乳糖醛酸，只存在于细胞壁中，不溶于水，在原果胶酶或酸的作用下可以水解生成果胶。在未成熟的水果蔬菜组织中，原果胶与纤维素、半纤维素黏结在一起形成较牢固的细胞壁，使整个组织比较坚硬。

② 果胶是羧基不同程度甲酯化和阳离子中和的聚半乳糖醛酸，存在于植物细胞汁液中，可溶于水，溶解度与酯化的程度有关，在果胶酶或酸、碱的作用下可水解为果胶酸。其中，甲氧基的含量＞7%的称为高甲氧基果胶（High Methoxyl Pectin），7%以下的为低甲氧基果胶（Low Methoxyl Pectin）。在水果蔬菜逐渐成熟的过程中，原果胶在酶的作用下水解为可溶性果胶酯酸，并且与纤维素、半纤维素分离，而渗入到细胞汁液中，果实组织随之就变软而富有弹性。果胶在成熟果蔬的细胞汁液内含量较多。

③ 果胶酸是完全未甲酯化的聚半乳糖醛酸，因很难得到无甲酯的果胶物质，通常把甲氧基含量＜1%的叫做果胶酸。果胶酸可溶于水，在细胞汁液中可以与钙、镁、钾、钠、铵等离

子形成不溶于水或微溶于水的果胶酸盐。果胶酯酸在酶的作用下水解为果胶酸,由于果胶酸不具有黏性,果实就会变成软疡的过熟状态。当水果蔬菜变成软疡状态时,果胶酸的含量较多。

果胶物质在酸的作用下最终可以水解为半乳糖醛酸。果胶是亲水性的胶状物,其中高甲氧基果胶在酸性(pH 为 2.0~3.5)、蔗糖含量为 60%~65%的条件下具有凝固成凝胶的性质,而低甲氧基果胶与糖、酸即使比例恰当也难以形成凝胶,但它在 Ca^{2+} 作用下可以形成凝胶,在食品工业中利用它们的凝胶性将其用于果酱、果冻及高级糖果等食品的制作。利用甲氧基果胶具有络合有害金属的性质,而用来制成防治某些职业病的保健饮料。除此以外,利用果胶具有增稠、稳定、乳化等功能,在解决饮料的分层、稳定结构、防止沉淀、改善风味等方面起着重要的作用。总之,果胶在食品工业中的用途较为广泛。

测定果胶物质的方法有重量法、咔唑比色法、果胶酸钙滴定法、蒸馏滴定法等。其中果胶酸钙滴定法主要适用于纯果胶的测定,而当样品溶液有颜色时,不容易确定滴定终点。此外,由不同来源的样品得到的果胶酸钙中钙所占的比例并不相同,从测得的钙量不能准确计算出果胶物质的含量,这使得该方法的应用受到了一定的限制。对于蒸馏滴定法,因为在蒸馏时有一部分糠醛分解了,使回收率较低,故此法也不常用。较常用的是重量法和咔唑比色法。

(一)重量法

1. 原理

先用 70%乙醇溶液处理样品,使果胶沉淀,再依次用乙醇、乙醚洗涤沉淀,以除去可溶性糖类、脂肪、色素等物质,残渣分别用酸或用水来提取总果胶或水溶性果胶。果胶经皂化后生成果胶酸钠,再经醋酸酸化使之生成果胶酸,加入钙盐则生成果胶酸钙沉淀,烘干后称重。

2. 操作步骤概要

(1)果胶的提取。

称取新鲜样品 30~50 g(干燥样品 5~10 g)于 250 mL 烧杯中 —— 加入 150 mL 水 —— 煮沸 1 h(充分搅拌,加水来补足蒸发的水分) —— 冷却 —— 转移至 250 mL 容量瓶中 —— 加水定容 —— 摇匀后过滤 —— 收集滤液即得到果胶提取液。

(2)果胶的测定。

吸取滤液 25 mL(能生成果胶酸钙 25 mg 左右) —— 于 500 mL 烧杯中 —— 加入 0.1mol/L 氢氧化钠溶液 100 mL —— 充分搅拌后放置半小时 —— 加入 1 mol/L 醋酸 50 mL 后放置 5 min —— 加入 1 mol/L $CaCl_2$ 溶液 25 mL —— 放置 60 min(陈化) —— 加热沸腾 5 min 后 —— 用烘至恒重的滤纸过滤 —— 用热水洗涤至无氯离子为止 —— 把滤纸和残渣都置于烘干恒重的称量瓶内 —— 在 105 ℃烘至恒重并计算样品中果胶质的含量(果胶酸钙换算成果胶质的系数是 0.9235)。

此法适用于各类食品,方法稳定可靠,但操作较繁琐费时。果胶酸钙沉淀中易夹杂其他的胶态物质,使本法的选择性较差。

(二)容量法(蒸馏滴定法)

1. 原理

溶解于水的果胶质是由多缩阿拉伯糖和果胶酸钙组成的,测出果胶质的特征部分阿拉伯糖，则可以计算出果胶质的含量。

溴混合液在盐酸作用下放出溴，溴再与糠醛反应，剩余的溴与碘化钾作用析出碘单质，可以用硫代硫酸钠进行滴定，从而计算出糠醛的量。在普通蒸馏条件下，将糠醛换算为果胶质的系数是 3.7。1 mol/L 溴溶液相当于糠醛的量是 0.024 g。

2. 操作步骤概要

称取捣碎样品 10 g ── 于 250 mL 烧瓶中 ── 加入 12%盐酸溶液 100 mL（比重 1.06）── 接回流冷凝管并在烧瓶上接一个分液漏斗 ── 于 140~150 ℃ 水浴中加热蒸馏 ── 馏出液达 30 mL 时 ── 从漏斗加入 12%盐酸 30 mL 于烧瓶中 ── 继续蒸馏 ── 保持瓶内体积 ── 至馏出液无糠醛（可取馏出液 1 滴于滤纸上，旁边滴入醋酸苯胺试液 1 滴，有糠醛存在时呈红色）。

在馏出液中加入 12%盐酸使总体积为 300 mL ── 取出 100 mL ── 加入 25 mL 溴混合液 ── 在暗处放 1 h ── 加入 15%碘化钾溶液 10 mL ── 加淀粉指示剂 1 滴 ── 用 0.1 mol/L 硫代硫酸钠溶液滴定。

（三）咔唑比色法

1. 原理

基于果胶物质的水解，水解生成物半乳糖醛酸在强酸中与咔唑试剂发生缩合反应，生成紫红色化合物，其呈色强度与半乳糖醛酸的含量成正比，可以进行比色定量测定。

2. 操作步骤概要

① 提取样品中的果胶物质，用水定容至 100 mL，步骤同重量法。
② 绘制半乳糖醛酸的标准工作曲线。
③ 测定吸光度值，从标准曲线上查得半乳糖醛酸的含量（μg/mL），计算果胶质的总含量。

第六节　蛋白质的测定

一、概　述

蛋白质是生命的物质基础，是构成生物体细胞组织的重要成分，是生物体发育及修补组织的原料，一切有生命的活体都含有不同类型的蛋白质。人体内的酸碱平衡、水平衡的维持，遗传信息的传递，食物的消化、分泌、代谢及能量的转移等化学变化都与蛋白质有关。人及动物都只能从食品中得到蛋白质及其分解产物来构成自身的蛋白质，故蛋白质是人体重要的营养物质，也是食品中重要的营养指标。

在各种不同的食品中蛋白质的含量各不相同。一般说来，动物性食品的蛋白质含量高于植物性食品，例如，牛肉中蛋白质的含量为 20.0%左右，猪肉中为 9.5%，兔肉为 21%，鸡肉为 20%，牛乳为 3.5%，黄鱼为 17.0%，带鱼为 18.0%，大豆为 40%，稻米为 8.5%，面粉为 9.9%，菠菜为 2.4%，黄瓜为 1.0%，桃为 0.8%，柑橘为 0.9%，苹果为 0.4%和油菜为 1.5%左右。测定食品中蛋白质的含量，对于评价食品的营养价值，合理开发利用食品资源、提高产品质量、优化食品配方、指导经济核算及生产过程控制均具有极其重要的意义。

蛋白质是一类复杂的含氮有机化合物，分子量很大，这类高分子化合物主要由碳、氢、氧、氮、硫五种元素组成，某些蛋白质还含有微量的铁、铜、磷、锌、碘等元素。组成蛋白质的基本单元有 20 余种 α-氨基酸，这些氨基酸通过酰胺键（肽键）连接成多肽，多肽链之间或者多肽链内部氨基酸的侧链相互作用，分子中每个化学键在空间的旋转状态不同，导致蛋白质分子的构象不同，使蛋白质具有非常复杂的三维结构。

不同的蛋白质其氨基酸的构成比例及方式不同，故各种不同的蛋白质其含氮量也不同。一般蛋白质的含氮量为 16%，即 1 份氮素相当于 6.25 份蛋白质，此数值（6.25）称为蛋白质系数，不同种类食品的蛋白质系数有所不同，如玉米、荞麦、青豆、鸡蛋等为 6.25，花生为 5.46，大米为 5.95，大豆及其制品为 5.71，小麦粉为 5.70、牛乳及其制品为 6.38。

食品蛋白质的 20 余种氨基酸中，有 8 种氨基酸（赖氨酸、色氨酸、苯丙氨酸、苏氨酸、蛋氨酸、异亮氨酸、亮氨酸和缬氨酸）是人体不能合成或仅能以极慢的速度合成，满足不了人体正常代谢的需要，这 8 种氨基酸称为必需氨基酸，其他非必需氨基酸可以从必需氨基酸、糖、脂肪代谢的中间产物来合成。不同的食品蛋白质，氨基酸的含量差别较大，一般谷物蛋白质中赖氨酸的含量较低，在一些食品中还缺乏色氨酸和苏氨酸。与人体需要量相比，这些缺乏的必需氨基酸被称为"限制性"氨基酸。高质量的食品蛋白质，应该是一种含必需氨基酸的比例与人体所需相当的蛋白质。食品或食品蛋白质的营养价值，不仅取决于蛋白质含量的高低，更重要的是必需氨基酸含量的比例合理。

蛋白质根据其化学组成和溶解度不同可以分为三大类，即单纯蛋白质、结合蛋白质和衍生蛋白质。单纯蛋白质是仅含氨基酸的一大类蛋白质，它可分为：① 清蛋白或白蛋白（Albumin），它们是分子量很低的蛋白质，能溶于水、盐类、酸、碱溶液中。如蛋清蛋白、乳清蛋白、血清蛋白和豆科种子里的豆白蛋白等。② 球蛋白（Globulin），不溶于水，但可溶于稀酸、稀碱及中性盐溶液中，如血清球蛋白，牛乳中的乳清球蛋白、肉中的肌球蛋白和肌动蛋白以及大豆中的大豆球蛋白等。③ 谷蛋白（Glutelin），不溶于水、乙醇及盐溶液中，能溶于稀酸和碱溶液中。如小麦中的麦谷蛋白和水稻中的米胶谷蛋白等。④ 醇溶蛋白（Prolamines），不溶于水、盐溶液中，能溶于 66%～80% 乙醇中。如麦胶蛋白、玉米胶蛋白等。⑤ 硬蛋白（Sclero Protein），一般不溶于水和各种溶液中，并能抵抗酶的水解。这是一种具有结构功能和结合功能的纤维状蛋白。如肌肉中的胶原蛋白、肌腱中的弹性蛋白和毛发及动物角蹄中的角蛋白。⑥ 组蛋白（Histone），是一种碱性蛋白质，因为它含有大量的赖氨酸和精氨酸，能溶于水中。例如红血球组蛋白、胸腺组蛋白等。⑦精蛋白（Protamine），是一种低分子量的碱性很强的蛋白质，能溶于水，它含有丰富的精氨酸，如鱼类精蛋白。结合蛋白质是单纯蛋白质与非蛋白质成分组成，如碳水化合物、油脂、核酸、金属离子或磷酸盐结合而成的蛋白质。它可分为：① 脂蛋白，为油脂与蛋白质结合的复合物，与蛋白质结合的油脂有甘油三酯、磷脂、胆固醇及其衍生物，脂蛋白存在于牛乳和蛋黄中。② 糖蛋白，是碳水化合物与蛋白质结合的复合物。这些碳水化合物是氨基葡萄糖、氨基半乳糖、半乳糖、甘露糖、海藻糖等中的一种或多种，与蛋白质间的共价键或羟基生成配糖体。糖蛋白可以溶于碱性溶液。如血清糖蛋白、卵黏蛋白等都属于糖蛋白。③ 核蛋白，由核酸（核糖核酸和脱氧核糖核酸）而结合成的复合物，存在于细胞核及核糖体中，如病毒蛋白属于核蛋白。④ 磷蛋白，是许多主要食物中很重要的一种蛋白质。磷酸基团与丝氨酸或苏氨酸中的羟基结合，如牛乳中的酪蛋白和鸡蛋黄中的磷蛋白。⑤ 色素蛋白，是蛋白质与有色辅基结合而成的复合物，后者多为金属。色素蛋白有许多种，如血红蛋白、肌红蛋白、细胞色素及过氧化氢酶等。衍生蛋白质是用化学方法或酶处理蛋白质得到的一类衍生物。根据其变化程度可分为：① 一级衍生物，是蛋白质的初始变性物，如凝乳酶凝固的酪蛋白。② 二级衍生物，是蛋白质的分解产物，性质明显改变，如肽（Peptide）以及多肽类。

食品蛋白质不仅是人体新陈代谢的基础物质，而且还是形成食品色、香、味和良好品质的重要物质。蛋白质的基本理化特性使食品能够成为水化的固态体系，赋予了食品具有黏着性、湿润性、膨胀性、弹性、韧性等流变学特性。食品蛋白质又是良好的凝胶和乳化材料，可以作为许多食品的增稠剂、稳定剂、乳化剂和发泡剂，或者直接做成凝胶食品。蛋白质和氨基酸既是食品的风味物质，又是食品风味物质的载体。在食品加工过程中，往往利用一些蛋白质和氨基酸来形成或保持食品特殊的风味。

二、蛋白质含量的测定

食品中蛋白质含量的测定方法可以分为两大类：一类是利用其物理特性进行的折射率法、紫外吸收法、旋光法；另一类是利用其化学特性进行的凯氏定氮法、双缩脲反应法、染料结合法和福林-酚试剂反应法。其中凯氏定氮法、双缩脲反应法和物理方法不具有特异性，作为蛋白质总量的测定方法。双缩脲法和福林-酚试剂反应法常作为生物化学研究使用的方法，这类方法操作简便，灵敏度较高。折射率法和旋光法适用于纯蛋白质溶液的测定。染料结合法是近年发展起来的新方法。

因食品的种类繁多，食品中蛋白质的含量各异，特别是其他成分例如碳水化合物、脂肪和维生素等干扰成分很多，因此蛋白质含量的测定最常用的方法是凯氏定氮法。它操作简单，测定结果的重复性和重现性都很好，是蛋白质总量测定的经典方法之一，迄今为止一直作为国内外法定的蛋白质的标准检测方法。

（一）凯氏定氮法

1. 原理

用浓硫酸及催化剂将样品中的蛋白质消解，使有机氮转化为硫酸铵。在碱性条件下铵盐转化为氨，经蒸馏分离后用硼酸溶液来吸收。用硫酸或盐酸标准溶液来滴定硼酸溶液所吸收的氨，以确定样品中的总氮量，由总氮量换算成蛋白质的含量。

凯氏定氮法可以用于所有动、植物食品中蛋白质含量的测定，该法是通过测出样品中的总含氮量再乘以相应的蛋白质系数而求出蛋白质含量的，由于样品中常含有核酸、生物碱、含氮类脂、卟啉以及含氮色素等少量非蛋白质的含氮化合物，故此法的结果称为粗蛋白质含量。

（1）消化。

食品试样与浓硫酸共热时，有机物被脱水、氧化分解为碳、氮、氢等物质。碳与硫酸作用生成二氧化碳气体和具有还原性的二氧化硫，二氧化硫使蛋白质分解后产生的氮还原为 NH_3，本身则被氧化为三氧化硫。消化过程中生成的氢，可保证并促进从氮到氨气的转化，避免了氮的损失。消解反应生成的 SO_3、CO_2 和水因加热而不断挥发逸出，生成的 NH_3 则以铵盐的形式留在消解液中，这样就完成了有机氮到无机铵盐的转化。

为了加速样品的消解，并保证全部有机氮转化为无机铵盐，在发生消化反应时，需适量加入一些盐作为增温剂和催化剂。

① 消解剂。

在消化过程中，添加硫酸钾可以提高溶液的沸点而加快有机物分解，它与硫酸反应生成硫酸氢钾，可以提高反应温度，一般纯硫酸的沸点是 330 ℃，而添加硫酸钾后，温度可以达到 400 ℃，加速了整个反应过程。此外，也可以加入硫酸钠、氯化钾等盐类来提高沸点，但效果不如硫酸钾。其原因是随着消化过程中硫酸不断地被分解，水分不断地逸出而使硫酸钾的浓度增大，使沸点升高，加速了有机物的分解。但硫酸钾加入量不能太多，否则温度太高，生成的硫酸氢铵也会分解，放出氨而造成氮的损失。

② 催化剂。

在试样的消解过程中，需要加入催化剂促使样品完全消解。常加入硫酸铜、氧化汞、汞、硒粉等催化剂，但考虑到效果、价格及环境污染等多种因素，应用最广泛的是硫酸铜，使用时常加入少量过氧化氢、次氯酸钾等作为氧化剂来加速有机物的氧化。当有机物全部消化后，出现硫酸铜的蓝绿色，它除了具有催化作用外，还可以指示消化终点的到达，以及下一步蒸馏氨时作为碱性反应的指示剂。

（2）蒸馏。

样品溶液中的硫酸铵在碱性条件下释放出氨气，在这一操作中，一是加入的氢氧化钠溶液要过量，二是要防止样品溶液中氨气的逸出。

（3）吸收与滴定。

蒸馏过程中放出的氨气可以用一定量的标准硫酸或标准盐酸溶液进行氨的吸收，然后再用标准氢氧化钠溶液反滴定过剩的硫酸或盐酸溶液，从而计算出总氮量。或者用硼酸溶液吸收后，再用标准盐酸直接滴定，亚甲基蓝和甲基红混合作为滴定指示剂。硼酸呈微弱酸性，用酸滴定不影响指示剂的变色反应，它具有吸收氨的作用。目前都用硼酸吸收液，用硼酸来代替省略了反滴定操作，硼酸是弱酸，在滴定时，不影响指示剂的变色范围，另外硼酸为吸收液浓度在 3% 以上可以将氨完全吸收，为了保险起见一般用 4%。

2. 操作步骤概要

准确称取样品 0.50～2.00 g ⟶ 放入干燥的 500 mL 凯氏瓶中 ⟶ 加入 10 g 无水 K_2SO_4 ⟶ 加入 0.5 g $CuSO_4$ ⟶ 加入 20 mL 浓 H_2SO_4 ⟶ 在通风橱中先以小火加热，待内容物全部炭化，泡沫停止产生后，加大火力，保持瓶内液体微沸，至液体呈蓝绿色透明状（注意摇动瓶子使瓶壁炭粒溶于硫酸中）⟶ 继续加热微沸 30 min ⟶ 停止消化，冷却 ⟶ 小心加入 200 mL 蒸馏水 ⟶ 连接蒸馏装置 ⟶ 用硼酸作吸收液同时加混合指示剂 2 滴 ⟶ 在凯氏瓶中加数粒玻璃珠和 40% 氢氧化钠溶液 80 mL ⟶ 立即接好定氮球 ⟶ 加热至凯氏瓶内残液减少到 1/3 时，取出用水冲洗 ⟶ 用 0.1 mol/L 盐酸滴定硼酸吸收液，用亚甲基蓝和甲基红混合指示剂，出现灰色或蓝紫色为滴定终点，记录消耗盐酸标准溶液的体积，根据蛋白质换算系数计算样品中的蛋白质含量。

3. 实验注意事项

① 样品应是均匀的，若是固体样品应该事先研细，液体样品要混合均匀。

② 样品放入凯氏烧瓶时，不要黏附在瓶颈上，万一黏附可以用少量水缓慢冲下，以免被检试样消化不完全，使结果偏低。

③ 消化时，如果不容易出现透明溶液，可以将凯氏烧瓶放冷后，加入 30%过氧化氢催化剂 2～3 mL，促使其氧化。

④ 在整个消化过程中，不要用强火，保持缓慢地沸腾，使火力集中在凯氏烧瓶底部，以免附着在瓶壁上的蛋白质在有硫酸存在的情况下，使氮有一定的损失。

⑤ 如加入的硫酸太少，过多的硫酸钾就会引起氨的损失，这时会形成硫酸氢钾，而不与氨作用。因此，当硫酸过多地被底物消耗掉或样品中的脂肪含量过高时，要添加硫酸量。

⑥ 氨是否完全被蒸馏出来，可以用 pH 试纸检查馏出液是否为碱性。

⑦ 向蒸馏瓶中加入浓碱时，往往出现褐色沉淀。这是由于分解促进剂与加入的硫酸铜反应，生成氢氧化铜，经加热后又分解生成氧化铜沉淀，有时铜离子与氨作用生成深蓝色的络合物。

⑧ 也可以采用凯氏自动定氮仪，其装置内具有自动加碱蒸馏装置、自动吸收和滴定装置以及自动数字显示装置，消化装置是由优质玻璃制成的凯氏消化瓶以及红外线装置的消化炉。

（二）双缩脲反应法

当脲被小心加热至 150 ℃～160 ℃ 时，分子间脱去一个氨分子而生成双缩脲（$NH_2CONHCONH_2$）。在碱性条件下，双缩脲与硫酸铜反应生成紫红色络合物，此反应称为双缩脲反应。蛋白质分子中含有肽键（—CO—NH—），与双缩脲具有相似的结构，也能发生类似双缩脲的反应，故称为蛋白质双缩脲反应。双缩脲反应法只能测定可溶性蛋白质，1961年皮克尼（Pinckney）将提取和显色同时进行的双缩脲反应法用于小麦粉等固体样品的蛋白质测定。蛋白质双缩脲反应产物的紫外光比色灵敏度比可见光高 5 倍。双缩脲反应法测定蛋白质，虽然灵敏度不是很高，但操作简便、快速。

1. 原理

用甘油或酒石酸钾钠作碱性硫酸铜的稳定剂（酒石酸钾钠比甘油好些），将碱性硫酸铜溶液与样品一起振荡，使蛋白质溶出并且显色，在 550 nm 波长处测定吸光度值。以凯氏定氮法测得的蛋白质含量，与双缩脲法测得的吸光度值绘制标准曲线。

不同种类蛋白质的双缩脲反应显色差别不大，除了双缩脲、组氨酸、一亚氨基双缩脲、二亚氨基双缩脲、氨醇、氨基酸酰胺、丙二酰胺等少数化合物以外，非蛋白质、游离氨基酸、二肽等均不显色。所以，双缩脲反应基本上可以看做是蛋白质的特有反应。

2. 操作步骤概要

（1）碱性硫酸铜试剂的配制。

在碱性溶液中，由于 Cu^{2+} 容易水解产生 $Cu(OH)_2$ 沉淀，碱性硫酸铜溶液中加入一种稳定剂，既能防止铜离子水解，又能释放出一定的铜离子与蛋白质络合。常用的稳定剂有以下两种。

① 甘油作为稳定剂。

将 10 mol/L 氢氧化钾溶液 10 mL 和甘油 3.0 mL 加到 937 mL 蒸馏水中，剧烈搅拌，同时缓慢加入 4%硫酸铜溶液 50 mL（4 g $CuSO_4 \cdot 5H_2O$ 溶于 100 mL 水中）。

② 酒石酸钾钠作为稳定剂。

将 10 mol/L 氢氧化钾溶液 10 mL 和 25%酒石酸钾钠溶液 20 mL 加到 930 mL 蒸馏水中，剧烈搅拌，同时缓慢加入 4%硫酸铜溶液 40 mL。

向稳定剂中加入硫酸铜溶液的过程，必须剧烈地搅拌，否则，可能产生 $Cu(OH)_2$ 沉淀。配好的试剂应该是完全澄清透明的，否则必须重配。

（2）样品的测定。

准确称取适量样品置于离心管中，加入少量四氯化碳，混合，然后加入碱性硫酸铜试剂（①液或②液）。盖上盖子离心 10 min（4 000 r/min）后，放置 1 h。振摇均匀后，移取一定量的样品溶液离心至上层清液完全透明，量取离心澄清的样品溶液 0 mL、2.0 mL、4.0 mL、8.0 mL、10.0 mL 于 10 mL 容量瓶中，分别加水定容，在 550 nm 处测定吸光度值。事先以凯氏定氮法测定样品中蛋白质的含量为横坐标，以上述吸光度值为纵坐标绘制标准曲线，在标准曲线上查出蛋白质的含量，从而计算出样品中蛋白质的含量。

（三）水杨酸比色法

1. 原理

样品中的蛋白质经硫酸消化而转化为铵盐溶液后，在一定的酸度和温度下与水杨酸钠和次氯酸钠作用生成有颜色的化合物，可以在波长 660 nm 处进行比色测定，绘制标准曲线，求出样品的含氮量，进而计算出蛋白质的含量。

2. 操作步骤概要

（1）试剂的配制。

① 氮标准溶液。

称取经 110 ℃ 干燥 2 h 的硫酸铵 0.471 9 g ⟶ 用水溶解在小烧杯中 ⟶ 转移至 100 mL 容量瓶中，用水稀释至刻度，摇匀 ⟶ 此溶液每毫升相当于 1.0 mg 氮标准溶液。使用时配制成每毫升相当于 2.50 μg 含氮量的标准溶液。

② 空白酸溶液。

称取 0.50g 蔗糖 ⟶ 加入 15 mL 浓 H_2SO_4 和 5 g 催化剂（其中含硫酸铜 1 份和无水硫酸钠 9 份，研细混匀）⟶ 与样品一样处理消化 ⟶ 定容于 250 mL 容量瓶中 ⟶ 使用时量取此溶液 10 mL ⟶ 加水至 100 mL ⟶ 摇匀备用。

③ 磷酸盐缓冲液。

称取 7.1 g 磷酸氢二钠、38 g 磷酸三钠和 20 g 酒石酸钾钠 ⟶ 加入 400 mL 水溶解 ⟶ 过滤 ⟶ 另外称取 35 g NaOH 溶于 100 mL 水中 ⟶ 冷却至室温 ⟶ 缓缓地边搅拌边加入磷酸盐溶液中 ⟶ 加入水稀释至 1000 mL 备用。

④ 水杨酸钠溶液。

称取 25 g 水杨酸钠和 0.15 g 亚硝基铁氰化钠溶于 200 mL 水中，过滤，加水稀释至 500 mL。

⑤ 次氯酸钠溶液。

吸取 4 mL 安替福民试剂溶液，用水稀释至 100 mL，摇匀备用。

（2）样品处理。

准确称取样品 0.20～1.00 g ⟶ 置于凯氏定氮瓶中 ⟶ 加入 15 mL 浓 H_2SO_4 和 0.5 g 硫

酸铜以及 4.5 g 无水硫酸钠 ⟶ 电炉上加热到沸腾后 ⟶ 加大火力消化 ⟶ 直到出现暗绿色时 ⟶ 不断摇动瓶子，使瓶壁上黏附着的残渣溶解消化 ⟶ 待瓶内溶液完全澄清后 ⟶ 冷却 ⟶ 加水至 25 mL 容量瓶。

（3）样品测定。

准确吸取上述消化溶液 10 mL ⟶ 于 100 mL 容量瓶中 ⟶ 定容 ⟶ 准确吸取 2 mL ⟶ 于 25 mL 容量瓶中 ⟶ 加 5 mL 磷酸盐缓冲溶液 ⟶ 以下操作与标准曲线绘制的步骤相同，并以试剂空白为参比液，测得样品溶液的吸光度，从标准曲线上查出其含氮量，并计算出样品中蛋白质的含量。

$$蛋白质\% = 总氮\% \times K \ （K 可为 6.25，也可以查表）。$$

3. 注意事项

① 样品消化完当天进行测定结果的重现性好，当样品溶液放至第二天时比色就会有所变化。

② 当在一定 pH 范围内加入氮源后，温度对显色影响非常大，故应该严格控制反应温度。

③ 对谷物及饲料等样品的测定表明用这种方法测定的结果与凯氏定氮法基本一致。

（四）紫外分光光度法

1. 原　理

蛋白质及其降解产物的芳香环残基，在紫外区内对某一波长的光具有一定的选择性吸收。在 280 nm 波长下，光的吸收程度与蛋白质的浓度（3～8 mg/mL）成线性关系。因此，通过测定蛋白质溶液的吸光度，并参照事先用凯氏定氮法分析的标准样品，可从标准曲线上查出蛋白质的含量。

2. 操作步骤概要

（1）标准曲线的绘制。

准确称取样品 2.00 g，置于 50 mL 烧杯中，加入 0.1 mol/L 柠檬酸水溶液 30 mL，搅拌 30 min 使其充分溶解，用四层纱布过滤于玻璃离心管中，以 3 000～5 000 r/min 的速度离心 10 min，倾倒出上层清夜。分别吸取 0.5 mL、1.0 mL、1.5 mL、2.0 mL、2.5 mL、3.0 mL 于 6 个 10 mL 容量瓶中，每个容量瓶中都各加入 8 mol/L 脲的氢氧化钠溶液定容至刻度，充分振摇 2 min（如果混浊再次离心至透明为止）。吸取澄清透明的溶液于比色皿中，在紫外分光光度计 280 nm 波长处以 8 mol/L 脲的氢氧化钠溶液作为参比液，测定各溶液的吸光度值。

以事先用凯氏定氮法测定的样品中蛋白质的含量为横坐标，上面所测的吸光度值为纵坐标，绘制标准曲线。

（2）样品测定。

准确称取样品 1.00 g ⟶ 于 50 mL 烧杯中 ⟶ 加入 0.1 mol/L 柠檬酸溶液 30 mL ⟶ 搅拌 10 min ⟶ 用四层纱布过滤到离心管中 ⟶ 用 8 mol/L 脲的 NaOH 溶液定容，摇匀后于 280 nm 波长下测吸光度，从标准曲线上查出蛋白质的含量。

（3）计算。

$$蛋白质 = C/W \times 100$$

式中，C——从标准曲线上查得蛋白质的量，mg；

W——测定的样品溶液相当于样品的量，mg。

3. 注意事项

① 此法适用于糕点、牛乳和可溶性蛋白质样品的测定。测定糕点样品时，应把表皮的颜色去掉。

② 温度对蛋白质的水解有影响，操作温度应该控制在 20 ℃～30 ℃。

三、氨基酸的测定

氨基酸是蛋白质的基本结构单元。食品中除了少量的游离氨基酸外，绝大多数氨基酸是以蛋白质的形式存在着。在食品蛋白质的水解物中，通常含有 20 种氨基酸。不同的氨基酸都至少有一个羧基（—COOH）和 α -氨基（—NH$_2$）。不同的氨基酸在羧基 α 位连有不同的侧链，按照侧链的酸碱性可以分为酸性氨基酸、中性氨基酸和碱性氨基酸，它们决定着氨基酸的一些理化性质并且影响着蛋白质的理化性质。

氨基酸可以按照其共性（含—NH$_2$ 和—COOH）进行总量的测定，也可以按照所含不同侧链的特性进行分别测定或分离分析。氨基酸的分离分析方法，主要有高效液相色谱法、离子交换色谱法、气相色谱法和薄层色谱法。采用柱前衍生的反相高效液相色谱法灵敏度高、分析速度快、操作简便。分析氨基酸的含量就可以知道水解的程度，也就可以评价食品的营养价值。

氨基酸不是单纯的一种物质，用氨基酸分析仪可以直接测定出 17 种氨基酸（仪器价格昂贵，不能普遍使用），对于食品来说有时有很多种氨基酸可以同时存在于一种食品中，所以需要测定总的氨基酸量，它们不能以氨基酸百分率来表示，只能以氨基酸中所含的氮（氨基酸态氮）的百分率来表示。当然，如果食品中只含有一种氨基酸，如味精中的谷氨酸，就可以从含氮量计算出氨基酸的含量。

（一）茚三酮比色法

1. 原　理

氨基酸在一定 pH 范围内，能与茚三酮生成蓝紫色化合物（除脯氨酸外均有此反应），可以用吸光光度法来进行定量测定。反应方程式如下：

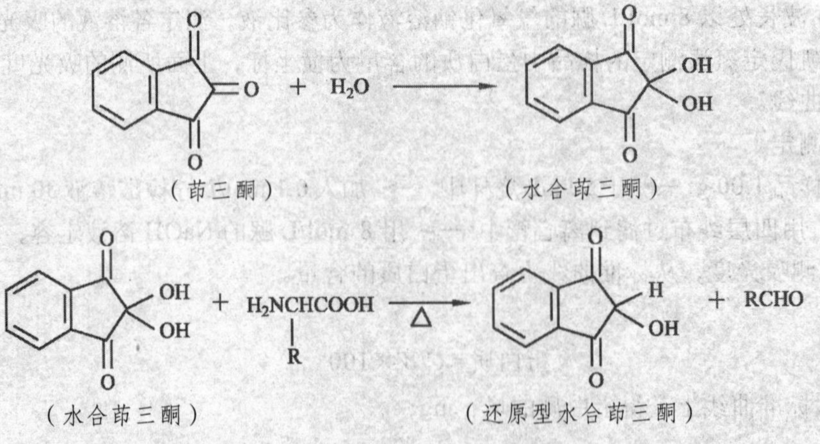

（茚三酮）　　　　　　　　　（水合茚三酮）

（水合茚三酮）　　　　　　　（还原型水合茚三酮）

$$+ NH_3 + \longrightarrow \qquad\qquad + H_2O$$

（还原型水合茚三酮） （水合茚三酮） （蓝紫色化合物）

2. 操作步骤概要

（1）2%茚三酮溶液的配制。

称取茚三酮 1 g ⟶ 溶于 35 mL 热水的烧杯中 ⟶ 加入 40 mg 氯化亚锡（SnCl$_2$·H$_2$O），搅拌过滤（作防腐剂） ⟶ 滤液放置于冷暗处过夜 ⟶ 加水定容至 50 mL，摇匀备用。

（2）氨基酸标准溶液的配制。

准确称取干燥的氨基酸（如异亮氨酸）0.200 0 g ⟶ 溶解定容至 100 mL 容量瓶中 ⟶ 摇匀 ⟶ 准确吸取 10.0 mL 于另外 100 mL 容量瓶中，加水定容至 100 mL，即得 200 µg/mL 氨基酸标准溶液。

（3）标准曲线的绘制。

准确吸取氨基酸标准溶液 0 mL、0.5 mL、1.0 mL、1.5 mL、2.0 mL、2.5 mL、3.0 mL 于 7 个 25 mL 容量瓶中，加水补充至容积为 4.0 mL，然后加茚三酮和磷酸缓冲溶液各 1 mL，混合均匀，于水浴中加热 15 min，冷却后定容至 25 mL。静置 15 min 后，在 570 nm 波长下，以试剂空白为参比液，测定其余各溶液的吸光度值。以氨基酸的微克数为横坐标，吸光度值为纵坐标，绘制标准曲线。

（4）样品测定。

称取样品 5.00～10.0 g（液体样品量取 5～10 mL）于烧杯中 ⟶ 加入 50 mL 水和活性碳约 5 g ⟶ 加热过滤 ⟶ 用 30～40 mL 热水洗涤活性炭 ⟶ 吸取澄清样品溶液 1～4 mL ⟶ 加入茚三酮和磷酸缓冲溶液各 1 mL ⟶ 水浴中加热 15 min ⟶ 冷却后定容 ⟶ 静置 15 min 后于 570 nm 下测定吸光度值，按下式计算氨基酸的含量。

$$氨基酸含量（µg/100 g）= C/(W\times1\,000)\times100$$

式中，C——从标准曲线上查得氨基酸的量，µg；

W——测定的样品溶液相当于样品的量，g。

3. 注意事项

茚三酮受到阳光、空气、温度、湿度等因素的影响而易被氧化呈淡红或深红色，使用前必须要进行纯化，方法如下所示。

称取 10 g 茚三酮溶解于 40 mL 热水中，加入 1 g 活性炭，摇匀 1 min，静置 30 min，过滤。将滤液放入冰箱中过夜，即出现蓝色结晶，过滤，用 2 mL 冷水洗涤结晶，置于干燥器中进行干燥，装瓶备用。

（二）双指示剂甲醛滴定法

1. 原　理

氨基酸具有酸性的—COOH 和碱性的—NH$_2$，由于—COOH 和—NH$_2$ 的相互作用，使氨基酸成为中性的内盐。当加入甲醛溶液时，—NH$_2$ 与甲醛结合，其碱性消失，破坏了内盐的存在，这样就可以用强碱标准溶液来滴定—COOH，并用间接的方法来测定氨基酸的含量。

2. 操作步骤概要

称取含氨基酸约 20 mg 的样品溶液两份 ⟶ 分别置于 250 mL 锥形瓶中，各加入 50 mL 水 ⟶ 一份加 2 滴中性红指示剂 ⟶ 用 0.1 mol/L 氢氧化钠标准溶液滴定（由红色变为琥珀色为终点）⟶ 另一份加 3 滴百里酚酞乙醇溶液及加入 20 mL 中性甲醛 → 摇匀 → 静置 1 min ⟶ 用 0.1 mol/L 氢氧化钠标准溶液滴定至淡蓝色为终点。分别记录两次滴定所消耗的碱液毫升数，计算氨基酸态氮的含量。

3. 注意事项

① 此法适用于测定食品中的游离氨基酸。

② 如果样品的颜色较深，可以加适量活性炭脱色之后再进行测定。

③ 与本方法类似的还有单指示剂甲醛滴定法，此法用碱完全中和—COOH 时的 pH 为 8.5～9.5，但分析结果稍微偏低，即双指示剂法的结果更为准确。

第七节　维生素的测定

一、概　述

维生素是生物体新陈代谢过程中必不可少的微量物质，大多数维生素是人体酶系统中辅酶或辅基的组成成分，在蛋白质、脂肪、碳水化合物和有机体的能量代谢中有着重要的作用。除了少数几种维生素可以在人体内合成外，大多数维生素都需要从食物中摄取。人体缺乏维生素，将会影响机体的正常发育，出现多种病症，而过多摄取维生素也会出现中毒症状。因此，从营养学上看，必须合理控制维生素的供给量，以满足人体的正常需要。维生素作为强化食品添加剂已经在食品工业的某些产品中开始使用，测定食品中的维生素含量，不仅可以评价食品的营养价值，同时还起到监督维生素强化食品的剂量，以防摄入过多的维生素而引起中毒，所以说测定食品中的维生素在营养分析方面具有重要的意义。

维生素是一类化学结构不同的低分子有机化合物。到目前为止，已经从食品中发现的维生素有 60 多种，最重要的仅有 10 余种。根据维生素的溶解特性，可以分为脂溶性维生素和水溶性维生素两大类，维生素 A、维生素 D、维生素 E、维生素 K 等能溶解在脂肪中，它们都属于脂溶性维生素；维生素 B_1、维生素 B_2、维生素 B_3、维生素 B_5、维生素 B_6、维生素 B_{11}、维生素 B_{12}、维生素 C 等能溶解在水中，它们都属于水溶性维生素。除了维生素外，食品中还有一些维生素的前体物，即维生素原，在生物体内可以转化成相应的维生素。

二、水溶性维生素 B 的测定

（一）维生素 B_1 的测定

维生素 B_1 又叫硫胺素、抗神经炎素，通常以游离态或以焦磷酸酯的形式存在于自然界。维生素 B_1 对人体的生理功能主要是防脚气病、神经炎，帮助消化，促进发育。在酵母、米糠、麦胚、花生、黄豆以及绿色蔬菜和牛乳、蛋黄中其含量比较丰富，动物组织中不如植物中含量丰富。维生素 B_1 为白色结晶，微溶于 C_2H_5OH，不溶于乙醚或 $CHCl_3$，易溶于水。在中性、碱性条件下不稳定，易分解，而在酸性条件下稳定，即使加热在酸性介质中也是稳定的。

维生素 B_1 的测定主要用荧光法来测定，即硫色素荧光法。

1. 原 理

硫胺素在碱性铁氰化钾溶液中，被氧化成硫色素，在紫外光照射下产生蓝色荧光。如果不存在其他荧光物质的干扰，荧光强度与硫色素的含量成正比。

2. 操作步骤概要

（1）样品提取。

准确称取已打成匀浆或粉碎好的 100 g 样品置于干燥的锥形瓶中，加入 0.1 mol/L 盐酸 50 mL，瓶口用倒置的小烧杯盖好后放入高压锅中煮沸 30 min。冷却后滴加含有 10%糖化酶的 2.5 mol/L 醋酸钠溶液 10 mL，摇匀，用 0.04%溴甲酚绿检验，呈草绿色时为止，pH 为 4.5。按照每克样品中加入 20 g 淀粉酶的比例加入淀粉酶，于 45 ℃～50 ℃ 恒温箱中保温 16 h。冷却至室温，定容至 100 mL。混匀，过滤，即得到样品提取液。

（2）纯化。

采用柱层析提纯，吸附剂采用的是人造浮石。人造浮石用 25%氯化钾溶液分数次洗涤，主要是把维生素 B_1 吸附上去，吸附上去后，再用热水淋洗，最后用 25%酸性氯化钾（滴加适量醋酸）把维生素 B_1 洗脱下来，这样就得到样品净化液。

（3）氧化。

在避光条件下，取两份 5 mL 样品净化液，一份加入 3 mL 15%氢氧化钠溶液，振摇 15 秒后再加入 10 mL 丁醇；另一份加入 3 mL 碱性铁氰化钾溶液，振摇 15 秒后也再加入 10 mL 丁醇。同时用力振摇 15 min，静置分层后弃去下层碱性溶液，加入 2～3 g 无水硫酸钠脱水。

（4）测定。

在激发波长 365 nm 和发射波长 435 nm 处，激发狭缝、发射狭缝各 5 nm 条件下，用荧光分光光度计依次测定样品的荧光强度值，计算样品中维生素 B_1 的含量。

（二）维生素 B_2 的测定

维生素 B_2 即核黄素。在食品中以游离形式或以磷酸酯等结合形式存在。膳食中的主要来源是各种动物性食品，其中以肝、肾、心、蛋、奶含量最多，其次是植物性食品中的豆类和新鲜绿叶蔬菜。维生素 B_2 呈黄绿色，对热稳定，不受空气中氧的影响，在酸性介质中稳定，中性条件下稳定性降低，在碱性介质中不稳定，对光非常敏感（尤其是紫外光），维生素 B_2 的光降解是影响其稳定性的重要因素。维生素 B_2 对人体的生理功能主要是促进生长，预防口角炎、溢脂性皮肤炎，防止怕光现象。

测定维生素 B_2 常用的方法有荧光法和高效液相色谱法。根据核黄素在中性或酸性溶液中经光的照射自身可以产生黄绿色荧光，而在碱性溶液中经光的照射可以发生光分解产生强荧光物质——光黄素的性质，荧光法又分为测定自身荧光的核黄素荧光法和测定光分解产物荧光的光黄素荧光法。核黄素荧光法分析精度不高，适合于测定比较纯的样品。光黄素荧光法灵敏度、精密度都较高，并且只要提取完全，可以省去将结合型维生素 B_2 转变为游离型的操作。高效液相色谱法测定维生素 B$_2$ 具有简便、快速，可以同时进行多种水溶性维生素的测定等优点，是近几年发展较快的分析方法。这里只介绍核黄素荧光法。

1. 原　理

样品经酸解、酶解处理后使核黄素游离出来，用高锰酸钾和过氧化氢溶液氧化其他色素及杂质，再经硅镁吸附剂进行柱层析，吸附提纯核黄素。在 440 nm 激发波长、525 nm 发射波长下测定提纯液的荧光强度。之后，在试液中加入低亚硫酸钠（Na$_2$S$_2$O$_4$），将核黄素还原为无荧光物质，再测定残余杂质的荧光强度，荧光值之差与核黄素的含量成正比。

2. 操作步骤概要

（1）样品提取。

① 水解。

称取 2～10 g 样品于 100 mL 三角瓶中，加入 0.1 mol/L 盐酸 50 mL，瓶口用倒置的小烧杯盖好后放入高压锅中煮沸 30 min。冷却后滴加 1 mol/L 氢氧化钠，用外指示剂法调节 pH 为 4.5。

② 酶解。

对于含有淀粉的水解液如谷物样品，加入 10%淀粉酶溶液 3 mL；对于含高蛋白的水解液，加入 10%木瓜蛋白酶溶液 3 mL，分别于 37 ℃～40 ℃ 保温 16 h。冷却至室温，定容至 100 mL，混匀，过滤。

（2）氧化去杂质。

① 核黄素标准溶液的配制。

准确称取 50 mg 经真空干燥或用硫酸干燥 24 h 的核黄素标准样品，加入 2.4 mL 冰醋酸和 1.5 L 水，在温水浴中溶解，冷却后移入 2L 棕色容量瓶内定容。加少许甲苯盖于溶液表面，在冰箱中保存。此溶液每毫升相当于 25 μg 核黄素。取出 2.00 mL，置于 50 mL 棕色容量瓶内，用水稀释至刻度。避光储于 4 ℃ 冰箱中，可以保存一周。此溶液浓度为 1.00 μg/mL。

② 氧化除去样品中的杂质。

根据样品中核黄素的含量，量取一定体积的样品提取液及核黄素标准溶液，分别置于 20 mL 的刻度试管中，加水至 15 mL。在各试管中加入 0.5 mL 冰醋酸，混匀。加入 3%高锰酸钾溶液 0.5 mL（如滤液中含杂质多，可适当增加数量），混匀，放置 2 min，以氧化滤液中的杂质。再滴加 3%过氧化氢溶液数滴（除去多余的高锰酸钾），直至高锰酸钾的紫红色褪去。剧烈振摇试管，逸出多余的氧气（如果高锰酸钾过量，出现二氧化锰颗粒沉淀，应该离心除去）。

（3）核黄素的吸附和洗脱。

称取硅镁吸附剂 1 g 用湿法装入吸附柱内（占柱长 5 cm 左右），再将已经氧化的样品溶液全部通过吸附柱，用约 20 mL 热水洗去杂质。先用 5.00 mL 洗脱液洗脱核黄素并收集于一带盖 10 mL 刻度的试管中，再用水洗吸附柱，收集洗液并且定容至 10 mL。核黄素标准溶液同样按以上方法进行纯化处理。

（4）荧光测定。

在激发波长 440 nm、发射波长 525 nm 下测量样品管及标准管的荧光值。然后在各管的剩余液（约 5～7 mL）中加入 20%低亚硫酸钠溶液 0.1 mL，立即混匀，在 20 s 内测出各管的荧光值，作为样品空白值和标准空白值。计算样品中维生素 B_2 的含量。

三、水溶性维生素 C 的测定

维生素 C 是一种己糖醛基酸，有抗坏血病的作用，可以促进外伤愈合，使机体增强抵抗力，所以被人们称作抗坏血酸。维生素 C 广泛存在于植物组织中，新鲜的水果、蔬菜里，特别是枣、辣椒、苦瓜、柿子叶、猕猴桃、柑橘等食品中含量尤其丰富。它是一种氧化还原酶，本身易被氧化，但在某些条件下又是一种抗氧化剂。

维生素 C 主要为还原型及脱氢型两种，固体纯品为白色针状或片状结晶，熔点 190 ℃～192 ℃，易溶于水和乙醇中，不溶于油剂。在 pH 为 5.5 以下的酸性介质中较稳定，在中性和碱性溶液中容易被氧化，热、光照、金属离子（特别是 Fe^{3+}、Cu^{2+} 等）可以促进其氧化分解。维生素 C 开始氧化为具有生理活性的脱氢型抗坏血酸，如果进一步水解则生成 2,3-二酮古乐糖酸而失去生理活性。维生素 C 分子具有活泼的烯醇式结构，其中 C_2 和 C_3 相邻的烯醇式羟基极易解离而释放出氢，故具有很强的还原性。维生素 C 释放出两个氢原子后，即变成氧化型维生素 C，维生素 C 的氧化与还原反应是可逆的，并且氧化型和还原型具有同样的生理功能。

维生素 C 的测定方法主要有 2,6-二氯靛酚滴定法、2,4-二硝基苯肼比色法、比浊度法、极谱法、荧光法和高效液相色谱法等，比浊度法是基于抗坏血酸与亚硒酸定量进行氧化还原反应，生成的硒悬浮于溶液中，采用分光光度计测定溶液的浊度而进行定量分析。极谱法是利用抗坏血酸的还原性，用溴水将其氧化生成脱氢抗坏血酸，再与邻苯二胺缩合，采用极谱法测定第一个还原波的波高进行定量分析。高效液相色谱法测定食品中的维生素 C，采用超滤方法除去蛋白质、淀粉等杂质，用离子对反相色谱法进行分离分析。这里主要介绍 2,6-二氯靛酚滴定法和 2,4-二硝基苯肼比色法。

（一）2,6-二氯靛酚滴定法

1. 原　理

还原型抗坏血酸可以还原染料 2,6-二氯靛酚。该染料在酸性溶液中呈粉红色（在中性或碱性溶液中呈蓝色），被还原后颜色消失。还原型抗坏血酸还原 2,6-二氯靛酚后，本身被氧化成脱氢抗坏血酸。在没有杂质干扰时，一定量的样品提取液还原标准染料液的量与样品中所含维生素 C 的量成正比。

2. 操作步骤概要

（1）样品提取。

称取 50～100 g 样品，加入 2%草酸 100 mL，倒入捣碎机中捣成匀浆。称取适量匀浆于 100 mL 容量瓶中，用 1%草酸溶液定容，摇匀备用。

（2）标准溶液的配制。

① 维生素 C 标准溶液的配制。

准确称取 20 mg 维生素 C 溶于 1%草酸中，并稀释至 100 mL，吸取 5 mL 于 50 mL 容量瓶中，加入 1%草酸至刻度，此溶液每毫升含有 0.02 mg 维生素 C。

② 2,6-二氯靛酚染料标准溶液的配制。

称取 2,6-二氯靛酚 50 mg，溶于 200 mL 含有 52 mg 碳酸氢钠的热水中，冷却后，稀释至 250 mL，过滤于棕色瓶中，储存于冰箱内，应用过程中每星期标定一次。

标定步骤：准确吸取 5 mL 已知浓度维生素 C 标准溶液 → 加入 5 mL 1%草酸 → 用染料 2,6-二氯靛酚滴定至溶液呈粉红色，在 15 s 内不褪色为终点。

（3）测定。

过滤提取液，弃去初始滤液 15 mL。如果滤液有颜色，可以加白陶土脱色。迅速吸取一定量的滤液于三角瓶中，用 2,6-二氯靛酚染料标准溶液滴定至样品溶液呈粉红色，15 s 内不褪色为终点，同时作空白试验。提取液中其他杂质也可能还原 2,6-二氯靛酚染料，但反应速度慢，滴定时要不断摇动三角瓶，终点以 15 s 内粉红色不褪去为准。

3. 注意事项

① 所取试样应该浸泡在 2%草酸溶液中，以免发生氧化，造成维生素 C 的损失。测定时整个操作过程中要迅速，防止还原型抗坏血酸被氧化。

② 对于动物性食品试样可以用 10%三氯醋酸代替 2%草酸溶液来提取维生素 C。

③ 对于储存过久的罐头食品，可能含有大量的低铁离子（Fe^{2+}），要用 8%醋酸代替 2%草酸来提取维生素 C。这时如用草酸，低铁离子可以还原 2,6-二氯靛酚，会使测定数值变大，而使用醋酸就可以避免这种情况的发生。

④ 在处理各种试样时，如遇有泡沫产生，可以加入数滴辛醇来消除。

⑤ 所有试剂的配制最好都用重蒸馏水。

（二）2,4-二硝基苯肼比色法

1. 原　理

维生素 C 经草酸溶液提取后，用酸处理过的活性炭将还原型维生素 C 氧化为脱氢型维生素 C，进一步氧化为二酮古乐糖酸，与 2,4-二硝基苯肼偶联生成红色的脎，脎的量与总抗坏血酸的含量成正比，将红色脎溶于硫酸后进行比色，由标准曲线法计算样品中总维生素 C。

2,4-二硝基苯肼比色法测定维生素 C 包括还原型、脱氢型和二酮古乐糖酸型，测定结果是样品中维生素 C 的总量。

2. 操作步骤概要

（1）提取。

称取 50～100 g 样品 → 加入等量 2%草酸溶液 → 于高速捣碎机中捣碎 → 称取匀浆 20 g 于容量瓶中 → 用 1%草酸溶液定容至 100 mL → 过滤 → 吸取滤液 10 mL → 加入 1%草酸溶液 10 mL → 加入一些经酸处理过的活性炭 → 振摇 1 min → 静置过滤。

（2）测定。

各取滤液 2 mL 于样品管和样品空白管中 → 各加入 1 滴 10%硫脲溶液 → 于样品管中加入 2% 2,4-二硝基苯肼溶液 0.5 mL → 样品管和样品空白管分别加盖密封好 → 于 37 ℃保温 3 h → 取出后样品管放入冰水中 → 样品空白管取出后冷却至室温 → 在样品空白管加入 2% 的 2,4-二硝基苯肼溶液 0.5 mL → 室温放置 10～15 min → 样品管和空白管都置于冰水浴中 → 分别滴加 90%硫酸 5 mL 于各管中 → 边滴边摇 → 滴加时间至少 1 min

（防止温度升高经炭化后呈黑色）——→冰浴中放置 30 min 后取出 ——→室温下放置 30 min 后，用分光光度计测定 540 nm 波长处的吸光度值。

取 5 个 50 mL 容量瓶，加入维生素 C 标准溶液 10 mL、20 mL、30 mL、40 mL、50 mL，各加入 1 滴 10%硫脲溶液和 2% 2, 4-二硝基苯肼溶液 0.5 mL，按照样品的测定步骤进行显色反应，测定 540 nm 波长处的吸光度值，同时作空白试验。以吸光度值为纵坐标，抗坏血酸浓度为横坐标绘制标准曲线。

从标准曲线上查出样品提取液的维生素 C 质量，计算样品中维生素 C 的含量。

四、脂溶性维生素 A 的测定

（一）概　述

维生素 A 是由 β-紫罗酮环与不饱和一元醇所组成的一类化合物及其衍生物的总称，也称为类视黄醇素，包括维生素 A_1 和维生素 A_2。存在于一般动物体内的维生素 A_1 包括视黄醇、视黄醛、视黄酸及它们的异构体；维生素 A_2 包括存在于淡水鱼体内的 3-脱氢视黄醇和 3-脱氢视黄醛、存在于鲸鱼体内的二聚鲸肝醇及它们的异构体。在所有维生素 A 中，全反式视黄醇的生物活性最高，它普遍存在于动物性脂肪中，主要来源于肝脏、鱼肝油、蛋类、乳类等动物性食品中。植物性食品中不含维生素 A，但在深色水果蔬菜中含有胡萝卜素。胡萝卜素在人体内可以转变为维生素 A，故称为维生素 A 原。维生素 A 原包括植物性食品中的 α-胡萝卜素、β-胡萝卜素、γ-胡萝卜素和玉米黄素等。在类胡萝卜素中，β-胡萝卜素的生物活性最高，6 μg β-胡萝卜素相当于 1 μg 视黄醇。在表示膳食中维生素 A 的供给量时，往往用视黄醇当量来表示。维生素 A 是人体必需的营养素，能促进人体发育，防止眼膜炎、夜盲症等疾病。

维生素 A 和类胡萝卜素（维生素 A 原）对热和酸、碱都比较稳定，但容易被空气中的氧所氧化，特别是在高温条件下，紫外线可以促进其氧化。脂肪酸败时，所含的维生素 A 和类胡萝卜素都将受到严重破坏。当食物中含有磷脂、维生素 E、维生素 C 或其他抗氧化剂时，维生素 A 和类胡萝卜素较为稳定。

基于维生素 A 及维生素 A 原的多烯结构特点，可以利用在紫外或可见光区的最大吸收进行定性和定量分析。维生素 A 常用的测定方法有三氯化锑比色法、紫外分光光度法、荧光分析法和液相色谱法。三氯化锑比色法适用于样品中含维生素 A 高的样品，方法简便、快速、结果准确，但是对维生素 A 含量低的样品，如每克样品中含 5~10 μg 维生素 A 时，这时样品由于受到其他脂溶性物质的干扰，需要经提取、净化处理后再采用三氯化锑显色后测定。对于紫外分光光度法不必加入显色剂显色，可以直接测定维生素 A 的含量，对样品中含维生素 A 低的也可以测出可信结果，具有操作简便、快速的优点。

（二）三氯化锑比色法测定维生素 A

1. 原　理

在氯仿溶液中，维生素 A 与三氯化锑作用生成蓝色配合物，在 620 nm 波长处有最大吸收峰，以 620 nm 作为比色波长测定吸光度值，由标准曲线计算样品中维生素 A 的含量。

2. 操作步骤概要

（1）样品处理。

用皂化法或研磨法处理样品。一般维生素 A 含量大于 5 μg 的样品测定用研磨法（如猪肝）：准确称取 2～5 g 试样，放入盛有 3～5 倍试样质量的无水硫酸钠的研钵中，研磨至试样中的水分完全被吸收，并均质化。将全部均质化试样移入具塞锥形瓶内，准确加入 50～100 mL 乙醚，压紧塞子，用力振摇 2 min，使试样中的维生素 A 溶解在乙醚中。自行澄清 1～2 h 或离心澄清。量取澄清乙醚提取液 2～5 mL，放入比色管中，在 70 ℃～80 ℃ 水浴中抽气蒸干。立即加入 1 mL 三氯甲烷溶解残渣。

（2）样品测定。

准确吸取 1 mL 处理后的样品溶液放入比色管中，加入 1 mL 三氯甲烷和 1 滴醋酸酐。在 620 nm 波长处，以 10 mL 三氯甲烷调节零点后，迅速加入 9 mL 250 g/L 三氯化锑-三氯甲烷于样品比色管中，6 秒内测定吸光度值。

取 6 个 10 mL 容量瓶，准确吸取维生素 A 标准溶液 0 mL、0.1 mL、0.2 mL、0.3 mL、0.4 mL、0.5 mL，用三氯甲烷定容，得到标准系列使用液。与三氯化锑发生显色反应，测定 620 nm 波长处的吸光度值，同时作空白试验。以吸光度值为纵坐标，维生素 A 含量为横坐标绘制标准曲线。

从标准曲线上查得样品溶液的维生素 A 含量，计算样品中维生素 A 的含量。

3. 注意事项

① 所用三氯甲烷中不能含有水分，因为三氯化锑遇水会出现沉淀而干扰比色测定。所以在每毫升氯仿中应该加入乙酸酐 1 滴，以保证脱水。

$$SbCl_3 + H_2O \Longrightarrow SbOCl \downarrow + 2HCl$$

② 由于三氯化锑与维生素 A 所产生的蓝色物质很不稳定，很快褪色（6 秒以后）或者变成其他物质，所以在分析时最好在暗室中进行，要求反应在比色杯中进行，产生蓝色后立即读取吸光度值。

③ 维生素 A 见光易分解，整个实验应该在暗处进行，防止阳光照射，或者采用棕色玻璃避光。

④ 三氯化锑腐蚀性强，不能沾在手上。三氯化锑遇水生成白色沉淀，因此用过的仪器要先用稀盐酸浸泡后再及时清洗。

（三）紫外分光光度法测定维生素 A

1. 原理

维生素 A 为脂溶性的，测定维生素 A 时必须先将样品中的脂肪抽提出来进行皂化，萃取不皂化部分，再经柱层析除去杂质等干扰物质，维生素 A 的异丙醇溶液在紫外 325 nm 波长下有最大吸收峰，其吸光度与维生素 A 的含量成正比。

2. 操作步骤概要

（1）样品提取及皂化。

称样 10.00 g ⟶ 于烧杯中 ⟶ 加入 40 mL 水搅匀 ⟶ 转移至 250 mL 分液漏斗中 ⟶

加入氨水 5 mL ⟶ 加入乙醇 35 mL ⟶ 摇匀 ⟶ 用乙醚抽提（每次 40 mL 抽提三次）⟶

收集乙醚层 ➝ 用 10 mL 水洗涤乙醚层三次 ➝ 水层再用 30 mL 乙醚抽提一次 ➝ 合并所用乙醚 ➝ 用索氏法除去乙醚 ➝ 待瓶中乙醚除尽后加入 80% KOH 溶液 30 mL ➝ 加入 40 mL C_2H_5OH ➝ 加入 0.8 g 焦性没食子酸 ➝ 83 ℃ 水浴中加热 30 min（皂化脂肪）➝ 冷却后转移至 250 mL 分液漏斗中 ➝ 加入 60 mL 水 ➝ 用 40 mL 乙醚抽提三次 ➝ 合并乙醚抽提液 ➝ 用水洗至中性 ➝ 用索氏法除去乙醚 ➝ 除去后用 5 mL 石油醚溶解瓶中的内容物 ➝ 移入至刻度试管中。

（2）层析。

在层析柱内装 8 cm 高度中性氧化铝 ➝ 2 cm 高度碱性氧化铝及 1 cm 高度无水硫酸钠 ➝ 以石油醚浸透 ➝ 将皂化后的样品溶液慢慢流于柱内 ➝ 用 1～2 mL 石油醚洗涤试管 ➝ 洗液倒入柱内，打开活塞（以每分钟为 35 滴左右的速度），当液面降到接近硫酸钠时 ➝ 加入 5 mL 石油醚 ➝ 随后用 5 mL 洗脱液逐次洗涤。

层析柱上第一个黄色层析层，一般是 β-胡萝卜素，此带在 12% 洗脱液前后洗去，收集于 10 mL 容量瓶中直到流出物不呈黄色时为止，此层可测 β-胡萝卜素用，而维生素 A 一般在 50% 洗脱液中洗出，用 2 mL 刻度吸管收集 1 mL。准确吸取 0.2 mL 于小试管中 ➝ 加入 25% 三氯化锑溶液 0.3 mL ➝ 溶液如呈蓝色则表明有维生素 A 存在 ➝ 将小试管中的 0.5 mL 溶液用石油醚定容至 10 mL。

（3）样品溶液测定

取 6 个 10 mL 棕色容量瓶，准确吸取维生素 A 标准溶液 0 mL、1.0 mL、2.0 mL、3.0 mL、4.0 mL、5.0 mL，用异丙醇定容，得到标准系列使用液。以空白液调节零点后，于紫外分光光度计上在 325 nm 波长处分别测定吸光度值，同时作空白试验，绘制标准曲线。

取适量处理后的样品溶液放入比色管中，用异丙醇定容，在 325 nm 波长处测定其吸光度。从标准曲线上查得样品溶液的维生素 A 含量，计算样品中维生素 A 的含量。

五、脂溶性维生素 D 的测定

（一）概　述

维生素 D 是指含有抗佝偻病活性的一类物质，俗名称为骨化醇，主要包括维生素 D_2 和维生素 D_3 两种。维生素 D_2 天然并不存在，维生素 D_3 广泛存在于动物性食品中，尤其在鱼肝油中含量非常丰富，蛋黄、鱼、黄油、牛乳和干酪中也含有少量的维生素 D_3。但它们都可以由维生素 D 原（麦角固醇和 7-脱氢胆固醇）经紫外线照射形成，一般成人不会缺维生素 D，而婴儿容易缺乏。一般情况下直接从食物中获得维生素 D 是不容易的，采用日光浴的方式是机体合成维生素 D_3 的一个重要途径。维生素 D 能够调节体内矿物盐的平衡，特别是与人体内钙、磷的代谢有关，并能防止软骨病。

维生素 D 常用的测定方法有三氯化锑比色法、紫外分光光度法、气相色谱法、液相色谱法及薄层层析法。其中三氯化锑比色法灵敏度较高，但操作十分复杂、费时。气相色谱法虽然操作简单，精密度也高，但灵敏度低，不适用于含微量维生素 D 的样品。液相色谱法的灵敏度比三氯化锑比色法高 20 倍以上，并且操作简便，精度高，分析快速。

（二）高效液相色谱法测定维生素 D

1. 原　理

样品经皂化后,用有机溶剂苯萃取不皂化物,蒸馏苯以后,使用第一阶段的分取型 HPLC,分取维生素 D 组分,以除去大部分的干扰物质。得到的维生素 D 组分,用于第二阶段的分取型 HPLC,得样品色谱图,与按照同样操作条件下得到的维生素 D 标准品的色谱图比较进行定量。

2. 操作步骤概要

（1）样品的皂化及不皂化物的提取。

称取粉碎的样品 1～10 g,置于皂化瓶中,加入 10%焦性没食子酸-乙醇溶液 40 mL 及 90%的 KOH 溶液 10 mL,装上回流装置,沸水浴皂化 30 min,再用流动冷水冷却至室温,准确加入 100 mL 苯,塞上瓶塞,激烈振摇 15 秒钟,然后转移入 200～250 mL 分液漏斗中（如有沉淀物就留在烧瓶中,此时不必用苯洗涤皂化瓶）。加入 1 mol/L KOH 溶液 50 mL,振摇后静置,弃去水层。再加入 0.5 mol/L KOH 溶液 50 mL,振摇后静置,弃去水层。最后每次用 50 mL 水洗涤苯层数次,直至用酚酞检验时洗液不呈碱性为止。

（2）维生素 D 的分取。

准确量取上述苯溶液 80 mL 于圆底烧瓶内,以 40 ℃ 以下的温度减压蒸去苯,在所得残留物中准确加入 5 mL 正己烷使之溶解,取 4.5 mL 置于 10 mL 具塞试管内,减压蒸去溶剂,残留物中准确加入乙腈-甲醇（1∶1）溶液 500 μL 使之溶解。准确吸取该溶液 200 μL,注入分取用色谱柱中。事先用标准维生素 D 确定其溶出位置,用馏分收集器收集维生素 D 组分（本实验色谱条件下维生素 D 保留时间大约为 17～18 min,收集 16～19 min 溶出的组分）。

（3）维生素的定量。

减压蒸馏维生素 D 组分中的溶剂,残留物溶解在 200 μL 的 0.4%异丙酮正己烷溶液中,取其中 100 μL 注入分析用色谱柱中,得样品色谱图。准确吸取维生素 D 标准溶液 1 mL,按上述（1）～（3）操作,得到标准维生素 D 色谱图。

六、脂溶性维生素 E 的测定

（一）概　述

维生素 E 又称为生育酚（Tocopherol, TOC）,是 6-羟基苯并二氢吡喃（母育酚）衍生物的统称。目前,已知有 8 种生育酚异构体和三烯生育酚具有维生素 E 的生物活性。例如棉籽油中含有 α-生育酚,β-生育酚和 γ-生育酚,而在大豆油中还分离出 δ-生育酚。自然界中存在四种化学结构的生育酚,它们都具有相同的生理功能作用,但以 α-生育酚的生理活性最大。

维生素 E 广泛存在于动植物食品中,几乎所有的绿叶植物都含有此种维生素,其中植物油中含量较多。肉、奶、蛋及鱼肝油中也有较丰富的维生素 E。不同食品中维生素 E 含量差别很大,麦胚油、棉籽油、玉米油、花生油及芝麻油中的维生素 E 特别丰富,而橄榄油中含量却不多。

维生素 E 为黄色油状液体,不溶于水,可以溶于脂肪及脂溶性溶剂,对热及酸稳定,对碱、紫外线照射、空气中的氧等氧化剂都比较敏感，很容易被氧化破坏。食品在加工和储藏过程中会引起维生素 E 的损失，这种损失是由于机械加工或者是氧化作用而造成的。例如，植物油在经过高温油炸处理后，维生素 E 总量损失了 11%，谷物在脱胚时维生素 E 损失约 80%，油炸马铃薯片在室温下储存两周后几乎损失一半的维生素 E，储存一个月后维生素 E 损失达 70% 以上，制作罐头时肉和蔬菜中的维生素 E 损失达 41%～65%。天然存在的维生素 E 都是右旋型的，合成维生素 E 则是外消旋型。生育酚常被用于油脂中作为抗氧化剂，其抗氧化能力的大小依次为 $\delta > \gamma > \beta > \alpha$。不过，在生物体内生育酚的抗氧化能力与它在食品中的抗氧化能力相反，即是 $\alpha > \beta > \gamma > \delta$。维生素 E 能保护巯基（—SH）不被氧化，因而能保持许多酶的活性。此外，维生素 E 还具有抗不育症、延缓血小板凝集、防止肌肉萎缩、延缓机体衰老等生理功能。动物性食品加工中，肉类腌制时 α-生育酚的存在可以减少亚硝胺的生成，据认为这是通过淬灭游离基（$\cdot NO$，$\cdot NO_2$）而发挥作用的。

食品中维生素 E 的测定有比色法、荧光分光光度法、气相色谱法和高效液相色谱法。比色法操作简单，灵敏度较高，但测定干扰多，需要采取一些方法来消除干扰。荧光分光光度法特异性强，干扰少、灵敏、快速、简便。气相色谱法分离 β 型和 γ 型异构体较困难，可以衍生化后分离，而由于胆固醇等成分的干扰，需进行柱色谱分离。高效液相色谱法具有简便、分辨率高等优点，可以在短时间内完成同系物的分离定量，是食品中测定维生素 E 比较常用的分析方法。

（二）比色法测定维生素 E

1. 原　理

利用维生素 E 能将高价铁离子还原为亚铁离子，亚铁离子与 α, α'-联氮苯发生反应生成红色化合物，在 520 nm 波长处进行比色测定，标准曲线法定量。

2. 操作步骤概要

（1）提取。

样品用石油醚提取油脂，将油脂在氮气保护下进行皂化处理并且用乙醚来萃取不皂化物，经水洗涤至无碱性，用无水硫酸钠脱水干燥。乙醚萃取液在二氧化碳气流中减压蒸发至干后，立即用苯溶解残渣，备用。

（2）纯化。

用处理好的吸附剂装满分离柱，用苯润湿。将上述提取液倒入柱中，用苯淋洗至洗出液约 25 mL。若吸附柱上出现微绿蓝色带，系类胡萝卜素；若出现暗蓝色带，系维生素 A。如果没有胡萝卜素存在，可以直接用 25 mL 苯溶解残渣。

（3）样品的测定。

吸取适量维生素 E 的无水乙醇标准溶液 1～2 mL，配制成不同量的系列溶液，加入 1 mL 0.2% 三氯化铁乙醇溶液，加入 1 mL 0.5% α, α'-联氮苯乙醇溶液，用无水乙醇定容。摇匀，静置 10～15 min 后于 520 nm 波长处测定吸光度，同时做试剂空白试验，绘制标准曲线。

准确量取适量提取、纯化的样品溶液，用同样的方法进行比色测定，计算样品中维生素 E 的含量。

（三）高效液相色谱法测定维生素 E

1. 原　理

食品试样中的维生素 E 经提取后，采用硅胶柱、正己烷和异丙醚等作为流动相的正相色谱法，或者 C_{18} 柱、甲醇和水为流动相的反相色谱法进行分离分析，紫外或荧光检测器检测，外标或内标法定量。

2. 操作步骤概要

（1）提取净化。

称取适量的食品试样，用石油醚或乙醚提取油脂，对于维生素 E 营养强化的食品试样，可以用甲醇振荡来提取，提取液经蒸馏除去溶剂后备用。采用正相色谱法分析时，浓缩物用正己烷定容；采用反相色谱法分析时，浓缩物用甲醇定容。对于蔬菜、水果等叶绿素、类胡萝卜素含量高的样品，需要用氧化铝柱色谱进行净化处理。特别是采用反相色谱法时，弱极性色素很容易污染柱子，使柱效很快降低。一般的食品试样不必进行净化处理，可以直接进行分析。

（2）分析。

样品溶液通过 0.45 μm 孔径的膜过滤后，取 10 μL 进样分析，常用的 HPLC 分析维生素 E 的条件如表 4-1 所示。

表 4-1　HPLC 分析维生素 E 的条件

色 谱 柱	流 动 相	检 测 条 件	分 离 对 象
Corasil II （2 mm×1 500 mm）	正己烷＋异丙醚 （95＋5）	荧光：E×295 nm Em340 nm	α-TOC, β-TOC, γ-TOC, δ-TOC （植物油）
Corasil II （2 mm×2 000 mm）	正己烷＋四氢呋喃 （99.5＋0.5）	荧光：E×254 nm Em380 nm	α-TOC, β-TOC, γ-TOC, δ-TOC α-TOC, β-TOC, γ-TOC, δ-TOC-3
Spherisorb 5 μm	正己烷＋异丙醇 （99.75＋0.25）	紫外：280 nm	α-TOC, β-TOC, γ-TOC, δ-TOC
Spherisorb ODS C_{18}	甲醇＋水 （92.5＋7.5）	紫外：294 nm	α-TOC, γ-TOC, δ-TOC

【阅读材料】

新资源食品—— 低聚木糖在糖果中的应用前景

随着人们生活水平的不断提高，生活方式正朝着安逸休闲的方向发展，各种各样的休闲食品在大众生活中很快占据一席之地，糖果作为比较传统的休闲食品更为人们所偏好。从新的消费观念和健康理念方面来看，我国糖果业的发展正朝着功能多样化、口味多样化、包装多样化以及无糖低热量等方向发展。因此，传统的糖果已经不再满足消费者的需求，我国糖果业也不断推陈出新来迎合这种消费趋势，同时突出营养性、功能性、健康性几大特点，各种功能性的添加剂的应用也越发受到重视。在糖果中，木糖醇、低聚麦芽糖、赤藓糖醇、低聚木糖等一些无糖的功能性添加剂，可以作为一类功能性添加剂使用，以适应现代功能性健康糖果的研发及市场需求。

在众多的功能性甜味添加剂中，最新推出绿色健康的新资源食品——低聚木糖，它与老百姓的生活息息相关，自然界中存在许多富含木聚糖的植物，如玉米芯、甘蔗、棉子等，木聚糖经酶水解或酸水解、热水解后可以得到低聚木糖。在我们的餐桌上也可以直接食用到天然的低聚木糖，如竹笋、花生米、豆类等天然植物中就含有少量低聚木糖。在日本，低聚木糖被多数人认为是最有前途的功能性低聚糖之一，已经得到广泛的应用。这种新型的低聚糖具有显著的耐酸、热、储存稳定性，具有一定的甜度，能量值和升血糖值几乎为零，同时还有几个突出的生理特性，举例如下：

（1）具有高选择性增殖双歧杆菌的保健功能。

低聚木糖是所有低聚糖类中增殖双歧杆菌功能最强的一个品种，它的功效性是其他低聚糖的近 20 倍。在机体结肠部位具有高选择性增殖双歧杆菌等有益菌，抑制有害菌生长的生理特性。

低聚木糖具有很强的酸稳定性，不被胃酸分解，并且人体胃肠道内没有水解低聚木糖的酶系，因此低聚木糖不易被消化吸收，而直接进入大肠优先被肠道双歧杆菌等有益菌所利用，同时不被其他有害菌所利用。这是因为双歧杆菌能分泌 D-木糖苷酶，此酶可以降低聚木糖分解为木糖，即转化为有机酸作为其自身生长所需碳源而达到增殖的目的，所以表现出极好的双歧杆菌增殖活性。而其他低聚糖例如麦芽低聚糖、大豆低聚糖，酸稳定性较差，并且会被人体消化液分解，有效到达结肠部位后数量已经被打折。因此，达到同样增殖数量，需要摄取量高达低聚木糖（有效日摄量为 0.7~1.4 g/d）的 15~20 倍。

（2）摄入机体后，具有低能量的特性。

低聚木糖因其独特的 β-1,4 糖苷键不被人体消化酶系分解，通过各种消化液降解实验证明，肠液、唾液、胃液、胰液几乎都不能分解低聚木糖，这也是低聚木糖不产生能量的原因。除此之外，机体摄入低聚木糖后也不会影响血糖浓度，不会增加血糖中胰岛素水平，更不会形成脂肪沉积，故可以在低能量食品中发挥作用，最大限度地满足了那些喜爱甜品而又担心患糖尿病和肥胖病的人群的要求，这些患者均可放心食用。

（3）有效摄入最少，具有使用方便的特性。

1996 年以来，低聚果糖、低聚异麦芽糖一直被广泛应用到食品、保健食品行业。通过验证功能性低聚糖每日摄取的有效剂量为：低聚果糖 5.0~20.0 g、低聚半乳糖 8.0~10.0 g、乳酮糖 3.0~5.0 g、大豆低聚糖 3.0~10.0 g、异麦芽低聚糖 15.0~20.0 g、棉籽糖 5.0~10.0 g、低聚乳果糖 3.0~6.0 g、低聚木糖仅为 0.7~1.4 g。

日本厚生省健康营养学会特点保健品学术委员会[第 64 号]许可文曾提到，日本 Suntory 公司生产的低聚木糖产品的保健服用量为 0.7~1.5 g/d，就能有效提高肠道内有益菌的数量，起到显著的清肠功能。由以上数据可以看出，与肠道中产生有效功能的其他功能糖摄入量相比，低聚木糖的摄入量最少。

（4）酸、热稳定性好，具有较好的储存和使用稳定性的特点。

与其他低聚糖相比，低聚木糖的突出特点是稳定性好，即使在酸性条件（pH 为 2.5~8.0），温度是 120 ℃，保温 30 min 后，其组分的比例基本不发生变化（工厂和实验室的实验数据可以说明），保留率在 99.7%。例如山东龙力生物科技有限公司研制的"益常乐"低聚木糖营养醋产品，正是利用低聚木糖的这一特性，将其分别添加到总酸度为 1.8%、2.0%、2.5% 的食醋产品中，该产品采用温度为 80 ℃，30 min 灭菌工艺生产，产品经三年自然室温储存后进行含量测定，结果表明低聚木糖的含量稳定，平均保留率为 99.8%，证明了低聚木糖受储存条件和时间的影响甚微，具有很好的储存和使用稳定性。因此，不用担心加工和储存方式对功效成分的影响。而其他大多数低聚糖就不一样了，例如低聚果糖在酸性条件下很容易分解成葡萄糖、蔗糖和果糖，从而使促进双歧杆菌增殖的活性降低，难以应用于人们喜欢的酸奶、乳酸菌饮料和碳酸饮料等酸性饮料中。这说明新资源食品——低聚木糖在很宽的 pH 范围内（几乎覆盖了绝大多数食品体系的 pH）稳定性很好。因此，使用时并不需要担心低聚木糖在加工或储藏过程中可能导致有效成分的分解现象，使用起来十分方便，而且可以用于各种食品体系中。

新资源食品——低聚木糖以其独特的生理和理化性质，作为一种功能性无糖的甜味剂应用在各种糖果中，下面我们就低聚木糖在面包、巧克力、饼干等食品中的应用为代表，来认识低聚木糖作为功能性无糖食品添加剂的工艺流程。

（1）低聚木糖在面包中的应用工艺。

在面包的原辅料中添加 2% 的低聚木糖为最佳配方。配好原辅料后，按照面包生产工艺，第一次面团调制后，发酵到第二次面团调制，然后第二次发酵后，再经过整形、成形、焙烤、冷却得到最终成形的面包。在面包的生产过程中添加低聚木糖，能赋予面包良好的色泽，提高面包的口感和改善面包内部的结构，增大面包的体积，具有增强面包的持水性，减少面包在储存中失水收缩和延长面包货架期的作用，提高产品的质量。

（2）低聚木糖在巧克力中的应用工艺。

将可可浆、可可奶油溶化后，再加入低聚木糖和全脂奶粉混合，经精磨后再加入香精或者其他甜味剂、风味剂，过筛后经调温、浇模、振模、硬化、脱模、挑拣、包装工序变成成品。添加了低聚木糖的巧克力，以低聚木糖所具有的促进肠道健康以及维持肠道平衡等功效，能让消费者在享受巧克力美味的同时也为自己的健康带来了保障。

（3）低聚木糖在饼干中的应用工艺。

在饼干的生产过程中，在第二次调粉的时候添加低聚木糖，并且在低聚木糖加入前用少量的水溶解，使其在调粉过程中分布均匀，然后通过成型、焙烤、冷却、整理、包装得到成品饼干。在饼干的生产过程中添加低聚木糖，可以生产出优质的功能性饼干。因为低聚木糖具有独特的生理学特性，从而赋予了低聚木糖饼干新的营养与保健功能，并且能让饼干表面光滑亮丽，口感松脆，香味浓郁。

由此可见，低聚木糖以其独特的生理特性和理化性质成为功能糖果添加剂的最佳选择。就目前的市场情况来看，新资源食品——低聚木糖在口香糖、蛋糕、巧克力、饼干中都有过相关的应用，但是在其他的糖果中并没有得到广泛地应用。因此，宣传低聚木糖的功能特性，让更多的糖果企业了解低聚木糖的可发展前景是我们的当务之急。随着绿色食品、健康食品的消费观念的普及，功能性糖果会为人们所接受，为人们所偏好。低聚木糖益生元作为新资源食品，以其独特的生理和理化特性为我国糖果事业的发展贡献出一份力量，为我们的健康生活保驾护航。

思考题

1. 水分测定具有什么意义？

2. 水在食品中有哪些存在形式？

3. 水分的测定常用什么方法？它对被检验物有何要求？误差可能来自哪些方面？

4. 干燥法测定食品水分的原理是什么？如何进行测定？

5. 蒸馏法测定水分主要有哪些优点？常用试剂有哪些？使用依据是什么？

6. 什么是卡尔费休试剂？此方法是如何完成水分定量测定的？

7. 什么是水分活度？如何测定食品的水分活度值？

8. 什么是灰化？食品的灰分测定具有什么意义？

9. 什么是灰分？什么是总灰分？粗灰分与无机盐含量之间有什么区别？

10. 对难挥发的样品可以采取什么措施来加速灰化？

11. 简述瓷坩埚的性能以及使用方法。

12. 说明直接灰化法测定灰分的操作要点。

13. 样品灰分的测定中，如何确定灰化温度及灰化时间？

14. 灰分测定与水分测定中的恒量操作过程有何不同？应如何正确进行？

15. 什么是食品的酸度？食品中酸度的测定有什么意义？

16. 简述食品中有机酸的种类及其特点，对于颜色较深的一些样品，在测定其酸度时，如何排除干扰，以保证测定的准确度？

17. 什么叫有机酸度？在食品的 pH 测定中必须注意哪些问题？如何使用及维护 pH 计？

18. 如何有效分离和测定食品中的有机酸？

19. 食品中的挥发酸主要有哪些成分？如何测定挥发酸的含量？

20. 食品的总酸度、有效酸度、挥发酸度测定值之间有什么关系？

21. 什么是牛乳的总酸度？牛乳酸度有哪两种？分别解释说明。

22. 食品中脂类物质的种类有哪些？

23. 脂肪在食品中的作用有哪些？

24. 简述脂类的测定方法有哪些？要注意哪些问题？

25. 索氏提取法的测定原理是什么？使用哪些有机溶剂？使用溶剂时要注意什么问题？

26. 乳脂的测定方法有哪些？各有何特点？

27. 乳脂测定中罗紫-哥特里方法的原理是什么？要注意哪些问题？

28. 乳脂测定中巴布科克法和盖勃法的原理是什么？要注意哪些问题？

29. 碳水化合物的分类有哪些？分别有哪些典型代表物？

30. 什么是膳食纤维？膳食纤维对人体有什么营养保健作用？

31. 食品中碳水化合物的测定有什么意义？

32. 如何选择测定碳水化合物的提取剂、澄清剂？澄清剂有哪些种类？

33. 总糖的测定有哪些方法？测定原理是什么？要注意哪些问题？

34. 还原糖的测定有哪些方法？测定原理是什么？要注意哪些问题？

35. 在食品加工中，淀粉的用途有哪些？

36. 酸水解法及酶水解法测定淀粉含量的基本原理是什么？如何进行淀粉含量的测定？

37. 如何测定食品中的粗纤维？

38. 什么是果胶物质？果胶物质有哪几种存在形态？

39. 果胶物质的测定方法有哪些？

40. 简述食品中蛋白质的分类、性质及其在食品中的含量?

41. 食品中蛋白质含量的测定方法有哪些?

42. 试述蛋白质测定中,样品消化过程所必须注意的事项,消化过程中内容物颜色发生什么变化?为什么?

43. 样品在蛋白质测定时,经消化进行蒸馏前,为什么要加入氢氧化钠?这时溶液发生什么变化?为什么?如果没有变化,说明什么问题?须采用什么措施?

44. 硫酸铜及硫酸钾在蛋白质测定中起了什么作用?

45. 简述凯氏定氮法测定蛋白质的原理,如何应用凯氏定氮法测定食品中的蛋白质含量?

46. 试述氨基酸态氮的测定原理。

47. 茚三酮比色法和双指示剂甲醛滴定法测定食品中氨基酸总量的原理是什么?分别有哪些注意事项?

48. 蛋白质测定结果计算中为什么要乘上蛋白质系数?

49. 食品中维生素含量的测定有什么意义?

50. 维生素按照其溶解性分成几类?分别有哪些性质?

51. 各种维生素的主要食物来源是哪些?分别说明。

52. 为什么在烹调工艺中,应该尽量避免对含维生素的食品原料进行长期蒸煮和油炸?

53. 维生素 A 有哪些生理功能?测定食品中维生素 A 的方法有哪些?测定原理是什么?有哪些注意事项?

54. 维生素 D 有哪些生理功能?测定食品中维生素 D 的方法有哪些?测定原理是什么?

55. 维生素 E 有哪些生理功能?测定食品中维生素 E 的方法有哪些?测定原理是什么?

56. 维生素 B_1、维生素 B_2 分别有哪些生理功能?测定食品中维生素 B_1、维生素 B_2 的方法有哪些?测定原理是什么?

57. 维生素 C 有哪些生理功能?测定食品中维生素 C 的方法有哪些?测定原理是什么?滴定法测定时有哪些注意事项?

第五章 食品添加剂的测定

第一节 概 述

食品添加剂是指在食品生产、加工或储存过程中，添加进去的天然或化学合成的物质，对食品的色、香、味或质量起到一定的作用，其本身不作为食品食用，也不一定具有营养价值。它并不包括残留的农药、污染物和营养强化剂。即食品在生产、加工或保存过程中，添加到食物中期望达到某种目的的物质就是食品添加剂。

我国食品安全法是这样定义的：食品添加剂是为了改善食品品质和色、香、味以及为满足防腐、保鲜和加工工艺的需要而加入食品中的人工合成或者天然的物质。

常见食品添加剂的功能主要有以下五个方面：① 防止或减缓食品的腐败变质，延长储藏时间；② 改善食品色泽及物理状态；③ 赋予食品一定令人愉快的香气和味感；④ 适应生产工艺的要求，如产生乳化效果、增稠效果；⑤ 强化食品营养价值等。

随着化学工业和食品工业的发展，食品添加剂的研究、开发、应用体系已经形成，低毒或无毒的可食用添加剂日益广泛地得到应用，已经成为食品工业不可缺少的组成部分。

一、食品添加剂的种类

食品添加剂的种类繁多，用途各异，到目前约有 200～300 种经常使用。按照其来源可以分为天然食品添加剂和化学合成添加剂。

天然食品添加剂是利用动物与植物组织或分泌物及以微生物的代谢产物为原料，经过提取、加工所得到的物质。如辣椒红色素、番茄红色素等都是从植物中提取出来的。

化学合成食品添加剂是通过化学手段，使元素或化合物发生包括氧化、还原、缩合、聚合、成盐等合成反应所制得的物质。化学合成添加剂效果好，成本低，应用广泛。故目前使用较多的是化学合成型添加剂，但由于抗营养因素限制了它的使用量和应用范围，并且有逐步被天然添加剂取代的趋势。

食品添加剂也可以按不同的用途而分成很多种类，如以下所示：

① 防腐剂（苯甲酸、苯甲酸钠、山梨酸、山梨酸钾），在饮料、果汁等中用；

② 抗氧化剂（BHA、BHT、PG 等），在油脂、富含油脂的食品等中用；

③ 发色剂（亚硝酸盐、硝酸盐如 $NaNO_3$），腌肉时用；

④ 漂白剂（如蘑菇罐头，一般加工时易发生氧化褐变，所以用亚硫酸盐浸泡，还有生产粉条也如此，如 SO_2 等，制出的产品为白色）；

⑤ 增稠剂（如淀粉、糖浆等）；

⑥ 甜味剂（如糖精钠、糖精等，不产生能量的木糖醇等）；

⑦ 着色剂（食用染料、色素），在饮料及糖果里加入；

⑧ 调味剂（味精谷氨酸钠，各种香精单体等）。

以上的添加剂大部分都是通过化学合成反应制得，有的具有一定的毒性，有个别的在食品中起变态反应，所以对添加剂的剂量必须加以限制，以保障人们的身体健康。

对于食品添加剂的含量多少与规格、剂量都要进行分析、标定。在目前推广使用的天然食品添加剂有维生素 C、淀粉、糖浆、红曲等天然色素。按照我国的国家标准将添加剂分为22 大类，共计 2 000 多种。主要分为：防腐剂、抗氧化剂、着色剂、发色剂、漂白剂、香精香料、甜味剂、乳化剂、增稠剂、膨松剂、凝固剂、品质改良剂、营养强化剂、加工助剂及其他添加剂等。

二、食品添加剂的限量要求

食品添加剂的广泛使用满足和促进了食品工业的发展，同时其使用的安全性也引起了国际上各有关组织及各国的高度重视。FAO/WHO 等组织以及世界各国对每一种允许使用添加剂的质量标准、规格、添加范围、ADI 值、各种食品中最高允许使用量等都有严格规定，并作为法规来执行，以保证添加剂的安全使用。

食品添加剂的安全性实验是以动物毒理实验为基础的，制定出 ADI 值，即每日每千克体重允许摄入量。每人每日允许摄入总量由 ADI 乘以平均体重而得。根据人群的膳食调查，依据每日允许摄入总量和膳食中含有该物质的各种食品的每日摄取量，可以算出每种食品含该添加剂的最高允许量和最大使用量。表 5-1 列出了一些常见添加剂的 ADI 值。对于食品添加剂首先是无毒无害和有营养价值，其次才是色、香、味、形态，另外对于添加剂的使用剂量，各国都有建议用量，可以查一些手册。

表 5-1　一些常见食品添加剂的 ADI 值

添加剂名称	ADI /（mg/kg 体重）	添加剂名称	ADI /（mg/kg 体重）
苯甲酸	0～5	糖精钠	0～2.5
山梨酸	0～25	胭脂红	0～1.25
硝酸钠	0～0.5	柠檬黄	0～7.5
亚硝酸钠	0～0.2	苋菜红	0～0.75
二氧化硫	0～0.7	靛蓝	0～0.5

由于食品的组成复杂，性质差别极大，同时添加剂的存在量一般很小，所以食品中添加剂的测定往往比较困难，但是随着样品前处理技术手段及检测技术的灵敏度和精密度的提高，食品添加剂的测定会得到更大的发展。而食品添加剂的品种繁多，因此它们的测定方法也很多，测定时和其他分析项目一样，首先需要将分析物质从复杂的混合物中分离出来，然后再进行测定。测定的方法主要有经典的化学方法、色谱法（柱色谱、薄层色谱、气相色谱、液相色谱等）、染色法、荧光法、紫外光谱法和红外光谱法等。

第二节 食品中防腐剂的测定

一、概　述

防腐剂是一种能够抑制食品中微生物的生长和繁殖的化学物质。如果按照国家规定的数量使用，不仅可以防止食品生霉，而且可以防止食品变质或腐败，并能延长保存时间，同时对食用者也不会造成什么危害。因此，对防腐剂的使用必须控制一定的使用量，而且应具备以下特点：

① 凡加入食品中的防腐剂，首先是对人体无毒、无害、无副作用的；

② 长期使用添加防腐剂的食品，不得使人体组织产生任何的病变，更不能影响第二代的发育、生长；

③ 加入防腐剂之后，对食品的质量不能有任何的影响和分解；

④ 食品加入防腐剂之后，不能掩蔽劣质食品的质量或改变任何感官性状。

我国允许使用的防腐剂有苯甲酸及其钠盐、山梨酸及其钾盐、对羟基苯甲酸乙酯及丙酯等。其中前两种应用最广泛。

苯甲酸及其盐类的使用范围：酱油、醋、果汁类、果酱类、葡萄糖、罐头，最大使用剂量 1 g/kg；汽酒、汽水、低盐酱菜、面酱类、蜜饯类、山楂糕、果味露，每千克最多允许使用 0.5 g。山梨酸及其盐类在酱油、醋、果酱类中，每千克最多允许使用 1 g；对低盐酱菜类、面酱类、蜜饯类等每千克最多允许使用 0.5 g。

苯甲酸与山梨酸这两种防腐剂主要用于酸性食品的防腐。苯甲酸随食品进入人体后，大部分与甘氨酸结合形成无害的马尿酸，其余部分与葡萄糖醛酸结合生成苯甲酸葡萄糖醛酸苷从尿液中排出，不在体内积累。山梨酸进入机体后参与正常的新陈代谢，最后被氧化生成 CO_2 和 H_2O 而排出体外。因此，山梨酸是一种比苯甲酸更安全的防腐剂。

二、苯甲酸、山梨酸及其盐的测定

苯甲酸又名安息香酸，结构式是 Ph—COOH。纯品为白色有丝光的鳞片或针状结晶，熔点 122 ℃，沸点 249.2 ℃，100 ℃ 开始升华。在酸性条件下可以随水蒸气蒸馏，微溶于水，易溶于氯仿、丙酮、乙醇、乙醚等有机溶剂，化学性质较稳定。

苯甲酸盐多为钠盐，纯品为白色颗粒或结晶性粉末，无臭，为稳定化合物，易溶于水，微溶于乙醇，难溶于乙醚、氯仿、丙酮等有机溶剂，与酸作用生成苯甲酸。

山梨酸又称为花楸酸，是一种不饱和脂肪酸，化学名称是 2,4-己二烯酸，结构式是 $CH_3CH=CH—CH=CH—COOH$。纯品为白色、无臭的针状结晶，熔点 134 ℃，沸点 228 ℃。山梨酸难溶于水，易溶于乙醇、乙醚、氯仿等有机溶剂，在酸性条件下可以随水蒸气蒸馏，化学性质稳定。

山梨酸盐多为钾盐，无色或白色鳞片结晶，在空气中不稳定，能被氧化，具有吸湿性。山梨酸钾易溶于水，难溶于有机溶剂，与酸作用生成山梨酸。

测定方法主要有滴定法、紫外分光光度法、比色法、薄层色谱法、气相色谱法、液相色谱法。滴定法是一种用酸碱滴定的方法，样品中加入氯化钠饱和溶液，在酸性条件下用乙醚等有机溶剂提取，回收乙醚后用乙醇溶解，然后用碱标准溶液滴定。样品中的山梨酸和苯甲酸经分离、提取、纯化后，利用其化学结构特性，用紫外分光光度法测定其含量。比色法用于山梨酸及其盐的测定。色谱法可以进行单一防腐剂的测定，也可以进行苯甲酸、山梨酸的联合测定。气相色谱法、薄层色谱法和高压液相色谱法是国家标准方法。

（一）苯甲酸及其盐的滴定法（中和法）

1. 原　理

在弱酸性条件下，用乙醚将样品中的苯甲酸提取出来，待乙醚挥发后，用中性酒精或醇醚混合物溶解内容物，然后用酚酞作为指示剂，用 0.1 mol/L 氢氧化钠标准溶液滴定至终点，最后根据氢氧化钠消耗的体积来计算苯甲酸或苯甲酸钠的含量。

2. 操作步骤概要

（1）样品的处理。

① 固体或半固体样品（如各种果酱）。

称取 100 g 样品 ⟶ 置于 500 mL 容量瓶中 ⟶ 加入 200 mL 水 ⟶ 加入固体 NaCl 直到不溶解为止（降低苯甲酸在水中的溶解度） ⟶ 用 10% NaOH 调为碱性 ⟶ 用饱和 NaCl 溶液定容至 500 mL ⟶ 静置 2 h ⟶ 过滤 ⟶ 弃去初始滤液 20 mL ⟶ 收集滤液备用。

② 含酒精的样品（如各种汽水饮料等）。

量取 250 mL 样品 ⟶ 置于烧杯中 ⟶ 加入适量 10% NaOH 溶液呈碱性 ⟶ 水浴蒸发至 100 mL（除去 C_2H_5OH） ⟶ 移入 250 mL 容量瓶中 ⟶ 加入 30 g NaCl 溶解后 ⟶ 用饱和 NaCl 溶液定容至 250 mL ⟶ 放置 2 h ⟶ 过滤 ⟶ 收集滤液备用。

③ 含大量脂肪的样品。

于上述制备好的滤液中 ⟶ 加入 NaOH 溶液调为碱性 ⟶ 加入 50 mL 乙醚提取 ⟶ 静置分层后 ⟶ 弃去醚层 ⟶ 溶液供测定用。

（2）滴定。

量取滤液 100 mL ⟶ 置于 500 mL 分液漏斗中 ⟶ 加入 5 mL 1∶1 盐酸酸化 ⟶ 用 150 mL 乙醚分三次提取 ⟶ 每次振荡不能太激烈以防乳化 ⟶ 合并醚层 ⟶ 连接蒸馏装置 ⟶ 回收乙醚（50 ℃ 水浴） ⟶ 用 10 mL 乙醇和 10 mL 水溶解残渣 ⟶ 加 2 滴酚酞指示剂 ⟶ 用 0.1 mol/L 氢氧化钠溶液滴定至微红色（同时要求做空白试验）。

采用此方法测定苯甲酸及其盐类的最大缺点是如果样品中有其他有机酸时，乙醚萃取时易带过来，所以用此法测定的误差较大。

（二）苯甲酸及其盐的紫外分光光度法

1. 原　理

样品中苯甲酸、苯甲酸钠在酸性溶液中以水蒸气蒸馏的方式蒸馏，与不挥发性成分分离后，用重铬酸钾-硫酸溶液氧化除去挥发性杂质及山梨酸，再蒸馏分离，蒸馏液于 225 nm 波长处测定吸光度，与标准苯甲酸溶液比较进行定量测定。

样品中加入 1 mL 磷酸经水蒸气蒸馏，得到的馏出液主要是苯甲酸，还有其他酸性物质，再加入 $K_2Cr_2O_7$ 和 2 mol/L H_2SO_4 将其他酸性物质氧化，最后经过蒸馏以后得到无杂质的苯甲酸，在 225 nm 波长下测定吸光度。

本方法适用于酱油、酱菜、果汁、果酱等样品。

2. 操作步骤概要

称取 10 g 样品于蒸馏瓶中，加入 1 mL 磷酸、20 g 无水硫酸钠及 70 mL 水，进行蒸馏，用盛有 10 mL 0.1 mol/L 氢氧化钠溶液的 100 mL 容量瓶接收蒸馏液，重复蒸馏 3 次后，将蒸馏液定容至 100 mL。准确吸取蒸馏液 25 mL，置于另一蒸馏瓶中，加入 0.04 mol/L 重铬酸钾溶液 25 mL 和 2 mol/L 硫酸 6.5 mL，沸水浴准确加热 4 min，冷却后加入 1 mL 磷酸、20 g 无水硫酸钠及 30 mL 水，重复蒸馏 3 次，最后定容至 100 mL。同时做空白试验。

准确吸取样品蒸馏液及空白液 20 mL 于 50 mL 容量瓶中，用 0.01 mol/L 氢氧化钠溶液定容，分别测定在 225 nm 波长下的吸光度。取 20 μg/mL 的苯甲酸标准溶液配制成标准系列，相当于含有苯甲酸 0~500 μg，进行比色测定，绘制标准曲线，以标准曲线法进行定量。

（三）山梨酸及其盐的比色测定法（硫代巴比妥酸比色法）

1. 原　理

样品中的山梨酸在酸性溶液中，用水蒸气蒸馏出来，然后用 $K_2Cr_2O_7$ 氧化成丙二醛和其他产物，丙二醛与硫代巴比妥酸反应，生成红色物质，颜色的深浅与山梨酸的含量成正比（在 530 nm 波长下测定）。

2. 操作步骤概要

（1）样品的制备。

称取 100 g 左右的样品 ⟶ 加入蒸馏水 250 mL ⟶ 在高速捣碎机上打浆 ⟶ 定容至 500 mL ⟶ 过滤 ⟶ 收集滤液备用。

（2）山梨酸的提取。

准确吸取两份滤液各 20 mL ⟶ 分别放入两个 250 mL 蒸馏瓶中 ⟶ 往一个蒸馏瓶里加入 1 mL 磷酸、20 g 无水硫酸钠、70 mL 水和 3 粒玻璃珠 ⟶ 另一瓶加入 1 mol/L 氢氧化钠溶液 5 mL、20 g 无水硫酸钠、70 mL 水和 3 粒玻璃珠 ⟶ 蒸馏 ⟶ 分别用装有 10 mL 0.1 mol/L 氢氧化钠溶液的 100 mL 容量瓶接收馏出液 ⟶ 当馏出液收集到 80 mL 时停止蒸馏，用少量水洗涤冷凝管 ⟶ 定容 ⟶ 分别吸取 10 mL 溶液 ⟶ 分别置于两个 100 mL 容量瓶中 ⟶ 用 0.01 mol/L 氢氧化钠溶液定容 ⟶ 供样品液、空白测定用。

（3）测定。

准确吸取样品液、空白液各 2 mL ⟶ 于 25 mL 比色管中 ⟶ 加入 3 mL 水 ⟶ 加入 $K_2Cr_2O_7$ 和硫酸的混合液 2 mL ⟶ 在 100 ℃ 水浴加热 5 min ⟶ 加入 0.5% 硫代巴比妥酸 2 mL ⟶ 沸水浴加热 7 min ⟶ 冷却 ⟶ 定容 ⟶ 在 530 nm 波长处测定其吸光度。取 100 μg/mL 的山梨酸标准溶液配制成标准系列，相当于含有山梨酸 0~500 μg，经蒸馏后，取蒸馏液配制成不同浓度后比色测定，绘制标准曲线，以标准曲线法进行定量。

（四）苯甲酸及山梨酸的色谱测定方法

1. 薄层色谱法

（1）原理。

苯甲酸盐和山梨酸盐经酸化后转变为酸，用乙醚提取并浓缩，薄层板分离后，紫外光下显色后与标准比较进行定性及半定量。

（2）操作步骤概要。

试样中加入盐酸，使苯甲酸钠和山梨酸钾转变成为苯甲酸和山梨酸，然后用乙醚提取，4%氯化钠溶液洗涤，无水硫酸钠脱水，水浴挥发干后用乙醇溶解残渣。对富含蛋白质、脂肪、淀粉的样品，应采用透析处理，即在 0.02 mol/L 氢氧化钠溶液中透析过夜，透析液用盐酸调至中性，以硫酸铜和氢氧化钠溶液来沉淀蛋白质，然后用盐酸酸化处理，乙醚提取并且浓缩。

对苯甲酸和山梨酸的分离，可以选择硅胶 G、硅胶 GF_{254} 或聚酰胺粉（200 目）和可溶性淀粉的配合固定剂，作为吸附剂制板。硅胶薄层板需经过 110 ℃ 加热，除去其中水分以提高薄层板的活性（聚酰胺板应该在 80 ℃ 下进行活化处理）。

2. 气相色谱法

用乙醚提取后，采用氢火焰离子检测器进行分离测定，然后与标准系列比较定量。样品中苯甲酸和山梨酸的提取与薄层色谱法相同，有时也可以采用石油醚和乙醚的混合溶液来提取。山梨酸的测定用月桂酸作为内标物进行定量测定。苯甲酸的定量结果包括样品中原来就有的和作为添加剂添加进去的量。苯甲酸和山梨酸的联合测定可以用标准曲线法定量。

3. 高效液相色谱法

样品经过处理后，注入高效液相色谱仪中，利用被测组分在固定相和移动相中分配系数的不同，使被测组分分离，用紫外检测器在特定波长下测定被测组分的吸光度，与标准比较定性和定量。此方法样品的前处理较为简单。酒、橘汁、果酱、水溶性样品等只需经过垂融漏斗过滤除去杂质，即可进样分析；含有 CO_2 的饮料则需除去 CO_2；含有蛋白质、淀粉等组分比较复杂的样品，可以加入几滴磷酸酸化，用乙醚提取，挥发干后制备成甲醇浓缩液以供分析用。本方法除了可以实现山梨酸和苯甲酸的测定外，还可以同时测定对羟基苯甲酸甲酯、对羟基苯甲酸乙酯和对羟基苯甲酸丙酯以及糖精。

第三节　甜味剂糖精钠的测定

一、概　述

糖精及其钠盐是应用较为广泛的人工甜味剂。其化学名称是邻磺酰苯甲酰亚胺（O-sulfobenzolc Acidimide），分子式为 $C_7H_5O_3NS$。糖精呈白色结晶或粉末状，无臭或微有酸性芳香气，在水中溶解度极小，易溶于乙醇、乙醚、氯仿、碳酸钠水溶液及稀氨水中，味极甜。它对热不太稳定，无论是在酸性还是在碱性条件下，将其水溶液长时间加热则逐渐分解而失去甜味。因糖精难溶于水，所以食品生产中常用其钠盐，即糖精钠。糖精钠的分子式为 $C_7H_4O_3NSNa \cdot 2H_2O$，它为无色结晶，易溶于水，不溶于乙醚、氯仿等有机溶剂。其热稳定性与糖精类似但较糖精要好，其甜度为蔗糖的 200～700 倍。

糖精钠被摄入人体后，不分解，不吸收，将随尿排出，不供给热能，也没有营养价值。其致癌作用由于一直都存在争议，尚未有确切结论，但考虑到人体的安全性，FAO/WHO 食品添加剂委员会把其 ADI 值（每日允许摄入量）定为 0～2.5 mg/kg。我国规定甜味剂糖精钠可以用于酱菜类、调味酱汁、浓缩果汁、蜜饯类、配制酒、冷饮类、糕点、饼干和面包。最大使用量为 0.15 g/kg，汽水只允许用 0.08 g/kg，浓缩果汁可以按浓缩倍数的 80% 来加入。但由于糖精对人体没有营养价值，也不是食品的天然成分，故应该尽量少用甚至不用。我国国家标准中规定婴幼儿食品、病人食品和大量食用主食都不得使用糖精钠。

二、甜味剂糖精钠的测定方法

糖精钠的测定方法有多种，标准法有紫外分光光度法、酚磺酞比色法、薄层色谱法，此外还有高效液相色谱法、纳氏比色法、离子选择性电极法等。

（一）紫外分光光度法

1. 原　理

样品经过处理后，在酸性条件下用乙醚提取食品中的糖精钠，经薄层分离后，溶于碳酸氢钠溶液中，在波长 270 nm 下测定吸光度，与标准比较定量。

2. 操作步骤概要

（1）样品提取。

① 饮料、雪糕、汽水类。

量取 10 mL 均匀样品置于 100 mL 分液漏斗中，加入 6 mol/L 盐酸 2 mL，分别用 30 mL、20 mL、20 mL 乙醚各提取三次。合并乙醚提取液，用 5 mL 盐酸酸化的水洗涤一次，以洗去水溶性杂质，弃去水层。乙醚层通过无水硫酸钠干燥脱水后，挥发干乙醚。加入 20 mL 乙醇来溶解残渣，密封保存，备用。

② 酱油、果汁、果酱、乳等类。

称取 20.0 g 或吸取 20.0 mL 均匀样品置于 100 mL 容量瓶中，加水至 60 mL，加入 10% 硫酸铜溶液 20 mL，混匀，再滴加 4% 氢氧化钠溶液 4.4 mL，加水至刻度，混匀。静置 30 min 后过滤，量取滤液 50 mL 置于 150 mL 分液漏斗中，以下同①中后序操作。

③ 固体果汁粉等类。

先称取 20.0 g 磨碎的均匀样品，置于 200 mL 容量瓶中，加入 100 mL 水，加热使其溶解，冷却后再按上述方法进行提取。

④ 糕点、饼干等蛋白质、脂肪、淀粉含量高的样品。

均应采用透析法处理，使分子量较小的糖精钠渗入到溶液中，以消除蛋白质、淀粉、脂肪等的干扰。

称取捣碎、混匀的样品 25.0 g 置于透析玻璃纸内，再将它置于大小合适的烧杯中。加入 0.02 mol/L 氢氧化钠溶液 50 mL 于透析膜内，充分混合，使样品成糊状，将玻璃纸口扎紧，放入盛有 0.02 mol/L 氢氧化钠溶液 200 mL 的烧杯中，盖上表面皿，透析过夜。

量取 125 mL 透析液（相当于 12.5 g 样品），加入 6 mol/L 盐酸约 0.4 mL，调节 pH，使溶液成中性。加入 10%硫酸铜溶液 20 mL 混匀，再加入 4%氢氧化钠溶液 4.4 mL，混匀，静置 30 min 后过滤。量取 120 mL 滤液置于 250 mL 分液漏斗中，以下同①中后序操作。

（2）薄层板制备。

薄层板可以是硅胶 GF_{254} 或聚酰胺薄层板，使用时选用一种。

① 硅胶 GF_{254} 薄层板。

称取 1.4 g 硅胶 GF_{254}，加入 0.5% CMC-Na 溶液 4.5 mL 于小研钵中研磨均匀，倒在玻璃板上，涂成 0.25～0.30 mm 厚的薄层板，稍干后，在 110 ℃下活化 1 h，取出后置于干燥器内备用。

② 聚酰胺薄层板。

称取 1.6 g 聚酰胺，加入 0.4 g 可溶性淀粉，加入约 15 mL 水，研磨 3～5 min，使其均匀涂成 0.25～0.30 mm 厚的 10×20 cm 薄层板，室温下干燥，在 80 ℃烘箱中干燥 1 h，置干燥器内备用。

（3）点样。

在薄层板下端 2 cm 处中间，用微量注射器点样，将 200～400 μL 样品溶液点成一横条状，条的右端 1.5 cm 处，点 10 μL 糖精钠标准溶液 B，使成一个小圆点。

（4）展开。

将点好的薄层板放入盛有展开剂的展开槽中，展开剂液层高度约 0.5 cm，并预先已达到饱和状态。展开至 10 cm，取出薄层板，挥发干。硅胶 GF_{254} 板可以直接在波长 254 nm 紫外线灯下观察糖精钠的荧光条状斑。把斑点连同硅胶 GF_{254} 或聚酰胺刮入小烧杯中，同时刮一小块与样品条状大小相同的空白薄层板，置于另一烧杯中作对照，各加入 2%碳酸氢钠溶液 5.0 mL，于 50 ℃水浴中加热助溶，移入 10 mL 离心管中，离心分离（3 000 r/min）20 min，取上层清液备用。

（5）样品测定。

吸取 0.0 mL、2.0 mL、4.0 mL、6.0 mL、8.0 mL、10.0 mL 糖精钠标准溶液 A，分别置于 100 mL 容量瓶中，各以 2%碳酸氢钠溶液定容，于 270 nm 波长处测定吸光度，绘制标准曲线。将经薄层分离的样品离心液及试剂空白液于 270 nm 处测定吸光度，从标准曲线上查出相应的浓度，计算出样品中糖精钠的含量。

3. 注意事项

（1）样品提取时加入 $CuSO_4$ 及 NaOH 用于沉淀蛋白质，防止用乙醚萃取时发生乳化，其用量可以根据样品情况按照比例来增减。

（2）样品处理液酸化的目的是使糖精钠转化成糖精，以便用乙醚提取，因为糖精易溶于乙醚，而糖精钠难溶于乙醚。

（3）富含脂肪的样品，为防止用乙醚萃取糖精时发生乳化，可先在碱性条件下用乙醚萃取脂肪，然后酸化，再用乙醚提取糖精。

（4）对于含 CO_2 的饮料，应该事先除去 CO_2，否则将影响样品溶液的体积。

（5）聚酰胺薄层板的烘干温度不能高于 80 ℃，否则聚酰胺容易变色。

（6）在薄层板上的点样量，应该估计其中糖精的含量在 0.1～0.5 mg。

（二）纳氏比色法

1. 原　理

糖精钠在酸性溶液中经有机溶剂萃取，经过消化变成铵盐，与纳氏试剂作用生成一种黄色物质，其颜色的深浅与糖精钠的含量成正比，可以进行比色测定。其化学反应方程式如下。

$$2K_2[HgI_4] + 4KOH + NH_4^+ \longrightarrow NH_2Hg_2OI + 7KI + 3H_2O + K^+$$

2. 操作步骤概要

① 样品中糖精钠的提取：同前面的操作方法相同；

② 样品消化；

③ 测定。

准确吸取标准硫酸铵溶液 0 mL、0.2 mL、0.4 mL、0.6 mL、0.8 mL、1.0 mL，分别置于 25 mL 纳氏比色管中，各加入 15 mL 无氨蒸馏水，再加纳氏试剂 5 mL，加水至刻度后摇匀。静置 10 min，以 2 cm 比色杯置于分光光度计在 430 nm 波长处测定吸光度，绘制标准曲线，最后计算样品中糖精钠的含量。

3. 注意事项

（1）在溶液的测定中凡是能引起浑浊的物质都可以用酒石酸钾钠来掩蔽。

（2）样品经消化后，要及时进行测定。样品的酸化处理，目的是将糖精钠转化为糖精，以便用乙醚提取。

（3）对富含脂肪的样品，可以先在碱性条件下用乙醚萃取脂肪，然后酸化，再用乙醚提取糖精。

第四节　发色剂——硝酸盐和亚硝酸盐的测定

一、概　述

在食品加工过程中，经常添加一些化学物质与食品中的某些成分作用，而使制品呈现良好的色泽，这些添加的物质称为发色剂，亦称为呈色剂。在添加发色剂的同时，往往需要加入一些能促进发色的物质，称为发色助剂。发色剂主要用于肉制品的腌制。最常见的发色剂是硝酸盐和亚硝酸盐，亚硝酸盐能使肉中的肌红蛋白亚硝基化，形成稳定的并具有亮红色的亚硝基肌红蛋白，亚硝基肌红蛋白遇热后，放出巯基（—SH），变成了具有鲜红色的亚硝基血色原，从而赋予了食品鲜艳诱人的红色。通常发色助剂是 L-抗坏血酸类、烟酰胺等。硝酸盐、亚硝酸盐除了可以发色外，还可以抑菌、增加风味。但现在普遍认为硝酸盐在还原酶的作用下可以转变为亚硝酸盐，而亚硝酸盐在一定酸性条件下分解产生亚硝酸，亚硝酸和亚硝酸盐与仲胺反应生成具有致癌作用的亚硝胺。过多地摄入亚硝酸盐会引起正常血红蛋白（二价铁）转变成正铁血红蛋白（三价铁）而失去携氧功能，导致组织缺氧。因此亚硝酸盐、硝酸盐的使用受到控制，对它们的最大允许用量有严格规定。也有利用其他物质如氨基酸类、天然色素等替代发色剂的报道。亚硝酸钠为无色或微黄色结晶体，易潮解，水溶液呈碱性，易溶于水而微溶于乙醇。最大允许使用量是 0.15 g/kg，允许残留量为：肉类罐头 0.05 g/kg，肉制品 0.03 g/kg。

二、亚硝酸盐和硝酸盐的测定方法

测定亚硝酸盐最常见的方法是亚硝酸盐重氮化后比色定量，这是国家标准方法。硝酸盐的测定可以使硝酸盐还原为亚硝酸盐，按照亚硝酸盐的比色方法进行测定。亚硝酸盐的测定还可以用荧光法，但操作较为复杂。硝酸盐的测定也可以用离子选择性电极法，还有新的方法如荧光动力学光度法、一阶导数光谱法、二阶导数光谱法、双波长法、极谱法、增敏荧光法、中性红比色法、热熔法等。

（一）亚硝酸盐的测定——盐酸萘乙二胺法

1. 原 理

样品经过沉淀蛋白质，除去脂肪后，在弱酸性溶液中亚硝酸盐与对氨基苯磺酸发生重氮化反应，再与盐酸萘乙二胺偶联形成紫红色的重氮染料，其最大的吸收波长为 538 nm，可以测定吸光度并与标准比较进行定量。

2. 操作步骤概要

（1）样品的处理。

① 肉制品。

称取适量样品 → 捣碎 → 取均匀试样加入饱和硼砂溶液 → 加入 70 ℃ 左右重蒸馏水 300 mL → 转移至 500 mL 容量瓶中 → 沸水浴加热 15 min → 加入 30% $ZnSO_4$ 溶液（沉淀蛋白质）→ 定容 → 弃去脂肪层 → 过滤（弃去不溶物）→ 收集滤液待测。

② 水果蔬菜类样品。

因为水果蔬菜类蛋白质含量少，所以操作时不用加蛋白质沉淀剂。

称取适量样品 → 捣碎 → 取适量匀浆于 500 mL 容量瓶中 → 加入 200 mL 水 → 加入水果蔬菜提取剂（50 g $BaCl_2$ 与 50 g $CdCl_2$ 溶于 1 000 mL 重蒸馏水中，用 2 mL 浓盐酸调 pH 为 1）→ 振荡 1 h → 用适量 2.5 mol/L NaOH 溶液调节至中性 → 定容 → 过滤 → 得到无色透明的滤液。

（2）样品测定。

取 8 支 50 mL 比色管，分别吸取 0 mL、0.2 mL、0.4 mL、0.6 mL、0.8 mL、1.0 mL、1.5 mL、2.0 mL 亚硝酸钠标准溶液，各加入 0.4% 对氨基苯磺酸 2 mL，混合均匀。静置 4 min 后各加入 0.2% 盐酸萘乙二胺溶液 1.0 mL，加水至刻度，静置 15 min，用 2 cm 比色杯，在波长 538 nm 处测定其吸光度，绘制标准曲线。

吸取 40 mL 滤液 → 于 50 mL 比色管中 → 按标准曲线操作 → 在波长 538 nm 处测定吸光度 → 在标准曲线上查出样品中亚硝酸盐的含量。

3. 注意事项

饱和硼砂溶液的作用是：① 作为亚硝酸盐的提取剂；② 作为蛋白质的沉淀剂。

（二）硝酸盐的测定——镉柱法

除了硝酸盐和亚硝酸盐同时测定外，一般硝酸钠的测定是先将其还原成为亚硝酸盐，然后按照亚硝酸盐的测定方法进行，还原的方法可以用镉柱或锌粉，以镉柱法较为常见，此方法也是国家标准方法，下面重点介绍镉柱的制备及样品的处理。

1. 镉柱的制备

（1）海绵状镉的制备。

投入足够的锌皮或锌棒于 500 mL 20%硫酸镉溶液中，经过 3～4 h，当其中的镉全部被锌置换后，用玻璃棒轻轻刮下置换出来的镉，并取出残余的锌皮，使镉沉淀后，倾去上层清液，用水洗涤后，移入组织捣碎机中捣碎，同时加入 500 mL 水，捣碎约 1 min（视最后颗粒大小而定），用水将金属细粒洗至标准筛上，在水中过筛，取 20～40 目之间的部分。

（2）镉柱的装填。

用水装满镉柱玻璃管，并装入 2 cm 高的玻璃棉作垫，将玻璃棉压向柱底，并将其中所包含的空气全部排出，在轻轻敲击下加入海绵状镉至 8～10 cm 高，上面用 1 cm 高的玻璃棉覆盖，上置一储液漏斗，末端穿过橡皮塞与镉柱玻璃管紧密连接。

当镉柱装填好后，先用 0.1 mol/L 盐酸 25 mL 洗涤，再用水洗两次，每次 25 mL，镉柱不用时可用水封盖，随时保持水面在镉层之上，并且不得使镉层中有气泡。镉柱每次使用完毕后，应先以 0.1 mol/L 盐酸 25 mL 洗涤，再用水洗两次，每次 25 mL，最后用水覆盖。

（3）镉柱还原效率的测定。

吸取 20 mL 的硝酸钠标准使用液于 50 mL 烧杯中，加入稀氨缓冲溶液 5 mL，混匀后备用。用 25 mL 稀氨缓冲溶液冲洗镉柱，流速控制在 3～5 mL/min，加入稀氨缓冲溶液的硝酸钠标准使用液中再加入 5 mL 氨缓冲溶液（pH 为 9.6～9.7），注入储液漏斗中，放入镉柱，硝酸盐在氨缓冲溶液中与镉反应，被还原为亚硝酸盐，收集流出液。样品溶液流完后，再加入 5 mL 水置换残留在柱中的硝酸盐，重复还原一次后，流出液收集于 100 mL 容量瓶中，用水洗涤数次，最后定容。吸取处理后的硝酸盐标准使用液 10 mL，按照亚硝酸盐的盐酸萘乙二胺显色法测定，求得硝酸盐还原为亚硝酸盐的量，并且计算镉柱的还原效率，若大于 98%为符合要求。

2. 样品的处理及测定

硝酸盐的提取按照亚硝酸盐的测定进行，还原过程与镉柱还原效率测定中的还原处理相同。吸取还原处理液，按照亚硝酸盐的测定方法来求出亚硝酸盐的总量。同时，取未经还原的样品提取液，测定其中亚硝酸盐的含量，最终计算结果时，应注意由亚硝酸盐的总量减去还原前亚硝酸盐的含量即为样品中由硝酸盐还原成亚硝酸盐的含量，并且再乘以换算系数 1.232，即得到样品中硝酸盐的含量。

第五节　漂白剂的测定

一、概　述

在食品的加工生产中，为了使食品保持特有的色泽，常加入漂白剂，依靠其所具有的氧化或还原能力来抑制，破坏食品的变色因子，使食品褪色或免于发生褐变。一般在食品的加工过程中要求漂白剂除了对食品的色泽有一定作用外，对食品的品质、营养价值及保存期均不应有不良的改变。

漂白剂从作用机理上看可以分为两类，即氧化型和还原型。常用的还原型漂白剂有 SO_2、硫磺、亚硫酸钠、连二亚硫酸钠、焦亚硫酸钠等。常用的氧化型漂白剂有 H_2O_2、次氯酸、过氧化苯甲酰等。使用时，可以单一使用，也可以混合使用。随着进出口贸易的不断扩大，外国食品不断进入我国市场，日本近几年正使用一种混合漂白剂，其成分为次亚硝酸钠 70%、亚硫酸氢钠 14%、无水焦磷酸 3%、聚磷酸钠 8%、偏磷酸钠 3%、无水碳酸钠 2%。这种混合漂白剂比上述任一单独漂白剂的效果都要稳定，同时还可以防止食品变色及褪色。

我国国家标准规定：饼干、食糖、粉丝、粉条残留 SO_2 含量不得超过 50 mg/kg，蘑菇罐头、竹笋、葡萄酒等不得超过 25 mg/kg。SO_2 本身没有营养价值，不是食品不可缺少的成分，如果使用量过大，对人体的健康会带来一定的影响。当溶液浓度为 0.5%～1%时，即能够产生毒性，一方面有腐蚀作用，另一方面破坏血液凝结作用并生成血红素，最后导致神经系统产生麻痹现象。

（一）还原型漂白剂

1. 亚硫酸钠（$Na_2SO_3 \cdot 7H_2O$）

（1）理化性质。

无色或白色结晶，易溶于水，水溶液呈碱性，在空气中可风化并氧化为硫酸钠。与酸反应生成二氧化硫，二氧化硫遇水生成亚硫酸而发挥其漂白作用。亚硫酸对细菌、霉菌、酵母菌等有抑制作用，在酸性条件下具有防腐效果，我国在食品加工中多用于处理水果或其半成品以及糖类的漂白。

（2）毒性。

亚硫酸盐在人体内被代谢为硫酸盐，通过解毒过程排出体外，一天摄入游离的亚硫酸 4～6g 对肠胃有刺激作用，过量摄入可以发生神经炎与骨髓萎缩等症状，慢性作用会对肝脏有一定的损害，使红血球血红蛋白减少，并且可以引起生长发育障碍。亚硫酸在食品中存在时可以破坏食品中的硫胺素（维生素 B_1）。因此我国对其使用范围和用量都做了规定，世界卫生组织规定每人每日允许摄入量（ADI）为 0～0.7 mg/kg·d（以 SO_2 计）。

2. 硫 黄

硫黄为黄色团块或粉末，带有特殊的挥发性气味。硫黄不能直接添加到食品中，而燃烧时产生 SO_2，SO_2 吸收到食品中，若遇到水分后就变成亚硫酸从而起到漂白作用。此过程就是传统上讲的"熏硫"。"熏硫"的方法常用于一些干制食品的漂白，如干菜、干果、粉丝等。

连二亚硫酸钠（$Na_2S_2O_4$，又称为保险粉）以及焦亚硫酸钠（$Na_2S_2O_5$）的性质和毒性与亚硫酸钠相似。

（二）氧化型漂白剂

1. 过氧化苯甲酰（$C_{14}H_{10}O_4$）

过氧化苯甲酰又称为过氧化二苯甲酰，是一种商品面粉的品质改良剂和漂白剂，目前在面粉的精制行业应用非常广泛。分子结构为：

作为商品，面粉增白剂中含有过氧化苯甲酰为 28%左右。将过氧化苯甲酰添加到面粉中后，在空气和酶的催化下，与面粉中的水分作用，生成苯甲酸和初生态氧。初生态氧可以氧化面粉中的不饱和脂溶性色素和其他有色成分而使面粉变白。同时生成的苯甲酸，能对面粉起防霉作用，因此，过氧化苯甲酰是目前许多国家广泛使用的一种食品添加剂，也是我国面粉加工业普遍使用的品质改良剂。国家标准《食品添加剂使用卫生标准》（GB2760-1996）明确将过氧化苯甲酰归为面粉处理剂类，规定其使用范围是小麦粉，还规定过氧化苯甲酰在面粉中的最大添加量为 0.3 g/kg，最大残留量 0.06 g/kg。

过氧化苯甲酰具有明显的抗营养作用，能够破坏维生素 A、维生素 E、维生素 K，可能是致癌因素之一（仍有争议），还会造成食品风味的变化。

2. 次氯酸及其盐类

次氯酸及其盐类是食品工业常用的防腐剂和漂白剂，普遍应用的有次氯酸钠、次氯酸和次氯酸钙（漂白粉）等。在一定条件下，次氯酸及其盐产生初生态氧，可以氧化破坏有色成分的不饱和键，从而起到漂白作用，同时杀菌效果非常明显。此类添加剂一般用于水、饮料、水果、餐具、豆腐、油脂等的消毒和漂白。由于其带有较强烈的氯臭味，残留氯的含量一般不能超过 0.2 mg/kg。

二、食品中亚硫酸盐的测定

亚硫酸及其盐的测定方法主要有比色法、滴定法（中和法）、极谱法和高效液相色谱法等，其中盐酸副玫瑰苯胺比色法是目前检验的主要方法。盐酸副玫瑰苯胺比色法关键是把样品中的 SO_2 提取出来，常用四氯汞钠为萃取液（主要是在分析中为了避免 SO_2 的损失，常以 Na_2HgCl_4 作吸收液）。

（一）盐酸副玫瑰苯胺比色法原理

用氯化汞与氯化钠作用生成四氯汞钠来作为吸收液，当样品中的 SO_2 与吸收液作用之后，生成一种稳定的络合物（可以防止 SO_2 的损失），这种络合物与甲醛及盐酸副玫瑰苯胺作用生成紫红色络合物，其颜色的深浅与 SO_2 浓度成正比，可以在 580 nm 波长下进行比色测定。反应方程式如下所示：

$$HgCl_2 + 2NaCl \longrightarrow Na_2HgCl_4（吸收液）$$

$$Na_2HgCl_4 + SO_2 + H_2O \longrightarrow [HgCl_2SO_3]^{2-} + 2H^+ + 2NaCl$$

$$2H^+ + [HgCl_2SO_3]^{2-} + HCHO \longrightarrow HgCl_2 + HOCH_2 \cdot SO_3H$$

$$3HOCH_2SO_3H + 盐酸副玫瑰苯胺 \longrightarrow 聚玫瑰红甲基磺酸（紫红色络合物）$$

（二）操作步骤概要

1. 样品处理

（1）水溶性固体样品的处理（各种罐头类样品）。

称取捣碎的均匀试样 10 g ⟶ 用少量水溶解后转移至 100 mL 容量瓶中 ⟶ 加入 0.5 mol/L 氢氧化钠溶液 4 mL ⟶ 摇匀 ⟶ 加入 0.25mol/L 硫酸 4 mL ⟶ 加入 20 mL Na_2HgCl_4 ⟶ 用水稀释至 100 mL ⟶ 过滤备用。

（2）淀粉类样品的处理（粉条、粉皮等）。

称取粉碎的均匀试样 10 g ⟶ 用少量水溶解后转移至 100 mL 容量瓶中 ⟶ 加入 20 mL Na_2HgCl_4 ⟶ 浸泡 4 h 以上（若上层液体不澄清，需要加入亚铁氰化钾及醋酸锌溶液各 2.5 mL）⟶ 用水稀释至刻度 ⟶ 过滤备用。

（3）液体样品处理。

吸取样品溶液 10 mL ⟶ 于 100 mL 容量瓶中 ⟶ 加入 20 mL Na_2HgCl_4 ⟶ 定容 ⟶ 过滤备用

2. 样品测定

取 8 支 25 mL 比色管，分别吸取 0 mL、1.0 mL、2.0 mL、3.0 mL、4.0 mL、5.0 mL、6.0 mL、7.0 mL 二氧化硫标准溶液，各加入 0.2%甲醛 1 mL，显色剂 1 mL，加水定容，静置 15 min，在 580 nm 波长处测定其吸光度，绘制标准曲线。

吸取 5 mL 滤液 ⟶ 于 25 mL 比色管中 ⟶ 加入吸收液 5 mL ⟶ 加入 0.2%甲醛 1 mL ⟶ 显色剂 1 mL ⟶ 混匀 ⟶ 定容后静置 15 min ⟶ 在 580 nm 波长下测定吸光度 ⟶ 根据样品的波长从标准曲线查出相应 SO_2 的含量。

（三）注意事项

（1）此反应的最适宜温度为 20 ℃～25 ℃。如果温度低，灵敏度就低，所以标准系列管和样品管在相同温度条件下显色。反应温度如果为 15 ℃～16 ℃，静置的时间需延长为 20 min。

（2）盐酸副玫瑰苯胺中的盐酸用量对显色有影响。如果加入盐酸量多，显色就浅；加入量少，显色就深，对测定结果有较明显的影响，因此需严格控制。

（3）甲醛浓度在 0.15%～0.25%时，颜色稳定，所以应选择 0.2%甲醛溶液。

（4）如果测定的样品颜色较深，需用活性炭脱色。

（5）样品中加入 Na_2HgCl_4 吸收液以后，溶液中的二氧化硫含量在 24 h 内很稳定，测定需在 24 h 内进行。

（6）此法测 SO_2 采用 $HgCl_2$ 毒性很强，故实验时应注意安全。近几年有相关科技报道采用 EDTA（乙二胺四乙酸）试剂来代替四氯汞钠，但此实验我们尚没予以证实。

对于 SO_2 的测定，在国外目前不采用四氯汞钠吸收液，而是采用通气法测定，下面简单介绍一下日本和美国采用的分析方法。

日本采用的分析方法：

样品 ⟶ 酸化 ⟶ 通气（通常为氮气）⟶ 加热 ⟶ 双层冷凝管（可以排除有机酸与挥发酸的干扰）⟶ SO_2 ⟶ 双氧水（H_2O_2）通过吸收液 ⟶ H_2SO_3 ⟶ 氧化 ⟶ H_2SO_4 ⟶ 中和滴定法测定 SO_2 的含量。

美国采用的分析方法：

样品 → 酸化 → 蒸馏 → SO$_2$ → 双氧水（H$_2$O$_2$）通过吸收液 → H$_2$SO$_3$ → 氧化 → H$_2$SO$_4$ → 中和滴定法测定 SO$_2$ 的含量。

日本采用双层冷凝管可以排除有机酸和挥发性物质的干扰，在我国部分科研单位，也有用通气法来测定 SO$_2$，但是比较简单，主要是由于一些挥发性气体与有机物全都在里面，不能排除干扰，误差较大，所以我国通常采用比色法来测定 SO$_2$ 的残留量。美国采用酸化蒸馏后用中和滴定法测定 SO$_2$ 的含量。该方法的原理是亚硫酸盐在酸性条件下加热回流，同时样品溶液通入氮气保护防止亚硫酸盐的氧化，亚硫酸盐迅速转化为二氧化硫，二氧化硫随水蒸气导入 3%双氧水溶液中，被双氧水吸收并且氧化成硫酸，再用标准碱溶液进行滴定，最后根据消耗碱液的量计算出样品中 SO$_2$ 的含量。

我国之所以不采用中和滴定法作为国家标准方法，而采用比色法为国家标准方法，并且比色法中所用的四氯汞钠还具有毒性，这主要是因为中和滴定法测定 SO$_2$ 在样品处理时较麻烦，还要通入 N$_2$ 保护，条件比较苛刻，并且灵敏度有限，不能检出低于 0.1 g/kg 的 SO$_2$。

第六节　食用合成色素的测定

一、概　述

天然食品及食品原料多数本身具有特有的色泽和香味，人们在长期的生活习惯中也认识了各种食品应有的色泽，食品的色泽已经成为食品的一个重要感官指标。然而，食品在保存及加工过程中，其色泽往往会发生不同程度的变化，为了改善食品的色泽，使食品尽可能恢复原来的颜色，除了采取一定的保护措施外，往往还得添加一定量的食用色素，进行着色。食用色素也称为着色剂，是改善食品颜色的一类添加剂。保持和改善食品的色、香、味是食品加工的重要问题，令人愉快的颜色常常可以增强食品的嗜好性。因此，食用色素作为颜色改良剂而被广泛使用。

食用色素就其来源可以分为天然色素和合成色素两大类。天然色素是从一些动物、植物组织中提取出来的，其安全性高，但稳定性差（对光、热、酸、碱等条件敏感），着色能力差，难以调出任意的色泽，并且资源较短缺，目前还不能满足食品工业的需求，价格也昂贵。合成色素是用有机物人工合成的，这类色素的性质稳定，色泽鲜艳，色别多，着色能力强，可以任意调色、配色，色素的结合力强，而且成本低廉，因此应用非常广泛。但是由于目前使用的食用合成色素均来自于煤焦油及其副产品，具有一定的毒性（有的甚至致癌），容易造成重金属污染，并且本身没有任何的营养价值，所以使用时规定了严格的添加范围和添加量。同时，世界各国允许使用的合成色素的种类逐渐减少，而逐渐被天然色素所取代。本节主要讨论人工合成色素的测定。

人工合成色素以苋菜红、胭脂红等五种较为常见，现就它们的理化性质和最大吸收波长，以及测定方法进行讨论。

（1）苋菜红。

红褐色或暗红色粒状粉末，溶于水、甘油及丙二醇，微溶于乙醇，不溶于油脂。耐光、热、酸，对氧化剂及还原剂都敏感。苋菜红为 1-氨基萘-4-磺酸经重氮化后与 2-萘酚-3,6-二磺酸钠偶合而成的染料，是世界上许多国家常用的色素之一。其分子式为 $C_{20}H_{11}N_2Na_3O_{10}S_3$，结构式如下图所示。WHO 规定苋菜红的 ADI 为 0～0.5 mg/kg 体重。$\lambda_{max} = （520\pm2）$ nm。

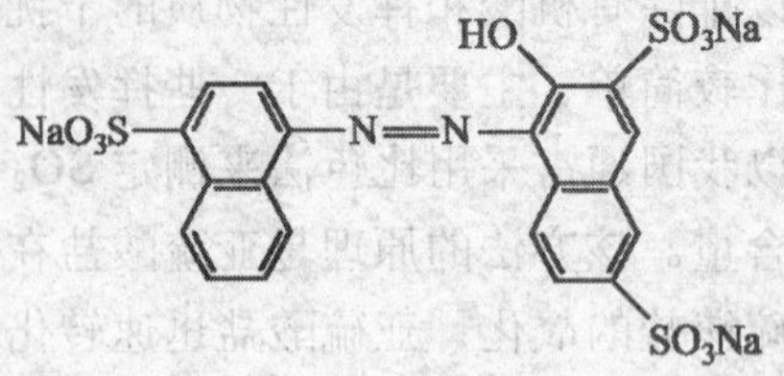

苋菜红

（2）胭脂红。

红色或暗红色粒状粉末，溶于水呈红色，溶于乙醚、甘油而微溶于乙醇，不溶于油脂。耐光、酸，耐热性差，易还原，遇碱变为褐色。胭脂红为 1-氨基萘-4-磺酸经重氮化后与 2-萘酚-6,8-二磺酸钠偶合而成的染料。WHO 规定 ADI 为 0.125 mg/kg 体重。$\lambda_{max} = （508\pm2）$ nm。

结构式： （图）

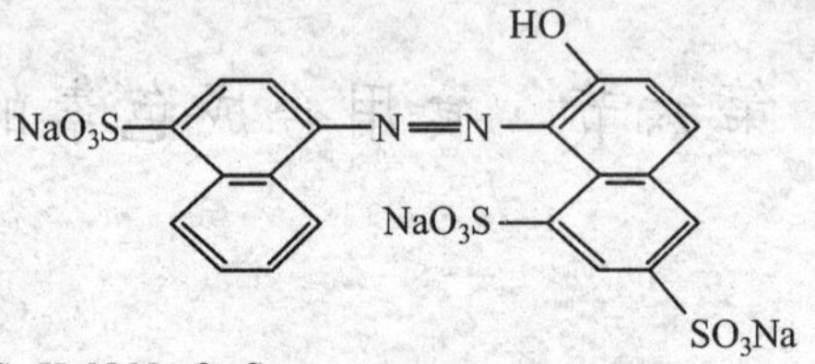

分子式：$C_{20}H_{11}N_2Na_3O_{10}S_3$

胭脂红

（3）柠檬黄。

橙黄色或橙色粉末，溶于水、甘油、丙二醇，微溶于乙醇，耐光、热、酸，易氧化，遇碱变为红色。柠檬黄为双羟基酒石酸与苯肼对磺酸缩合，或对氨基苯磺酸经重氮化后与 1-（4′-磺基苯）-3-羧基-5-吡唑酮偶合而成。其分子式是 $C_{16}H_9O_9N_4Na_3S_3$，结构式如下图所示。WHO 建议 ADI 值为 0～0.1 mg/kg 体重。$\lambda_{max} = （430\pm2）$ nm。

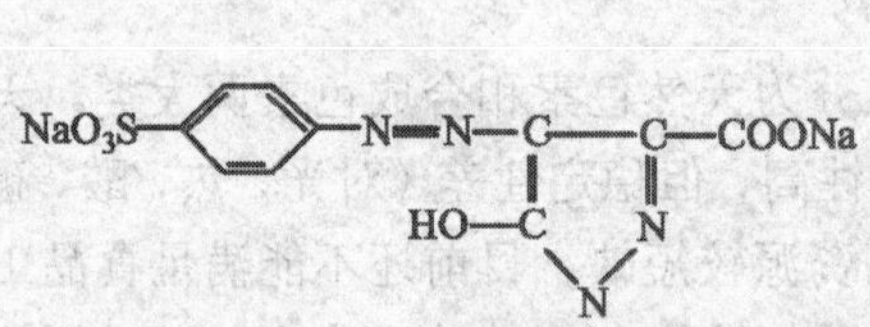

柠檬黄

（4）日落黄。

橙黄色颗粒或粉末，易溶于水、甘油、丙二醇，难溶于乙醇，不溶于油脂。耐光、热、酸，遇碱变为红褐色。日落黄为对氨基苯磺酸经重氮化后与 2-萘酚-6-磺酸钠偶合而成。其分子式是 $C_{16}H_{10}O_7N_2Na_2S_2$，结构式如下图所示。WHO 建议 ADI 为 0～0.5 mg/kg 体重。$\lambda_{max} = （482\pm2）$ nm。

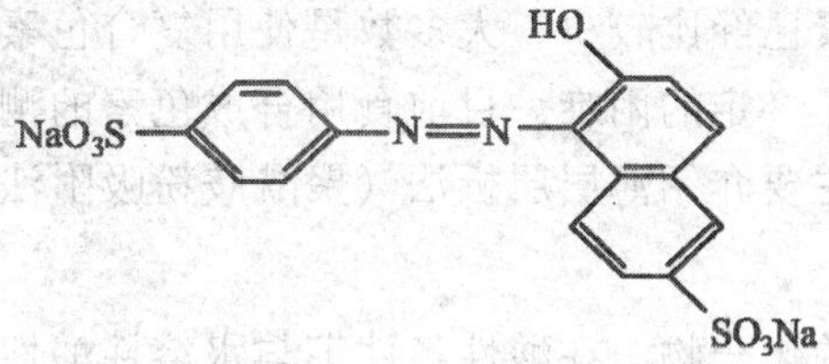

$$\text{日落黄}$$

（5）靛蓝。

蓝色粉末，溶于水的能力较苋菜红等色素为低，溶于甘油、丙二醇，不溶于乙醇、油脂。着色力强，耐光、热、酸、碱、耐氧化能力差。其结构式如下图所示。WHO 建议 ADI 为 0～0.5 mg/kg 体重。$\lambda_{max} = (610\pm2)$ nm。

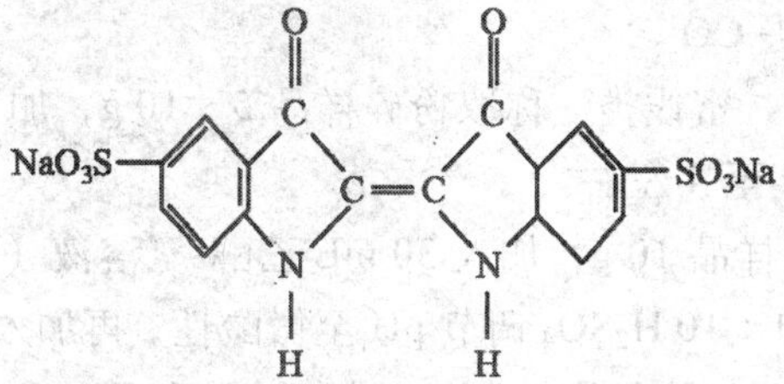

$$\text{靛蓝}$$

检验食品中的人工合成色素，必须对样品进行前处理，其分析步骤包括提取、分离、鉴别、定量（此色素含量是否超标）等。经过除去样品中的干扰物质，如维生素、糖、淀粉、蛋白质、还原性物质，然后进行色素的提纯、测定。

提取色素的方法有很多，常见的有：聚酰胺吸附法、羊毛染色法、离子交换法、分子筛分离法、吸附柱色谱法、溶剂抽提法、喹啉等化合物结合法。羊毛染色法材料易得，操作方便，但要在热的酸性条件下吸附色素，用氨溶液解吸色素时，往往造成色素变化，当样品溶液中含低浓度色素时，此方法吸附不完全，回收率较低。聚酰胺吸附法是国家标准方法，对吸附和分离两种以上的色素是目前较理想的方法，因为食品中大多数使用复合色素。聚酰胺粉在酸性溶液中能与色素牢固结合，并能在很稀的溶液中吸附色素，但对天然色素的吸附不紧密，能被甲醇和甲酸的混合溶液洗脱下来。

常见的分离方法有：纸色谱法、薄层色谱法、柱色谱法、改变 pH 溶出法、电泳法以及多种溶剂分别抽提方法等。

二、食用合成色素的测定

食品的形态是千变万化的，添加在食品中的色素方式也是各种各样的，有的拼色加入，有的在食品的表层只加几个色素点，有的仅覆盖一层色素，有的用色素和鸡蛋，非常形象地做成传说中的故事、动物、花卉以及象征丰收、延年益寿、节日愉快、生日快乐等文字或图案附在食品的最显眼的地方，属于这类食品的有中式糕点、西式糕点，还有饮料、小食品等。添加在食品中的色素，通常是由两种或两种以上的色素配合而成的拼色，对色素的测定，先进行处理、提纯，然后把每一种色素分离开，再对每一种色素的含量进行定量测定。目前，在食品行业中使用单一色素已经比较少，大多数是使用复合色素以达到比较满意的色泽，这样却给测定分析工作带来了一定的困难。目前食用合成色素的测定方法主要有：薄层层析法和高效液相色谱法。下面主要介绍薄层层析法（聚酰胺粉吸附法）。

1. 原理

聚酰胺是具有双极性的化合物，在酸性条件下与水溶性酸性染料结合，而与天然色素、蛋白质、脂肪、淀粉等物质分离，然后再在碱性条件下解吸色素，再用薄层层析法进行分离鉴别，与标准比较定性、定量（纸层析进行定性，薄层层析进行定量）。

2. 操作步骤概要

（1）样品处理。

① 饮料类。吸取样品溶液 50 mL 于 100 mL 烧杯中，若含有二氧化碳，在电炉上加热至沸腾，并且不断搅拌以除去 CO_2。

② 淀粉、硬糖、软糖、蜜饯类。称取粉碎样品 5～10 g，加入 50 mL 水加热溶解，用适量 20%柠檬酸溶液调节 pH 至 4 左右。

③ 奶糖类。称取粉碎样品 10 g，加入 30 mL 乙醇-氨溶液（9：1）溶解，水浴中加热浓缩至 20 mL 左右，立即用 1：10 H_2SO_4 调节 pH 至微酸性，再加入 10%钨酸钠溶液 1 mL 使蛋白质沉淀，用布氏漏斗抽滤，用少量水洗涤，收集滤液备用。

④ 蛋糕类。称取粉碎样品 10 g，加入干净的海砂 1 g 和 30 mL 石油醚，不断搅拌，倾倒出石油醚，重复 2～3 次以除去油脂，再吹干，在研钵中研细。加入 30 mL 乙醇-氨溶液（9：1）溶解，水浴中加热浓缩至 20 mL 左右，立即用 1：10 H_2SO_4 调节 pH 至微酸性，再加入 10%钨酸钠溶液 1 mL 使蛋白质沉淀，用布氏漏斗抽滤，用少量水洗涤，收集滤液备用。

（2）吸附分离。

① 吸附。

将处理过的样品溶液加热至 70 ℃后，加入 1 g 聚酰胺粉（60 ℃ 活化 1 h）并充分搅拌混匀，再用适量 20%柠檬酸溶液调节 pH 至 4 左右，使色素吸附完全。

② 洗涤。

将吸附色素的聚酰胺粉溶液用布氏漏斗过滤，用 70 ℃ 热水 20 mL 洗涤沉淀物，再用甲醇-甲酸（6：4）20 mL 洗涤沉淀物以除去天然色素，直到过滤下来的溶液呈无色为止。再用 70 ℃ 热水 50 mL 分次洗涤沉淀物至中性。

③ 解吸。

用乙醇-氨溶液 20 mL 分次解吸全部色素，收集全部解吸液，置于 70 ℃～80 ℃ 水浴中加热浓缩至 2 mL 左右，待氨气全部逸出去（没有氨味），加入 3 滴 20%柠檬酸溶液使色素稳定，用水稀释至 10 mL，供薄层点样用。（单一色素直接比色，拼色要分离，先定性后定量）。

（3）薄层层析法定性。

① 薄层板的制备。

称取聚酰胺粉 1.6 g，可溶性淀粉 0.4 g 和 2 g 硅胶 G，在研钵中加水 15 mL 研磨均匀后，立即涂板（玻璃板要求光滑平整，先用水洗干净，干燥后用酒精擦拭干净，涂板时可以用涂布器或手工玻璃涂布），铺成厚度为 0.25～0.3 mm 的玻璃板。在室温下晾干后，置于 60 ℃～65 ℃ 烘箱干燥 1 h，放入干燥器中备用。

② 点样层析。

用点样管（毛细管、微量注射器）吸取浓缩并定容的样品溶液 0.4 mL，在薄层板上距底边 2 cm 处从左至右点成与底边平行的条状，在板的右边点 2 μL 色素标准溶液。

取适量的展开剂倒入展开缸中，将点好样的薄层板放入用上行法展开，待色素明显分开后，取出晾干，与标准色斑比较其比移值，确定色素的种类。

对展开剂的选择是：分离胭脂红、苋菜红、新红、柠檬黄、橘黄、靛蓝等时用正丁醇：吡啶：5%氨水 ＝6：6：4（这种展开剂主要分离靛蓝，因为靛蓝上升很快，其他上升很慢）；分离柠檬黄、胭脂红、苋菜红、橘黄等时用 2.5%柠檬酸钠：氨水 ＝4：3（柠檬黄上升很快，其他上升很慢）；对于分离两种红色色素（苋菜红、胭脂红）的食品用甲醇：乙二胺：氨水 ＝10：3：4（主要是苋菜红与胭脂红上升快，其他色素上升慢）。

（4）比色测定。

① 单元色样品溶液的制备。

将薄层板展开后，用小刀分别将各条色斑刮下并移入砂芯漏斗中，用乙醇-氨溶液解吸抽滤（至解吸液无色为止）。收集解吸液于蒸发皿中，在水浴上加热蒸发到无氨味后转移至 10 mL 比色管中，用水稀释至刻度，定容备用。

② 分别吸取各种色素标准溶液。

0 mL、0.5 mL、1.0 mL、1.5 mL、2.0 mL、2.5 mL，分别置于 10 mL 比色管中，用水稀释至刻度，在特定波长下测定吸光度（苋菜红 520 nm，胭脂红 510 nm，柠檬黄 430 nm，日落黄 482 nm，靛蓝 610 nm，亮蓝 620 nm），绘制标准曲线。取单元色样品溶液在对应波长下测定吸光度，在标准曲线上查得相应的各色素含量，最后计算样品中的各色素含量。

3. 注意事项

① 样品的前处理和提纯过程很重要，要充分除去干扰物质（如油脂、蛋白质、淀粉等）以免影响吸附及层析效果。

一般能溶解在水中的物质，如食盐、糖、味精、香精等，在用酸性水洗涤聚酰胺粉时都能除去，还有明胶、果胶也可以通过大量水除去；对油脂类可以用丙酮或石油醚洗涤脱脂，如果油脂含量很高，可以在研钵中用丙酮并加入适量洁净的海砂研磨而除去；对于样品中蛋白质、淀粉含量高时，可以用蛋白酶或钨酸钠、淀粉酶水解后除去；对于天然色素可以用甲醇-甲酸（6：4）混合溶液除去。

② 聚酰胺粉吸附前要求预先活化，并要求在适宜的温度、pH 和一定的作用时间下进行，操作时要注意。聚酰胺在酸性条件下吸附色素牢固，用水洗涤聚酰胺粉以除去可溶性物质，要求水溶液偏酸性（pH 为 4），要防止聚酰胺粉中已经吸附的色素在洗涤过程中脱落下来。

③ 聚酰胺粉可以回收使用。使用过的聚酰胺收集于干净的烧杯中，用 0.5%NaOH 溶液浸泡 24 h 之后用水泵抽干，倒回烧杯中，加入 0.1 mol/L 盐酸浸泡 30 min，然后再用水泵抽干，用水洗至中性，置于 60 ℃烘箱中烘干备用。

④ 在浓缩样品溶液时应控制水浴温度为 70 ℃～80 ℃，应该使溶液缓慢蒸发，勿溅出蒸发皿，并且要防止色素干结在蒸发皿的壁上（应该经常摇动蒸发皿）。

⑤ 靛蓝褪色由深蓝色 ⟶ 浅蓝色 ⟶ 黄色 ⟶ 无色，靛蓝褪色是由于光、氧、温度、pH 等多种因素的影响，测定靛蓝时要注意上述因素的影响。

⑥ 展开剂使用时最好两天换一次，以保证分离效果，放置时间过长造成浓度和极性都发生变化而影响分离效果。

⑦漏斗用完后要洗干净，先用 20 mL 浓盐酸少量多次洗涤，然后用水多次冲洗，否则影响下一个样品的吸附或解吸作用。

第七节　抗氧化剂的测定

氧化是导致食品品质劣变的重要因素之一，特别是油脂和富含油脂的食品。食品氧化除了使食品油脂产生哈喇味外，还可以发生褪色、褐变、维生素的破坏作用，就会降低其食用品质和营养价值，甚至产生有害物质。所以防止食品氧化是食品行业中的一个重要问题。抗氧化剂能够阻止或延迟食品氧化，配合一定的技术手段可以有效防止食品氧化，提高食品的稳定性和耐储藏性。抗氧化剂是油溶性的，所以能引起油脂酸败。植物油比动物油保存的时间长，这是因为植物油或多或少的含有一些抗氧化物质比如生育酚（维生素 E）等，而动物油中不含抗氧化物质所以更容易腐败。

最常见的抗氧化剂主要有：叔丁基-4-羟基茴香醚（BHA）、2,6-二叔丁基对甲酚（BHT）、叔丁基-对苯二酚（TBHQ）、没食子酸丙酯（PG）、天然的愈创树脂（GR）、生育酚混合浓缩物、正二氢愈创酸、卵磷脂、没食子酸异戊酯、没食子酸十二酯、没食子酸辛酯等。

一、食品中 BHA 和 BHT 的测定

抗氧化剂一般是两种以上混合使用，而 BHA 和 BHT 结构相似，它们的测定通常采用色谱分离，然后进行比色测定，也可以利用显色反应分别来测定。

（一）叔丁基-4-羟基茴香醚（BHA）的比色测定

1. 原　理

用石油醚将样品中的 BHA 提取出来，根据 BHA 在石油醚和含水乙醇两相中分配系数的不同，使其溶解在 72%乙醇溶液中，BHA 与 2,6-二氯醌氯亚胺的硼砂溶液生成一种特有的蓝色物质，在 620 nm 波长下进行比色测定。

2. 操作步骤概要

称取样品 2 g ⟶ 于 50 mL 量筒中 ⟶ 加入 2 mL 无水乙醇和 38 mL 石油醚(30 ℃～60 ℃) ⟶ 摇匀 ⟶ 静置 24 h ⟶ 吸取上层清液 25 mL 于分液漏斗中 ⟶ 用 72%乙醇 45 mL 分四次提取 BHA ⟶ 合并乙醇提取液于 50 mL 容量瓶中 ⟶ 加入 72%乙醇至刻度处(若混浊需过滤) ⟶ 吸取 2 mL 于比色管中 ⟶ 加入 72%乙醇 12 mL ⟶ 加入 2,6-二氯醌氯亚胺 2 mL ⟶ 振荡后再加入硼砂溶液 2 mL ⟶ 静置 15 min ⟶ 在 620 nm 波长处进行比色测定。

使用 BHA 标准应用液在相同的测定条件下显色，并且绘制标准曲线。根据标准曲线求出样品测定液中 BHA 的量，并换算成样品中 BHA 的含量。

3. 注意事项

染料 2,6-二氯醌氯亚胺溶液见光后容易变质，储存于棕色瓶中超过 6 h 需要重新配制，在冰箱中可以保存 3 天，一般为用时配制。

（二）2,6-二叔丁基对甲酚（BHT）的比色测定

1. 原理

样品中的抗氧化剂 BHT 通过水蒸气蒸馏，将 BHT 分离出来，馏出物经冷凝后溶于甲醇中，与邻联二茴香胺和亚硝酸钠溶液反应生成橙红色物质，用氯仿萃取后的深红色溶液在 520 nm 波长处进行比色测定。

2. 操作步骤概要

称取样品 2～5 g，加入 16 g 无水氯化钙粉末和 10 mL 水于蒸馏瓶中，馏出液收集在盛有 50 mL 甲醇的 200 mL 容量瓶里，用水稀释至刻度，定容。

由于 BHT 显色后，生成物容易见光分解，故显色时应该避光或将分液漏斗用黑布包住。量取馏出液 25 mL 于分液漏斗中，加入 0.2%邻联二茴香胺溶液 5 mL，摇匀后再加入 0.3%亚硝酸钠溶液 2 mL，再摇匀后放置 10 min。加入 10 mL 氯仿，剧烈提取 1 min，氯仿层在 520 nm 波长处测定吸光度。

BHT 标准溶液按照样品测定步骤中显色、萃取、测定吸光度，并且绘制标准曲线。根据标准曲线求出样品测定液中 BHT 的量，并换算成样品中 BHT 的含量。

3. 注意事项

① 要严格控制水蒸气蒸馏的温度，以免温度太高使油滴带出而影响测定结果。

② 蒸馏结束后，用热的甲醇淋洗弯管以及冷凝管时必须少量多次，以免冲洗不干净，导致测定结果偏低。

③ 加入显色剂后的反应时间是 5～7 min，这时显色可以到达最高峰。在 10 min 之内保持恒定，然后逐渐褪色，所以必须静置 10 min，然后立即加入氯仿萃取。

④ 氯仿萃取后，放于暗处 1 h，如果暴露于光线中会很快褪色。

⑤ 所生成的有色物，对光具有敏感性，在暗处操作最好。

（三）BHA 和 BHT 的分离测定

1. 薄层色谱法

样品的前处理：植物油用甲醇振荡提取 5 次，离心除去其他物质，甲醇提取液减压蒸馏浓缩，以供展开薄层板用。在动物油脂 BHA、BHT 的提取中，所用的提取剂也是甲醇，75 ℃ 水浴使动物油脂溶化后用甲醇提取，冷却后油脂和醇两相分离，取出醇相，如此反复提取，最后浓缩甲醇提取液备用。巧克力、饼干、糖等样品使用石油醚-乙醚（4∶1）混合溶液进行提取，离心分离后，醚相浓缩处理备用。

分离 BHA、BHT、PG 的薄层色谱条件见表 5-2。硅胶 G 在 105 ℃ 活化 1 h，2.4 g 聚酰胺粉和 0.6 g 可溶性淀粉涂薄层板后，80 ℃ 活化 1 h。本方法还可以同时测定 PG。

表 5-2　分离 BHA、BHT、PG 的薄层色谱条件

吸附剂	展开剂	显色剂	说明
硅胶 G	正己烷＋二氯乙烷＋冰醋酸（42＋6＋3） 异辛烷＋丙酮＋冰醋酸（70＋5＋12）	0.2% 2,6-二氯醌亚胺，氨熏	BHA、BHT、PG 色斑颜色： BHA 氨熏后紫红色
聚酰胺	甲醇＋丙酮＋水（30＋10＋10 用于油脂，或 30＋10＋15 用于食品）		BHT 氨熏后蓝紫色 PG 氨熏后黄棕色

2. 注意事项

① 抗氧化剂本身会被氧化，样品随着存放时间的延长含量会下降，所以样品进入实验室应该尽快分析，避免结果偏低。

② 抗氧化剂 BHT 稳定性较差，容易受到阳光、热的影响，操作时应该避光。

③ 用柱层析分离含油脂多的食品，会受到温度的影响。如果实验室温度低，流速就缓慢，使分离效果受到一定程度的影响，最好温度在 20 ℃ 以上进行分离。

二、油脂中没食子酸丙酯（PG）的测定

没食子酸丙酯（PG）也是常用的一种抗氧化剂，由于其合成工艺简单，原料低廉，广泛用于价格较低的食品中。它是由没食子酸和正丙醇酯化而形成的白色或微褐色结晶状粉末，本身微苦，熔点 145 ℃～148 ℃，有吸湿性，耐热性强，溶于油脂、酒精等有机溶剂中。动物性油脂中抗氧化能力较强，遇铁离子容易出现呈色反应。

1. 比色法原理

样品经石油醚溶解，用乙酸铵溶液提取，没食子酸丙酯（PG）与亚铁酒石酸盐发生颜色反应，产物为紫红色物质，在波长 540 nm 处测定吸光度，和标准比较定量。

2. 操作步骤概要

称取 10 g 样品，用 100 mL 石油醚溶解，移入 250 mL 分液漏斗中，加入 1.68%乙酸铵溶液 20 mL，振摇 2 min。静置分层后，将水层倒入 125 mL 分液漏斗中（如乳化，连同乳化层一起倒入），石油醚层再用 1.68%乙酸铵溶液 20 mL 重复提取两次，合并水层。石油醚层再用水振摇洗涤两次，每次 15 mL，水洗液合并倒入同一个 125 mL 分液漏斗中，振摇，静置。将水层通过干燥滤纸滤入 100 mL 容量瓶中，用少量水洗涤滤纸，加入 10%乙酸铵溶液 2.5 mL，加水至刻度，摇匀，过滤，弃去初始滤液 20 mL，收集滤液供比色测定时用。

吸取 20 mL 样品提取液于比色管中，加入 1 mL 显色剂和 4 mL 水，摇匀。在 540 nm 波长处测定吸光度。

吸取 0 mL、1.0 mL、2.0 mL、4.0 mL、6.0 mL、8.0 mL、10 mL PG 标准使用溶液，分别置于 25 mL 比色管中，加入 10%乙酸铵溶液 2.5 mL，准确加水至 24 mL，加入 1 mL 显色剂，摇匀。在波长 540 nm 处测定吸光度，绘制标准曲线。从标准曲线上求得测定用样品提取液中 PG 的量，最后换算为样品中 PG 的含量。

面粉漂白剂和面包改良剂

刚碾磨好的小麦面粉呈淡黄颜色，形成的生面团呈现黏结性，不便于加工或者焙烤。面粉储存一段时间后，就会逐渐变白并经过老化或成熟过程，可以改善其焙烤性能。实际上，一般都采用化学处理方法来加速这些自然过程，并且用其他添加剂来增强酵母的发酵活性和防止陈化。

面粉的漂白主要与类胡萝卜素色素的氧化有关，经氧化破坏类胡萝卜素的共轭双键体系而形成具有较少共轭键的无色化合物。一般认为，氧化剂对生面团的改良与谷蛋白中巯基的氧化有关，氧化剂或者只起漂白作用，或者既可漂白又能改善生面团的性能，或者仅有改善生面团的效果。例如，一种常用的面粉漂白剂过氧化苯甲酰 $[(C_6H_5CO)_2O_2]$，具有漂白或脱色作用，但不影响焙烤性能。既可用作漂白剂同时又是改良剂的物质包括：氯气（Cl_2）、二氧化氯（ClO_2）、氯化亚硝酰（$NOCl$）以及氮的氧化物（二氧化氮 NO_2、四氧化二氮 N_2O_4）。这些氧化剂都是气态的，一旦与面粉接触便可立即起作用。

过氧化苯甲酰（$C_{14}H_{10}O_4$）是我国在 20 世纪 80 年代末从国外引进并开始在面粉中普遍使用的食品添加剂。它主要用来漂白面粉，同时加快面粉的后熟。将过氧化苯甲酰添加到面粉中后，在空气和酶的催化下，与面粉中的水分反应，释放出初生态氧，初生态氧可以氧化面粉中的不饱和脂溶性色素和其他有色成分而使面粉变白，同时生成的苯甲酸，能对面粉起防霉作用，是目前许多国家广泛使用的一种食品添加剂，也是我国面粉加工业普遍使用的品质改良剂。国家标准《食品添加剂使用卫生标准》（GB2760—1996）明确将过氧化苯甲酰归为面粉处理剂类，规定其使用范围是小麦粉，还规定过氧化苯甲酰在面粉中的最大添加量为 0.3 g/kg，最大残留量 0.06 g/kg。

氧化面粉的气态物质的漂白能力各不相同，但都能有效地改进面粉的焙烤品质。例如，面粉经二氧化氯（ClO_2）处理，可得到良好的加工性能。含有少量氯化亚硝酰（$NOCl$）的氯气被广泛用作软化小麦糕点面粉的漂白剂和改良剂。在氯的氧化作用中生成的盐酸使 pH 降低，从而改善焙烤蛋糕的质量。空气通过强电弧所产生的四氧化二氮（N_2O_4）和其他氮的氧化物仅是中等有效的漂白剂，但它们都能提高面粉的焙烤品质。

主要作为生面团改良剂的氧化剂，只对生面团起作用而不对面粉起作用，它们能保证面团发酵均匀而且快速，例如溴酸钾（$KBrO_3$）、碘酸钾（KIO_3）、碘酸钙[$Ca(IO_3)_2$]和过氧化钙（CaO_2）等物质。溴酸钾最初作用非常慢，直到酵母发酵使生面团的 pH 降低，充分活化时才起反应。因此在加工过程中起作用较晚，它能使面包体积增大，面包对称性、团粒和组织特性均有所改善。溴酸钾这一物质曾经被认为是最有效的生面团改良剂的氧化剂。但日本学者用实验证明了溴酸钾对人体健康具有危害性，大多数欧洲国家已经禁止使用溴酸钾。美国是溴酸钾应用最广泛的国家，却从 20 世纪 90 年代开始严格限制溴酸钾的使用。大部分南美国家和东南亚国家，以及我国香港和台湾地区都已禁用溴酸钾。为了维护广大消费者的健康，我国内地也应当考虑禁止使用溴酸钾。

对氧化剂处理改善焙烤品质的原因，认为是将面粉谷蛋白中的巯基（—SH）氧化成大量的分子间二硫键（—S—S—），这种交联作用使谷蛋白形成薄而黏结的蛋白质膜网，其中包含发酵的小泡，结果得到更强韧、更干燥、更富于伸展性的生面团和良好特性的最终产品。

但必须避免面粉的过度氧化，因为过度氧化会使产品略带灰色，生产出颗粒不均匀和体积减小的次品面包。

过氧化苯甲酰是粉末状物质，一般是和稀释剂或稳定剂一起加入。作为生面团改良剂的氧化剂在面粉中的添加量为 $10 \sim 40\ \mu g/g$。通常把它们掺和到含有许多无机盐的生面团改良剂混合物中，然后在面包加工时添加进去。在生面团调节剂中通常掺入的无机盐有氯化铵（NH_4Cl）、硫酸铵 $[(NH_4)_2SO_4]$、硫酸钙（$CaSO_4$）、磷酸铵 $[(NH_4)_3PO_4]$ 和磷酸氢钙（$CaHPO_4$）。将它们加入生面团中，可以促进酵母的生长和有助于控制 pH。铵盐的主要作用是为酵母的生长提供可直接利用的氮源。磷酸盐是利用它的缓冲作用将酸度控制在略低于正常的 pH 范围内，以改进生面团的品质。当供应的水呈碱性时，这一点特别重要。

在面包生产工业中，除了氧化剂外，也用其他类型的物质作为生面团的品质改良剂，例如乳化剂和酶制剂。使用最多的乳化剂有硬脂酰-2-乳酸钙、双乙酰酒石酸单甘油酯、蔗糖单脂肪酸酯等。各种乳化剂通过面粉中的淀粉和蛋白质相互作用，形成复杂的复合体，起到增强生面团的加工性能，改善面包组织，延长货架期等作用，添加量一般为 0.2%~0.5%（对面粉计）。常用的乳化剂硬脂酰-2-乳酸钙 $[C_{17}H_{35}\text{-}COOC(CH_3)HCOOC(CH_3)HCOO]_2Ca$，具有强筋和保鲜的作用。一方面与蛋白质发生作用形成面筋蛋白复合物，使网状结构更加细致而有弹性，改善酵母发酵面团的持气性，使焙烤出的面包体积增大；另一方面，与直链淀粉相互作用，形成不溶性复合物，从而抑制直链淀粉的老化，保持焙烤面包的新鲜度。硬脂酰-2-乳酸钙在增大面包体积的同时，能提高面包的柔软度，但与其他乳化剂复配使用，其优良作用效果会减弱。双乙酰酒石酸单甘油酯能与蛋白质发生强烈的相互作用，改进发酵面团的持气性，从而增大面包的体积和弹性，这种作用在调制软质面粉时更为明显。如果仅仅从增大面包体积的角度考虑，双乙酰酒石酸单甘油酯在众多的乳化剂中效果是最好的，也是溴酸钾的理想替代物之一。蔗糖单脂肪酸酯能够提高面包的酥脆性，改善淀粉糊黏度，增大面包体积以及蜂窝状结构，并有防止老化的作用。采用冷藏面团制作面包时，添加蔗糖脂肪酸酯可以有效防止生面团的冷藏变性。

酶制剂作为生物大分子物质，安全性很高。面包改良剂中使用到的酶制剂有真菌 α-淀粉酶、木聚糖酶、葡萄糖氧化酶。真菌 α-淀粉酶，属于中温淀粉酶，在面包焙烤过程中能完全失活，不会因过度降解而导致面包心发黏。普通面粉中含有足够的 β-淀粉酶，而 α-淀粉酶的含量不足，并且面粉里面或多或少的都存在着部分破损淀粉，这正是 α-淀粉酶所作用的底物，通过降解破损淀粉和糊化淀粉颗粒，从而改善面筋网状的膜结构，增加蛋白质膜的黏弹性，增大面包体积，提高面包的柔软度。木聚糖酶和葡萄糖氧化酶能够提高生面团的机械加工性能和焙烤膨胀性能。木聚糖酶是一种专一性更强的戊聚糖酶（也称半纤维素酶），作用于面粉中的木聚糖，从而改善面筋网状结构的弹性和强度，提高生面团对过度发酵的承受力和稳定性，并增大面包体积。葡萄糖氧化酶能将葡萄糖氧化成葡萄糖酸、水及氧，再将谷蛋白中的巯基（—SH）氧化成大量的分子间二硫键（—S—S—），从而改善生面团的机械搅拌特性，增强生面团的柔韧度，增大面包体积，其作用类似于氧化剂，但更安全、更高效。氧化剂也可以用抗坏血酸（维生素 C）。在面粉中维生素 C 被氧化为脱氢抗坏血酸，接着与巯基反应生成二硫键，同时抗坏血酸再生。因此抗坏血酸是一种氧化还原缓冲体系，添加过量也不会对生面团产生不良影响。若单独使用维生素 C，增大面包体积的效果不如溴酸钾明显，但通过和乳化剂、酶制剂等复配，效果不错，也更安全。

除此以外，也可以用亲水胶态树胶来改善生面团的持水容量和改进面团及焙烤产品的其他性质。鹿角藻胶、羧甲基纤维素、角豆胶和甲基纤维素都是发酵工业中较有用的亲水胶体。已研究发现甲基纤维素和羧甲基纤维素不仅可以阻止面包老化和陈化，而且还能阻止面包在储藏期间水分向面包表面迁移。鹿角藻胶（0.1%）可以软化甜面团产品的外层质地。将亲水胶体例如 0.25%羧甲基纤维素掺入到油炸面饼的混合料中，能够明显减少油炸面饼的油脂吸收量。这些优点显然是由于生面团品质的改善和在油炸面饼表面形成了水合阻挡层的缘故。

思考题

1. 什么是食品添加剂？我国食品添加剂是如何分类的？
2. 我国允许使用的防腐剂有哪些？各有何特点？
3. 食品添加剂中使用的甜味剂是什么？它有什么特点？是如何测定的？
4. 简述食品添加剂亚硝酸和亚硝酸盐的作用、毒害作用以及有哪些预防措施？
5. 食品添加剂中使用的漂白剂有哪些？各有何特点？
6. 食品添加剂中的亚硫酸盐有什么作用？是如何测定的？
7. 食品添加剂中的食用合成色素都有哪些？分别列举色素说明。
8. 食品添加剂中的抗氧化剂主要有哪些？它们是如何测定的？

第六章　食品中有害成分的测定

食品中有害成分的测定是食品分析与食品安全的重要内容之一。食品中有害物质的产生有生物性、化学性和物理性因素，其中也有污染因素。食品原料本身可能含有有害成分，在食品加工、包装、储藏、运输、销售、烹调环节中，由于种种原因可能产生或使某些有害物质进入食品而造成污染。提高食品的卫生质量标准是落实国家各项食品卫生政策和保障人民身体健康的一件大事。各种有害成分在食品中的含量，各国的食品卫生标准中都有严格的限量指标，须根据有关法规进行检测分析。

第一节　食品中农药残留量的测定

一、概　述

（一）农药残留及其原因

农药残留（Pesticide Residues），是指农药施用后，残存在生物体、收获物、土壤、水体、大气中的微量农药原体、有毒代谢产物、降解物和杂质的总称。

施用于作物上的农药，其中一部分附着于作物上，一部分散落在土壤、大气和水等环境中，环境残存的农药中的一部分又会被植物吸收。残留农药直接通过植物果实或水、大气到达人、畜体内，或通过环境、食物链最终传递给人、畜。

导致和影响农药残留的原因有很多，其中农药本身的性质、环境因素以及农药的使用方法是影响农药残留的主要因素。

1. 农药性质与农药残留

现已被禁用的有机砷、汞等农药，由于其代谢产物砷、汞最终无法降解而残存于环境和植物体中。

六六六（BHC）、滴滴涕（DDT）等有机氯农药和它们的代谢产物化学性质稳定，在农作物及环境中消解缓慢，同时容易在人和动物体脂肪中积累。六六六和 DDT 都属中等毒性广谱杀虫剂，残效期长，有报道在施药后二十年仍能检出残留物。由于有机氯农药半衰期较长，毒性较强，农药经土壤、水源进入植物根、茎叶和果实以及畜产品和水产品，通过食物链造成对人的危害。有机氯农药自 20 世纪 40 年代使用以来，在植物保护和卫生防疫方面发挥了重要的作用。20 世纪 60 年代发现其高残留和污染问题后，70 年代一些国家相继限用和禁用。我国于 1983 年 4 月 1 日起停止生产"六六六"、DDT。绝大部分有机氯农药因残留严重并具有一定的致癌活性而被禁止使用，但这类农药容易在生物体内蓄积，在环境中具有很强的稳定性，如 DDT 比"六六六"还要稳定，它在土壤中消失 95% 需 16～33 年，目前它们的残毒问题仍然存在。

有机磷、氨基甲酸酯类农药化学性质不稳定，在施用后，容易受外界条件影响而分解。但有机磷和氨基甲酸酯类农药中存在着部分高毒和剧毒品种，如甲胺磷、对硫磷、涕灭威、克百威、水胺硫磷等，如果被施用于生长期较短、连续采收的蔬菜，则很难避免因残留量超标而导致人畜中毒。

另外，一部分农药虽然本身毒性较低，但其生产杂质或代谢物残毒较高，如二硫代氨基甲酸酯类杀菌剂生产过程中产生的杂质及其代谢物硫脲属致癌物，三氯杀螨醇中的杂质滴滴涕，丁硫克百威、丙硫克百威的主要代谢物克百威和3-羟基克百威等。

农药的内吸性、挥发性、水溶性、吸附性直接影响其在植物、大气、水、土壤等周围环境中的残留。温度、光照、降雨量、土壤酸碱度及有机质含量、植被情况、微生物等环境因素也在不同程度上影响着农药的降解速度，影响农药残留。

2. 使用方法与农药残留

一般来讲，乳油、悬浮剂等用于直接喷洒的剂型对农作物的污染相对要大一些，而粉剂由于其容易飘散而对环境和施药者的危害更大。

任何一个农药品种都有其适合的防治对象、防治作物，有其合理的施药时间、使用次数、施药量和安全间隔期（最后一次施药距采收的安全间隔时间）。合理施用农药能在有效防治病虫草害的同时，减少不必要的浪费，降低农药对农副产品和环境的污染，而不加节制地滥用农药，必然导致对农产品的污染和对环境的破坏。

（二）农药残留限量

世界卫生组织和联合国粮农组织（WHO/FAO）对农药残留限量的定义为：按照良好的农业生产（GAP）规范，直接或间接使用农药后，在食品和饲料中形成的农药残留物的最大浓度。首先根据农药及其残留物的毒性评价，按照国家颁布的良好农业规范和安全合理使用农药规范，适应本国各种病虫害的防治需要，在严密的技术监督下，在有效防治病虫害的前提下，在取得的一系列残留数据中取有代表性的较高数值。它的直接作用是限制农产品中农药残留量，保障公民身体健康。在世界贸易一体化的今天，农药最高残留限量也成为各贸易国之间重要的技术壁垒。

（三）农药残留问题

世界各国都存在着程度不同的农药残留问题，农药残留会导致以下几方面的危害。

1. 农药残留对健康的影响

食用含有大量高毒、剧毒农药残留的食物会导致人、畜急性中毒事故。长期食用农药残留超标的农副产品，虽然不会导致急性中毒，但可能引起人和动物的慢性中毒，导致疾病的发生，甚至影响到下一代。

2. 药害影响农业生产

由于不合理使用农药，特别是除草剂，导致药害事故频繁发生，经常引起大面积减产甚至绝产，严重影响了农业生产。

3. 农药残留影响进出口贸易

世界各国，特别是发达国家对农药残留问题高度重视，对各种农副产品中农药残留都规定了严格的限量标准。许多国家以农药残留限量为技术壁垒，限制农副产品进口，保护农业生产。2000 年，欧共体将氰戊菊酯在茶叶中的残留限量从 10 mg/kg 降低到 0.1 mg/kg，致使我国茶叶出口面临严峻的挑战。

（四）解决农药残留问题的策略

1. 合理使用农药

解决农药残留问题，必须从根源上杜绝农药残留污染。我国已经制定并发布了七批《农药合理使用准则》国家标准。准则中详细规定了各种农药在不同作物上的使用时期、使用方法、使用次数、安全间隔期等技术指标。合理使用农药，不但可以有效地控制病虫草害，而且可以减少农药的使用，减少浪费，最重要的是可以避免农药残留超标。有关部门应在继续加强《农药合理使用准则》制定工作的同时，加大宣传力度，加强技术指导，使《农药合理使用准则》真正发挥其应有的作用。而农药使用者应积极学习，树立公民道德观念，科学、合理地使用农药。

2. 加强农药残留监测

开展全面、系统的农药残留监测工作能够及时掌握农产品中农药残留的状况和规律，查找农药残留形成的原因，为政府部门提供及时有效的数据，并为其制定相应的规章制度和法律法规提供依据。

3. 加强法制管理

加强《农药管理条例》《农药合理使用准则》《食品中农药残留限量》等有关法律法规的贯彻执行力度，加强对违反有关法律法规行为的处罚，是防止农药残留超标的有力保障。

（五）我国水果农药残留新标准

目前，我国已制定了 79 种农药在 32 种（类）农副产品中 197 项农药最高残留限量（MRL，Maximum Residue Limit 的缩写）的国家标准，其中有关果树上的农药残留最高限量标准如下（注：mg/kg＝毫克/千克）：

百菌清≤1 mg/kg；   苯丁锡≤5 mg/kg；   代森锰锌≤5 mg/kg（小粒水果）；

草甘膦≤0.1 mg/kg；   除虫脲≤1 mg/kg；   代森锰锌≤3 mg/kg（梨果）；

倍硫磷≤0.05 mg/kg；   滴滴涕≤0.1 mg/kg；   甲拌磷为不得检出；

敌百虫≤0.1 mg/kg；   毒死蜱≤1 mg/kg（梨果）；   对硫磷为不得检出；

多菌灵≤0.5 mg/kg；   二嗪磷≤0.5 mg/kg；   氟氰戊菊酯≤0.5 mg/kg；

甲萘威≤2.5 mg/kg；   乐果≤1 mg/kg；   甲霜灵≤1 mg/kg（小粒水果）

抗蚜威≤2.5 mg/kg；   克菌丹≤15 mg/kg；   六六六≤0.2 mg/kg；

氰戊菊酯≤0.2 mg/kg；   氯菊酯≤2 mg/kg；   马拉硫磷为不得检出；

炔螨特≤5 mg/kg（梨果）；   氯氟氰菊酯≤0.2 mg/kg（梨果）；

噻螨酮≤0.5 mg/kg（梨果）；   双甲脒≤0.5 mg/kg（梨果）；

三唑酮≤0.2 mg/kg；   杀螟硫磷≤0.5 mg/kg；   辛硫磷≤0.05 mg/kg；

三唑锡≤2 mg/kg（梨果）；　　　　四螨嗪≤1 mg/kg；　　　　溴螨酯≤5 mg/kg（梨果）；

溴氰菊酯≤0.1 mg/kg（皮可食）；　　异菌脲≤10 mg/kg（梨果）；

亚胺硫磷≤0.5 mg/kg；　　　　　　乙酰甲胺磷≤0.5 mg/kg；敌敌畏≤0.2 mg/kg。

二、食品中有机磷农药残留量的测定

（一）概　述

有机磷农药是用于防治植物病、虫、害的含磷的有机化合物。这一类农药品种多、药效高，用途广，易分解，在人、畜体内一般不积累，在农药中是极为重要的一类化合物。但有不少品种对人、畜的急性毒性很强，在使用时特别要注意安全。近年来，高效低毒的品种发展很快，逐步取代了一些高毒品种，使有机磷农药的使用更安全有效。

过去我国生产的有机磷农药绝大多数为杀虫剂，如常用的对硫磷、内吸磷、马拉硫磷、乐果、敌百虫及敌敌畏等，近几年来已先后合成杀菌剂、杀鼠剂等有机磷农药。

有机磷农药多为磷酸酯类或硫代磷酸酯类化合物，从结构上可以分为磷酸酯、二硫代磷酸酯、硫酮磷酸酯、硫醇磷酸酯、硫酰胺酯和亚磷酸酯六大类。在结构式中，因基团不相同，就可以构成多种不同的有机磷化合物。

有机磷农药中，除敌百虫和乐果是白色晶体外，其余有机磷农药的工业品都呈淡黄色至棕色油状。除敌百虫和敌敌畏之外，大多具有特殊的蒜臭味，挥发性大，一般不溶于水，易溶于有机溶剂如苯、丙酮、乙醚、三氯甲烷及油类，对光、热不稳定，在一定条件下易水解，特别是在碱性介质、高温、水分含量高等环境中，更易水解。如敌百虫遇碱可水解为毒性较大的敌敌畏。市场上销售的有机磷农药剂型主要有乳化剂、可湿性粉剂、颗粒剂和粉剂四大剂型。近年来混合剂和复配剂已逐渐增多。

有机磷农药可经消化道、呼吸道及完整的皮肤和黏膜进入人体。职业性农药中毒主要由皮肤污染引起。吸收的有机磷农药在体内分布于各器官，其中以肝脏含量最大，脑内含量则取决于农药穿透血脑屏障的能力。

我国国家标准检测方法规定采用气相色谱法。这种方法适用于粮食、植物油脂、蔬菜中敌敌畏、马拉硫磷、对硫磷、甲拌磷、乐果、杀螟硫磷、倍硫磷、稻温净、虫螨磷等的残留量测定。

（二）气相色谱测定食品中有机磷农药残留量

1. 原　理

试样中残留的有机磷农药经有机溶剂提取、净化浓缩后，注入气相色谱仪进行分离分析，火焰光度检测器检测，与有机磷标准物保留时间相比较来定性，外标法定量。

2. 操作步骤概要

（1）提取与净化

蔬菜样品切碎混匀，称取一定量的试样置于具塞锥形瓶中。根据蔬菜含水量加足够量的无水硫酸钠脱水，根据蔬菜色素含量加适量活性炭脱色，加二氯甲烷振摇30 min后过滤，准确吸取一定量的滤液自然挥干，用二氯甲烷少量多次研磨洗涤残渣，洗涤液定容，备用。

粮食等谷物样品磨成粉状并过 20 目筛，混匀，称取一定量的试样置于具塞锥形瓶中，加入适量的中性氧化铝及二氯甲烷，小麦、玉米等试样需加活性炭，振摇 30 min 后过滤，备用。

称取混匀的植物油试样，用丙酮分次溶解后移入分液漏斗中，摇匀后加适量水，轻轻旋转振摇 1 min，静置 1 h 以上，弃去下面析出的油脂，上层溶液自分液漏斗上口倾入另一个分液漏斗中，加入二氯甲烷和 5%硫酸钠溶液，振摇 1 min，静置分层，将二氯甲烷萃取液转移至蒸发皿中。再用二氯甲烷萃取一次丙酮水溶液，分层后，转移合并萃取液于蒸发皿中，自然挥发溶剂后，用二氯甲烷少量多次洗涤残液于容量瓶中并定容，加适量无水硫酸钠振摇脱水，再加中性氧化铝、活性炭（若毛油可适当增加量）振摇脱油、脱色，过滤，备用。

（2）色谱分析条件

3 mm×(1.5～2) m 玻璃色谱柱；60～80 目 Chromosorb W AW DMCS 担体；火焰光度检测器，526 nm 单色滤光片，空气流量 50 mL/min，氢气流量 180 mL/min；高纯氮载气，流量 80 mL/min；进样口温度 220 ℃，柱温 180 ℃（分离敌敌畏为 130 ℃），检测器温度 240 ℃。

① 分离敌敌畏、乐果、马拉硫磷和对硫磷农药，使用 2.5% SE-30/3% QF-1 或 1.5% OV-17/2% QF-1 固定液。

② 分离甲拌磷、虫螨磷、稻瘟净、倍硫磷和杀螟硫磷农药，使用 3% PEGA/5% QF-1 或 2% NPGA/3% QF-1 固定液。

（3）测定

将各浓度的有机磷标准溶液分别进样，测量各有机磷标准物的峰高，绘制标准曲线。取备用的样品溶液进样，测量各组分的峰高，计算样品中有机磷农药的残留量。

第二节　食品中黄曲霉毒素的测定

一、概　述

霉菌是一些丝状真菌的通称，在自然界分布很广，几乎无处不存在，主要分布在不通风、阴暗、潮湿和温度较高的环境中。霉菌非常容易地生长在各种食品上，造成不同程度的食品污染。霉菌污染食品后，一方面可引起食品的腐败变质，使食品失去原有的色、香、味、形，降低甚至完全丧失其食用价值；另一方面，有些霉菌可产生危害性极强的霉菌毒素，对食品的安全性构成极大的威胁。霉菌毒素还有较强的耐热性，不能被一般的烹调加热方法所杀死，当人体摄入的毒素量达到一定程度后，可引起食物中毒。

据统计，目前已发现的霉菌毒素有 200 多种，其中与人类关系密切的有近百种，有相当一部分具有较强的致癌和致畸性。产生毒素的霉菌主要有曲霉菌属、青霉菌属、镰刀菌属中的一些霉菌。其中毒性最强的是黄曲霉毒素和环氯素等。

1960 年在英格兰南部和东部地区，有十几万只火鸡因食用发霉的花生粉而中毒死亡。剖检中毒死鸡，发现肝脏出血、坏死，肾肿大，病理检查发现肝实质细胞退行性病变及胆管上皮细胞增生。研究者从霉变的花生粉中分离出了一种荧光物质，并证实了这种荧光物质是黄曲霉的代谢产物，是导致火鸡死亡的病因，后来将这种有毒代谢物质定名为黄曲霉毒素。研究表明，黄曲霉和寄生曲霉中的某些菌体都能产生黄曲霉毒素。

黄曲霉毒素（Aflatoxins，简写 AFT）是一类化学结构类似的化合物，均为二氢呋喃香豆素的衍生物。黄曲霉毒素主要是由黄曲霉（Aspergillus Flavus）和寄生曲霉（Aparasiticus）产生的次生代谢产物，在湿热地区食品和饲料中出现黄曲霉毒素的几率最高。在紫外线照射下毒素可发出荧光，根据荧光颜色不同，将其分为 B 族和 G 族两大类。黄曲霉毒素 B_1 和 B_2 可发出蓝紫色荧光，G_1 和 G_2 可发出黄绿色荧光。AFT 目前已发现 20 余种，纯净的黄曲霉毒素为无色晶体，耐热，100 ℃、2011 也不能将其全部破坏。它可溶于多种有机溶剂如氯仿、甲醇、乙醇等，不溶于水、己烷、乙醚和石油醚。黄曲霉毒素在食品中的污染大大超过其他几种霉菌毒素的总和，AFT 主要污染粮油及其制品，如花生、花生油、玉米、大米、棉籽等，此外各种动植物食品也能被广泛污染，如在胡桃、高粱、小麦、豆类、坚果类、肉类、乳及乳制品、干咸鱼及辣椒中均有黄曲霉毒素污染。其中以花生和玉米污染最为严重，家庭自制发酵食品也能检出黄曲霉毒素，尤其是高温高湿地区的粮油及制品中黄曲霉毒素检出率更高。

黄曲霉毒素主要有 B_1、B_2、G_1、G_2 以及另外两种代谢产物 M_1、M_2，其中 M_1 和 M_2 是从牛奶中分离出来的。黄曲霉毒素的基本结构为二呋喃环和香豆素，$AFTB_1$、B_2、G_1、G_2、M_1 和 M_2 在分子结构上十分接近，B_1 是二氢呋喃氧杂萘邻酮的衍生物，即含有一个双呋喃环和一个氧杂萘邻酮（香豆素）。前者为基本毒性结构，后者与致癌有关。M_1 是黄曲霉毒素 B_1 在体内经过羟化而衍生成的代谢产物。黄曲霉毒素属剧毒物质，其毒性比氰化钾还高，也是目前最强的化学致癌物质。AFT 中毒时动物主要病变在肝脏，表现为肝细胞变性、坏死、出血、胆小管增生等。其中 $AFTB_1$ 的毒性和致癌性最强，在食品中的污染也最广泛，对食品的安全性影响最大。在玉米、花生、棉花种子及一些干果中常能检测到 $AFTB_1$。人及动物如果摄入黄曲霉毒素 B_1 和 B_2 后，在乳汁和尿中可检出其代谢产物黄曲霉毒素 M_1 和 M_2。因此，在食品卫生监测中，主要以黄曲霉毒素 B_1 为污染指标。我国食品中黄曲霉毒素 B_1 的允许量如表 6-1 所示。

表 6-1　我国食品中黄曲霉毒素 B_1 的允许量

食 品 品 种	允 许 量 标 准（μg/kg）
玉米、花生仁、花生油	≤20
玉米及花生制品（按原料折算）	≤20
大米、其他食用油	≤10
其他粮食、豆类、发酵食品、饼干、面包	≤5
婴儿代乳食品	不得检出

$AFTB_1$ 的检测方法有色谱法、化学法、生物法和免疫学法，最常用的是薄层色谱法和高效液相色谱方法。

二、薄层色谱法测定食品中的黄曲霉毒素

1. 原　理

食品试样中的 $AFTB_1$ 经提取、浓缩、薄层分离后，在 365 nm 波长的紫外光下，观察蓝紫色荧光斑点，比较 $AFTB_1$ 标准物的 R_f 值进行定性，比较 $AFTB_1$ 标准物斑点的面积与荧光

强度定量。

按照规定的操作方法制备薄层板，其最小检出量为 0.000 4 μg，相当于试样中 AFTB$_1$ 含量 5 μg/kg。若试样检测为阴性，AFTB$_1$ 含量低于 5 μg/kg；若试样检测结果为阳性，采用稀释定量，根据试样提取液的稀释倍数计算 AFTB$_1$ 含量。

2. 操作步骤概要

（1）提取。

① 玉米、大米、小麦、花生及其制品。

称取 20 g 粉碎过筛的样品于 250 mL 具塞锥形瓶中，用滴管滴加约 6 mL 水，使样品湿润。准确加入 60 mL 三氯甲烷，振荡 30 min，加入 12 g 无水硫酸钠，振摇后，静置 30 min，用叠成折叠式的快速定性滤纸过滤于 100 mL 具塞锥形瓶中。取 12 mL 滤液于蒸发皿中，在 65 °C 水浴上通风挥发干溶剂，然后放在冰盒上冷却 2～3 min。准确加入 1 mL 苯-乙腈混合液，用带橡胶头的滴管管尖将残渣充分混合。若有苯的结晶析出，将蒸发皿从冰盒上取出，继续溶解、混合，晶体即消失，再用此滴管吸取上层清液转移于 2 mL 具塞试管中。

② 花生油、香油、菜油等样品。

称取 4 g 样品置于小烧杯中，加入 20 mL 正己烷或石油醚。将样品溶液转移至 125 mL 分液漏斗中，用 20 mL 甲醇水溶液分次洗烧杯，洗液一并移入分液漏斗中，振摇 2 min，静置分层后，将下层甲醇水溶液移入第二个分液漏斗中，再用 5 mL 甲醇水溶液重复振摇提取一次，提取液一并移入第二个分液漏斗中，在第二个分液漏斗中加入 20 mL 三氯甲烷，振摇 2 min，静置分层。如出现乳化现象可滴加甲醇促使分层。放出三氯甲烷层，经盛有约 10 g 预先用三氯甲烷湿润的无水硫酸钠的慢速滤纸过滤于 50 mL 蒸发皿中，再加 5 mL 三氯甲烷于分液漏斗中，重复振摇提取，三氯甲烷层一并滤于蒸发皿中，最后用少量三氯甲烷洗涤过滤器，洗液并于蒸发皿中。将蒸发皿放在通风柜，于 65 °C 水浴上通风挥发干溶剂，然后放在冰盒上冷却 2～3 min 后，准确加入 1 mL 苯-乙腈混合液，用带橡胶头的滴管管尖将残渣充分混合。若有苯的结晶析出，将蒸发皿从冰盒上取出，继续溶解、混合，晶体即消失，再用此滴管吸取上层清液转移于 2 mL 具塞试管中。

③ 酱油、醋样品。

称取 10 g 样品于小烧杯中，为防止提取时乳化，加 0.4 g 氯化钠，转移至分液漏斗中，用 15 mL 三氯甲烷分次洗涤烧杯，洗液并入分液漏斗中。以下按②自"振摇 2 min，静置分层"起，同法操作。最后加入 2.5 mL 苯-乙腈混合液，此溶液每毫升相当于 4 g 样品。

（2）测定。

① 薄层板的制备。

称取约 3 g 硅胶 G，加入相当于硅胶量 2～3 倍左右的水，用力研磨 1～2 min 至成糊状后立即倒于涂布器内，推成 5 cm×20 cm，厚度约 0.25 mm 的薄层板三块。在空气中干燥大约 15 min 后，在 100 °C 活化 2 h，取出并放入干燥器中保存。

② 点样。

在距薄层板下端 3 cm 的基线上用微量注射器点样。一块板可点 4 个样，样点距边缘和点间距约为 1 cm，样点直径约 3 mm。在同一板上滴加点的大小应一致。

第一点：10 μL 0.04 μg/mL 黄曲霉毒素 B$_1$ 标准使用液。

第二点：20 μL 样品溶液。

第三点：20 μL 样品溶液和 10 μL 0.04 μg/mL 黄曲霉毒素 B_1 标准使用液。

第四点：20 μL 样品溶液和 10 μL 0.2 μg/mL 黄曲霉毒素 B_1 标准使用液。

③ 展板与观察。

在展开槽中加入 10 mL 无水乙醚，预展 12 cm，取出挥发干。于另一展开槽中加入 10 mL 丙酮和三氯甲烷溶液，展开 10~12 cm 后取出。溶剂挥发后在 365 nm 紫外光下观察结果。

a. 薄层板上第一点黄曲霉毒素 B_1 为 0.000 4 μg，可用于检查薄层板的最低检出量是否正常。如果薄层板的最低检出量不正常，第四点黄曲霉毒素 B_1 为 0.002 μg，可以起定位作用。第三点是在样品溶液点上加滴黄曲霉毒素 B_1 标准使用液，若样品溶液为阴性，第三点黄曲霉毒素 B_1 为 0.000 4 μg，用于检查薄层板的最低检出量是否正常；若样品溶液为阳性，黄曲霉毒素 B_1 标准与样品溶液中的黄曲霉毒素 B_1 荧光斑点重叠，则起定位作用。

b. 在薄层板的最低检出量正常的情况下，比较第二与第一、三、四点黄曲霉毒素 B_1 标准点相应位置上蓝紫色荧光斑点。如果样品溶液为阴性，则试样中黄曲霉毒素 B_1 含量低于 5 μg/kg；如果在相应位置上有蓝紫色荧光斑点，则需进行确证试验。

④ 确证试验。

按上述方法在薄层板上点样品溶液和黄曲霉毒素 B_1 标准使用液，在样点上加滴三氟乙酸，使黄曲霉毒素 B_1 生成衍生物，展板后此衍生物的比移值约在 0.1 左右。点样方法如下。

第一点：10 μL 0.04 μg/mL 黄曲霉毒素 B_1 标准使用液。

第二点：20 μL 样品溶液。

于两样点上各加一小滴三氟乙酸，反应 5 min 后，用吹风机吹热风 2 min，吹到薄层板上的热风温度不高于 40 ℃。再在薄层板上滴加以下两个点。

第三点：10 μL 0.04 μg/mL 黄曲霉毒素 B_1 标准使用液。

第四点：20 μL 样品溶液。

分别用无水乙醚、丙酮和三氯甲烷溶液两次展板后，在紫外灯下观察样品溶液中是否产生与黄曲霉毒素 B_1 标准点相同的衍生物。未加三氟乙酸的第三、四两点，可依次作为样品溶液与黄曲霉毒素 B_1 标准的衍生物空白对照。

⑤ 稀释定量。

如果样品溶液点中黄曲霉毒素 B_1 斑点的荧光强度与第一点中标准黄曲霉毒素 B_1 斑点的荧光强度一致，则试样中黄曲霉毒素 B_1 含量即为 5 μg/kg。如果样品溶液点中黄曲霉毒素 B_1 斑点的荧光强度比第一点中标准黄曲霉毒素 B_1 斑点的荧光强度强，则根据其荧光强度估计减少滴加体积或将样品溶液稀释后点样、展板、观察，直到样品溶液点的荧光强度与最低检出量的荧光强度一致为止。根据减少样品溶液点样量的体积或样品溶液稀释的倍数，计算试样中黄曲霉毒素 B_1 的含量。

三、防止黄曲霉毒素中毒的措施

① 谷物收获后，尽快脱水干燥，并放置在通风、阴凉、干燥处，防止发霉变质。

② 拣除霉变颗粒。除去发霉、变质的花生、玉米粒，是防止黄曲霉毒素中毒，保证食品安全性的最有效措施之一。

③ 反复搓洗、水冲。对污染的谷物、豆类等粮食，用清水反复搓洗 4~6 次，随水倾去

悬浮物，可以除去 50%～88%的黄曲霉毒素。

④ 加碱、高压去毒。碱性条件下，黄曲霉毒素被破坏后可溶于水中，反复水洗或加高压，可以除去 85.7%的黄曲霉毒素。

第三节　食品中有害元素的测定

一、概　述

元素以不同的形式存在于食品中，有的与其他元素共同组成有机物质，有的以无机盐的形式存在。存在于食物中的各种元素，从营养的角度，可以分为必需元素、非必需元素和有毒元素三类。从人体对其需要量而言，虽然矿物质仅占人体重量的 6%左右，但却是极不均匀的，其中钙、磷、镁、钾、钠等元素含量比例较大，称为常量元素。另一类在新陈代谢上同样重要，但含量相对较少，常称为微量元素。有些微量元素是人类或生物生理所必需的元素，现在普遍认为人体必需的微量元素有：铁、锌、铜、锰、镍、钴、钼、硒、铬、碘、氟、锡、硅、钒等 14 种。

有些元素，目前尚未证实对人体具有生理功能，或者正常情况下人体只需要极少的数量或者人体可以耐受极少的数量，剂量稍高，即可呈现毒性作用，称之为有毒元素，其中砷、汞、镉、铅对食品的污染较为严重。这类元素的特点是有蓄积性，它们的生物半减期一般较长，例如甲基汞在人体内的生物半减期为 70 天，铅和镉分别长达 1 460 天和 16～31 年。随着有毒元素在体内蓄积量的增加，机体便会出现各种急性或慢性的毒性反应，有的还会有致癌、致畸或致突变的潜在危害。对于这类元素，人们当然希望在食品中的含量越低越好，至少不要超过某一限度。因为即便是痕量的，对人体也有危害。目前，被认为具有中等或严重毒性的元素有锑、砷、镉、铬（6 价）、铅、锡（有机化合物）、汞等。

元素对人体是有益还是有害是相对的，二者之间很难划分。有益和有害二者之间还有一个量的关系，即使是必需的元素也有维持机体正常生理功能的需要量范围。摄入量不足可以引起缺乏病症，摄入量过多则产生中毒现象。食品的原料大部分来自农作物。农作物生长的土壤、环境和水质中的污染情况对农作物中元素含量的影响很大。农作物富集了环境中的有害元素，再由鱼虾、家禽、家畜进一步富集，最后都通过食品进入人体。食品中有害元素的另一个来源是在食品加工、包装、运输和储藏过程中污染造成的，例如不纯金属用具和容器造成食品中铅、锌含量增加，镀锡罐头由于酸的腐蚀造成锡的溶出，用铜锅加工蜜饯、糖果，会造成铜含量超标。食品添加剂的使用，造成的污染不容忽视。20 世纪 50 年代日本出现水俣病和痛痛病，最终查明是由于食品遭到汞污染和镉污染所引起的。自此以后，食源性危害问题开始引起人们极大的关注。

二、砷的测定

砷是食品中污染和危害较为严重的有害元素之一，1973 年 FAO 和 WHO 所确定的 17 种最优先研究的食品污染物中，砷排在第二位，仅次于黄曲霉毒素。三氧化二砷的 ADI 为 0.3 mg/(kg·d)，折合砷 0.023 mg/(kg·d)。As 为非金属元素，砷化物毒性很强，最常见的砷化合物有三氧化二砷。三氧化二砷为白色，无臭无味的粉末。若含量不纯，三氧化二砷为橘红色，俗称砒霜。砷的分布很广，如天然颜料、矿石、土壤、食盐、水、动植物体内。

砷的中毒有以下三种类型：

① 胃肠型：中毒后 1~2 h 即出现症状，快者几十分钟即可出现。开始咽喉有灼烧感觉、口渴、流涎、恶心，接着出现腹痛、呕吐，同时出现腹泻、小便稀少、心慌、眩晕、休克。

② 神经型：头痛、头晕、抽搐、知觉丧失、出现昏迷状态，最后因呼吸麻痹及心血管中枢麻痹而死亡。

③ 混合型：具有胃肠型和神经型的症状，对于慢性中毒为面色苍白、黄疸、消化不良、发炎、落发、眩晕、头痛、烦躁不安、兴奋、运动发生障碍等。

食品中砷的测定常用方法有砷斑法、银盐法、原子吸收法。砷斑法是卫生检验常用的方法，灵敏度较高，但目视比色误差较大；银盐法误差小，灵敏度低，仅是砷斑法的 1/10；原子吸收法灵敏度高，精密度较好，适合于食品中微量砷的分析。

（一）砷斑法

1. 原　理

在酸性条件下，用氯化亚锡将五价的砷还原为三价砷，利用锌和酸反应产生原子态氢，而将三价砷还原为砷化氢。当砷化氢气体通过装有醋酸铅棉花的通气管，脱除硫化氢后遇到溴化汞试纸时，产生黄色至黄褐色的砷斑，斑点颜色的深浅与砷的含量成正比，可根据颜色的深浅比色定量。反应方程式如下所示：

$$As_2O_5 + 2SnCl_2 + 4HCl == As_2O_3 + 2SnCl_4 + 2H_2O$$

$$As_2O_3 + 6Zn + 12HCl == 2AsH_3 + 3H_2O + 6ZnCl_2$$

$$AsH_3 + 3HgBr_2 == As(HgBr)_3 + 3HBr \text{（黄色）}$$

$$2As(HgBr)_3 + AsH_3 == 3AsH(HgBr)_2 \text{（黄褐色）}$$

$$As(HgBr)_3 + AsH_3 == 3HBr + As_2Hg_3 \text{（棕色）}$$

H_2S 遇溴化汞试纸亦可生成色斑，用醋酸铅棉花除去。此外，锑、磷等都能与溴化汞试纸显色。如果用氨熏蒸黄褐斑，先变黑再褪去为砷显色，不变色时为磷显色，变黑时为锑显色。

2. 操作步骤概要

（1）溴化汞试纸的制备。

将剪成直径 2 cm 的圆形滤纸片，在 5％溴化汞乙醇溶液中浸泡 1 h 以上，保存于冰箱中，临用前取出置暗处阴干，备用。溴化汞试纸的纸质疏密程度不一，将直接影响色斑颜色深浅。因此，在同一批试样测定中，溴化汞试纸的纸质必须一致。溴化汞试纸制作时，应防止用手接触滤纸，应在避光通风处晾干后保存在棕色试剂瓶内。

（2）样品前处理。

准确称取样品 5 g 于 10 g 瓷坩埚中 ⟶ 加氧化镁粉 2 g ⟶ 加入 10％硝酸镁溶液 10 mL ⟶ 于水浴加热蒸干 ⟶ 小火上炭化后 ⟶ 在 550 ℃ 灼烧至灰白色 ⟶ 冷却后 ⟶ 加入 10 mL 浓盐酸溶解残渣 ⟶ 移入 100 mL 容量瓶中 ⟶ 定容。

（3）测定。

① 吸取一定量试样消化液及同量的试剂空白液，分别置于测砷瓶中，加入 15%碘化钾溶液 5 mL、5 滴酸性氯化亚锡溶液及 5 mL 盐酸，再加水至 35 mL。

② 吸取 1 μg/mL 砷标准溶液 0 mL、0.5 mL、1.0 mL、2.0 mL 分别置于测砷瓶中，各加 15%碘化钾溶液 5 mL、5 滴酸性氯化亚锡溶液及 15 mL 盐酸，再各加水至 35 mL，配制成标准系列溶液。

③ 分别在样品溶液、试剂空白液及砷标准系列溶液中各加 3 g 无砷锌粒，立即塞上预先装有醋酸铅棉花及溴化汞试纸的测砷管，于 25 ℃ 放置 1 h，取出样品溶液、试剂空白液与标准系列溶液的溴化汞试纸。目测比较溴化汞试纸的砷斑，计算试样中的含砷量（μg/kg）。

（二）银盐法

1. 原 理

试样经酸消解后，在碘化钾和酸式氯化亚锡的溶液中，将高价砷还原为三价砷，然后与锌粒和酸作用产生的新生态氢生成砷化氢气体，通过装有醋酸铅棉花的通气管，脱除硫化氢后导入含有二乙氨基二硫代甲酸银（简称 Ag-DDC）的吸收液中，砷化氢与 Ag-DDC 作用，生成棕红色胶态银，溶液的颜色呈橙色至红色。在 520 nm 波长处测定吸光度值，比色定量。反应方程式如下所示：

$$H_3AsO_4 + 2KI + 2HCl \Longrightarrow H_3AsO_3 + I_2 + 2KCl + H_2O$$

$$H_3AsO_4 + SnCl_2 + 2HCl \Longrightarrow H_3AsO_3 + SnCl_4 + H_2O$$

$$H_3AsO_3 + 3Zn + 3H_2SO_4 \Longrightarrow AsH_3 + 3ZnSO_4 + 3H_2O$$

$$AsH_3 + 6Ag(DDC) \Longrightarrow 6Ag + 3H(DDC) + As(DDC)_3$$

砷化氢被 Ag-DDC 溶液吸收，在有机碱（三乙醇胺）存在下生成棕红色胶态银。反应方程式如下所示：

$$AsH_3 + 6Ag(DDC) \Longrightarrow AsAg_3 \cdot 3Ag(DDC) + 3H(DDC)$$

$$AsAg_3 \cdot 3Ag(DDC) + 3NR_3 + 3H(DDC) \Longrightarrow 6Ag + As(DDC)_3 + 3(NR_3H)(DDC)$$

2. 操作步骤概要

（1）消化试样。

称取一定量的试样置于定氮瓶中，加硝酸和高氯酸混合液消化，再加入硫酸及硝酸和高氯酸混合液，至有机物消化完全，加大火力至产生白烟。冷却至室温，溶液澄清无色或微带黄色。消化液加水煮沸至产生白烟，以除去残余的硝酸，冷却，加水定容，备用。取与消化试样等量的硝酸和高氯酸混合液及硫酸，同法做试剂空白，备用。试样消化液中的残余硝酸影响显色反应，导致结果偏低，必要时需增加测定用硫酸的加入量。

（2）测定。

吸取一定量的消化液及试剂空白液（相当于 5 g 样品），分别置于锥形瓶中，补加硫酸至总量为 5 mL，加水至 50～55 mL。

分别准确吸取 1 μg/mL 砷标准使用液 0 mL、2 mL、4 mL、6 mL、8 mL、10 mL 于锥形瓶中，配制成砷标准系列溶液，加水 40 mL，再加入 10 mL 硫酸（1∶1）。

在样品溶液、试剂空白液及砷标准系列溶液中，各加入 15%碘化钾溶液 3 mL、酸性氯化亚锡溶液 0.5 mL，混匀后静置 15 min。各加入 3 g 无砷锌粒，立即塞上装有醋酸铅棉花的导气管，使管端插入盛有 4 mL 银盐溶液的离心管内液面下（见图 6-1），在常温下反应 45 min 后，加三氯甲烷补足至 4 mL。用 1 cm 比色杯，以试剂空白液调节仪器零点，在 520 nm 波长处测定吸光度值，绘制标准曲线。按样品溶液、试剂空白液的吸光度值，查标准曲线并计算试样中砷的含量（μg/kg）。

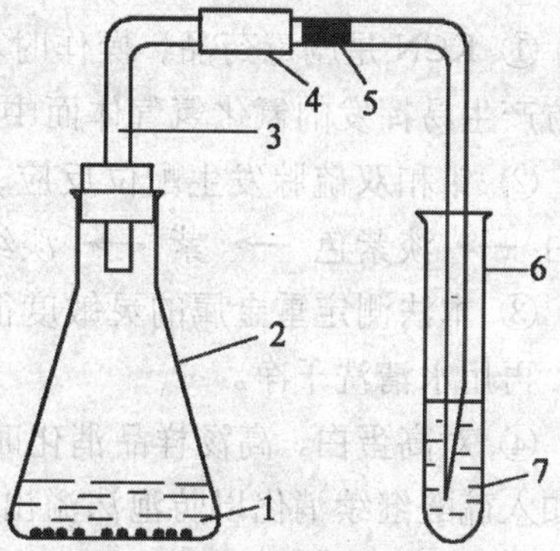

图 6-1 砷化氢发生装置

1—反应瓶；2—150 mL 锥形瓶；3—导气管；
4—橡胶管；5—醋酸铅棉花；6—刻度试管；
7—吸收液

三、铅的测定

铅是灰白色金属，用于制造蓄电池，还可以用于印刷、油漆、陶瓷、农药及塑料等工业中，另外也用于制备四乙基铅等烷基铅，用于汽油的防冻剂。这样就带来了铅的污染，它很容易被农作物吸收积累，从而污染食品，其次是工厂的设备和器皿，表面涂有铅的器皿也容易污染食品。铅不是人体所必需的，铅通过食品，经消化道进入人体，积累则会产生铅中毒。国际食品法规中，铅的允许量为 0.3 mg/kg，我国食品卫生标准中，铅的允许量规定淡炼乳、糕点、淀粉、糖为 0.5 mg/kg，其他食品均为 1.0 mg/kg。

食品中常用的铅测定方法有双硫腙比色法、原子吸收分光光度法、极谱法等，双硫腙比色法操作繁琐，有被仪器分析法取代的趋势；高灵敏度极谱仪测定铅，在没有大量锡共存时，灵敏度和精密度都很不错；原子吸收法直接测定食品中的高含量铅，检出限为 0.1 mg/kg，对于痕量铅，一般要采用络合萃取法加以浓缩后测定。

（一）双硫腙比色法

1. 原理

试样经湿法消化或干法灰化处理后，在 pH 为 8~9 时，铅离子与双硫腙生成红色的配合物，可以被氯仿、四氯化碳等有机溶剂萃取，其颜色的深浅与试样中铅的含量成正比。在波长 510 nm 处测定吸光度值，与标准系列比较进行定量。

双硫腙可以与不同的金属离子发生配位反应而呈现出不同的颜色，加入掩蔽剂盐酸羟胺、氰化钾和柠檬酸铵等，可防止铁、铜、锌等离子的干扰。

2. 操作步骤概要

准确吸取处理后的样品溶液 10 mL ⟶ 于 100 mL 分液漏斗中 ⟶ 加入 20%柠檬酸铵溶液 2 mL ⟶ 加入 20%盐酸羟胺溶液 1 mL ⟶ 加 2 滴酚红指示剂 ⟶ 用浓氨水调 pH 为 8.5~9.0（由黄色变为微红色）⟶ 加入 10%氰化钾溶液 1 mL ⟶ 摇匀 ⟶ 加入双硫腙氯仿应用液 10 mL ⟶ 摇动后分层 ⟶ 将氯仿层转移至干净的 10 mL 比色管中 ⟶ 在波长 510 nm 下测定吸光度 ⟶ 用铅标准系列溶液的吸光度值，绘制标准曲线 ⟶ 查标准曲线并计算样品中的铅含量（mg/kg）。

3. 注意事项

① KCN 是剧毒药品，操作时不能用嘴吸，使用后要及时洗手，KCN 溶液不要与酸接触以防产生易挥发的氰化氢气体而中毒。

② 铅和双硫腙发生配位反应，其颜色变化是由绿变为浅蓝 → 浅灰色 → 灰色 → 灰白 → 淡紫色 → 紫 → 淡红 → 红色。

③ 本法测定重金属的灵敏度很高，在分析之前对所用的玻璃仪器要用 1：3 的稀硝酸浸泡，再用水清洗干净。

④ 对高蛋白、高汤样品消化时，应先加入硝酸缓缓加热待剧烈反应后，稍微冷却，然后再加入硫酸继续消化以防泡沫溢出。

（二）络合萃取——火焰原子吸收法

1. 原　理

试样经消化处理后，在酸性介质中 Pb^{2+} 与碘离子形成配合物，用 MIBK（4-甲基-2-戊酮）萃取分离，于 283.3 nm 波长处原子吸收测定。

本方法利用碘离子为配位剂，大多数金属离子不干扰测定，可用于成分复杂、基体干扰严重的试样。使用吡咯烷二硫代氨基甲酸铵（APOC）或二乙基二硫代氨基甲酸（DDTC）也可以作为配位剂，萃取分离时，需保持样品溶液中硫酸浓度为 1.8 mol/L。

2. 操作步骤概要

（1）样品预处理

用硝酸和高氯酸混合溶液消化。消化前对不同的样品预处理的方法不同。例如对于含水量高的饮料、酱油、醋等试样，吸取适量试样置于凯氏烧瓶或锥形瓶中，先用小火加热除去大部分水分；对于含有酒精或二氧化碳的试样，先水浴加热除去酒精或二氧化碳；对于含水量少的样品，先加少许水湿润试样。消化完全后，除去残余的硝酸，定容，备用。同时作试剂空白试验。

（2）测定

用 1 μg/mL 铅标准使用液配制成标准系列置于分液漏斗中，分别吸取适量的样品溶液、试剂空白液置于分液漏斗中，加 1 mol/L 盐酸溶液，再加入 10 mL 硫酸（1：1）溶液，加适量水。于各分液漏斗中加入足够量的 25%碘化钾溶液，混匀后静置。再各加入适量 MIBK 溶液，振摇，静置分层后弃去水相。以少量脱脂棉塞入分液漏斗的下颈部，将 MIBK 溶液经脱脂棉过滤至具塞试管中。采用火焰原子化法，分别测定标准系列、样品溶液、试剂空白液的吸光度值，绘制标准曲线，并计算样品中铅的含量（mg/kg）。

四、汞的测定

汞呈银白色，是室温下唯一呈液态的金属，俗称水银，汞在室温下具有挥发性。汞是对生物体有较高毒性的元素之一，汞及其化合物对环境的污染已引起世界各国的关注，尤其是汞的易挥发性及生物传递（食物链）作用所造成的危害尤为瞩目，生物链传递作用可以使汞富集浓缩到最初浓度的几十万倍，并且通过鱼类及微生物将无机汞转化成毒性更强的有机汞。

20 世纪 50 年代，在日本发生的典型公害病——水俣病，就是由于含汞工业废水严重污染水俣湾，当地居民长期食用该水域捕获的鱼类而引起甲基汞中毒。我国在 20 世纪 70 年代于松花江流域也曾发生过甲基汞污染事件。

食品中总汞的测定方法中，常用的方法有双硫腙比色法、冷原子吸收法。双硫腙比色法操作繁琐，灵敏度低，目前仍是我国国家标准测定方法。甲基汞的国际测定方法有气相色谱法和冷原子吸收法。

（一）双硫腙比色法

1. 原　理

汞离子在酸性溶液中与双硫腙发生配位反应，生成橙黄色配合物，用三氯甲烷萃取比色，其颜色的深浅与试样中汞的含量成正比。在波长 490 nm 处测定吸光度值，与标准系列比较进行定量。

2. 样品预处理

对于水分含量少的样品，称取适量试样置于锥形瓶中，加数粒玻璃珠，按照 2∶1 比例加入硝酸和硫酸；对于植物及动物油脂样品，称取适量试样后，加数粒玻璃珠及硫酸，小心混匀至棕色，然后加入硝酸；对于蔬菜、水果、薯类、豆制品、肉、蛋、水产品等样品，称取适量捣碎并且混匀的试样置于锥形瓶中，加数粒玻璃珠，按照 3∶1 比例加入硝酸和硫酸；对于牛乳、酸牛乳等乳制品，量取适量试样后，加数粒玻璃珠，按照 4.5∶1 比例加入硝酸和硫酸。加硫酸时注意要不时转动锥形瓶以防止局部炭化。

将装有试样的具塞锥形瓶接上回流冷凝管，小心加热，发泡停止后加热回流 2 h。如果消化液加热变棕色，再加入适量硝酸，继续加热回流 2 h，冷却后加水至总体积为 150 mL。量取全量试样消化液在电炉上煮沸 10 min，除去二氧化氮，冷却后备用。

3. 测　定

在试样消化液及试剂空白液中各加入适量 5%高锰酸钾至溶液呈紫红色，然后再加入适量 20%盐酸羟胺溶液至紫红色褪去，加 2 滴麝香草酚蓝指示剂，用氨水调节 pH 为 1～2（颜色变为橙黄色），定量转移至 125 mL 分液漏斗中。

准确吸取 10 μg/mL 汞标准使用液 0～6 mL，分别置于分液漏斗中，加入 5%硫酸 10 mL，再加水至 40 mL，混匀。再各加入 20%盐酸羟胺溶液 1 mL，放置 20 min，并不时振荡，冷却。

在试样消化液、试剂空白液及系列标准液的分液漏斗中，各加入双硫腙使用液 5 mL，剧烈振摇 2 min，静置分层后，经脱脂棉将氯仿层过滤至比色皿中，以三氯甲烷调节仪器零点，在 490 nm 波长处测定吸光度值，绘制标准曲线。根据样品溶液和试剂空白液的吸光度值，查标准曲线并计算试样中汞的含量（mg/kg）。

（二）冷原子吸收法

1. 原　理

试样经过酸消解或催化酸消解使汞转变为离子状态，在强酸性条件下，用氯化亚锡将汞离子还原为金属汞，以氮气或干燥空气作为载体，将汞吹入汞测定仪。利用汞蒸气对波长 253.7 nm 光的吸收，进行冷原子吸收测定，在一定浓度范围内其吸收值与汞的含量成正比，与标准系列比较定量分析。

2. 操作步骤概要

（1）样品预处理。

① 酸消解。

试样的消化方法与双硫腙比色法的样品处理方法相同。

② 催化酸消解。

对于水产品、蔬菜、水果类样品，取可食部分洗净、晾干、切碎，混匀，称取适量试样置于锥形瓶中，加适量五氧化二钒粉末，再加入适量硝酸，振摇，放置，小心加入适量硫酸后混匀。移至 140 ℃ 砂浴中加热，待瓶中基本无棕色气体逸出时，用少量水冲洗锥形瓶，再加热 5 min，冷却。加入适量 5%高锰酸钾溶液至紫红色出现，静置 4 h（或静置过夜）后，滴加适量 20%盐酸羟胺溶液使紫红色褪去，振摇，放置数分钟后转移至容量瓶中定容，备用。取与消化样品等量的五氧化二钒、硝酸和硫酸，同时作试剂空白试验。

（2）测定。

① 分别准确吸取 5 mL 样品溶液和试剂空白液，置于测汞仪的汞蒸气发生器的还原瓶中，沿壁加入足够量的 30%氯化亚锡溶液，迅速密封并通入流量为 1.5 L/min 的氮气，使汞蒸气经过氯化钙干燥管进入测汞仪，分别读取测汞仪上的最大吸光度值。

用 10 μg/mL 汞标准使用液，配制汞含量在 0～0.5 μg/mL 范围内的标准系列，各加入硫酸、硝酸、水（1∶1∶8）的混合溶液，置于汞蒸气发生器中。按照同样的操作方法来测定标准系列的吸光度值，并绘制标准曲线。根据试样消化液的吸光度值，查标准曲线并计算试样中汞的含量（mg/kg）。

② 分别准确吸取 5 mL 五氧化二钒消化液和试剂空白液，置于容量瓶中，各加适量浓硫酸，加入适量 5%高锰酸钾溶液至紫红色出现，加适量水混匀，滴加适量 20%盐酸羟胺溶液使紫红色褪去，用水定容。吸取一定量的样品溶液和试剂空白液，置于汞蒸气发生器的还原瓶中，按①中的操作方法，分别测定样品溶液和试剂空白液的吸光度值。

准确吸取 0.1 μg/mL 汞标准使用液 0～0.5 mL，配制汞含量在 0～0.05μg/mL 范围内的标准系列于试管中，各加入硫酸、硝酸、水（1∶1∶8）的混合溶液。分别吸取一定量的标准系列溶液，置于汞蒸气发生器中。同法，测定吸光度值，绘制标准曲线。根据试样消化液的吸光度值，查标准曲线并计算试样中汞的含量（mg/kg）。

【阅读材料】

二噁英的概念及其危害

一、二噁英的概念、理化性质与污染途径

1. 二噁英的概念

二噁英（dioxin）是一种无色无味的脂溶性物质，它并不是一种单一性物质，而是结构和性质相似的众多同类有机物的简称。二噁英是由 2 个或 1 个氧原子连接 2 个被氯原子取代的苯环组成的三环芳香族有机化合物，包括多氯二苯并二噁英（Polychlorinated Dibenzo-p-dioxin，简称 PCDD）和多氯二苯并呋喃（Polychlorinated Dibenzo-p-furan，简称 PCDF），由于取代的位置和数量的不同可以形成 210 种异构体，统称为二噁英类。二噁英类的分子结构如下图所示，每个苯环上的氢原子都可以被 1～4 个氯原子所取代，由于氯原子可以占据环上 8 个不同的位置，故存在数量很多的构造异构体，其中多氯二苯并二噁英（PCDD）有 75 种异构体，多氯二苯并呋喃（PCDF）有 135 种异构体。二噁英是存在于环境中的超痕量剧毒性有机污染物，非常难以降解，而且容易在动植物体内富集，很低浓度的二噁英就能导致动植物死亡，是目前已知的毒性最大的有机氯化合物。PCDD 和 PCDF 的毒性强烈地取决于氯原子在苯环上取代的位置和数量，不同异构体的毒性相差很大，其中被称为地球上毒性最强的化合物即"世纪之毒"的是 2, 3, 7, 8-四氯二苯并二噁英（即 2, 3, 7, 8-TCDD）。其他具有高生物活性和强烈毒性的异构体是 2, 3, 7, 8 位置被取代的含 4～7 个氯原子的化合物。

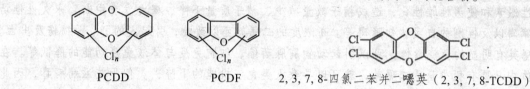

PCDD　　　　　PCDF　　　2, 3, 7, 8-四氯二苯并二噁英（2, 3, 7, 8-TCDD）

2. 二噁英的理化性质

二噁英是一类非常稳定的亲脂性化合物，常以微小的颗粒存在于大气、土壤和水中。二噁英常温下为白色固体，在水中的溶解度极小，为 0.4～1.03 mg/L，极易溶于大部分有机溶剂，其溶解度为水中的 106～108 倍。二噁英对酸、碱稳定，熔点较高，分解温度在 700 ℃以上，而其容易生成的温度是 180 ℃～400 ℃。自然环境中的微生物降解、水解及光分解作用对二噁英的分子结构影响很小，非常难以降解。二噁英通过食物链很容易在生物体的脂肪层产生积累，并难以排除。

3. 二噁英的污染途径

自然界没有天然的二噁英，二噁英是由于人类活动而人为造成的，目前二噁英的来源主要有以下几种途径：

① 城市垃圾和工业固体废弃物焚烧时生成的二噁英。

调查表明，城市固体废弃物以及含氯的有机化合物例如多氯联苯、五氯苯酚（木材防腐剂）、聚氯乙烯（PVC）等焚烧时排出的烟尘中含有多氯二苯并二噁英（PCDD）和多氯二苯并呋喃（PCDF）。

另外，还存在其他一些二噁英的排放源，例如燃煤电站、金属冶炼、含铅汽油的使用、森林大火、污泥的自然蒸发以及动植物的自然腐化消解等过程也可能形成二噁英等，这些是环境中二噁英的次要来源。

② 含氯化学品及农药生产过程可能伴随产生二噁英。

在苯氧乙酸类除草剂、五氯苯酚木材防腐剂等的生产过程中常伴有二噁英产生。目前，大多数发达国家已经开始消减此类化学品的生成和使用，如美国已经全面禁止 2, 4, 5-三氯苯氧乙酸除草剂的使用和限制木材防腐剂及六氯苯的生成和使用，以减少二噁英的环境污染。

③ 在纸浆和造纸工业的氯气漂白过程中也可以产生二噁英。

以上三种过程都可以导致自然环境受到二噁英的污染，但其贡献大小不同。从日本 1990 年的调查结果来看，垃圾焚烧特别是含有石油产品、含氯塑料（聚氯乙烯）、无氯塑料（聚苯乙烯）、纤维素、木质素、煤炭等时排放的二噁英为 3 100～7 400 g/年，占总排放量（3 940～8 450 g/年）的 80%～90%，可见就目前而言，垃圾焚烧排放的二噁英所占比重是非常大的。

二、二噁英的危害

二噁英的最大危害是具有不可逆的"三致"毒性，即致畸、致癌、致突变。发育中的胎儿对二噁英最为敏感，可能会引起发育初期胎儿的死亡、器官结构的破坏以及对器官的永久性伤害，或者导致发育迟缓、生殖缺陷。二噁英是环境内分泌干扰物的代表，它们可以通过干扰生殖系统和内分泌系统的激素分泌，造成雌性动物卵巢功能障碍，使雌性动物不孕或流产等。低剂量的二噁英可以使发育中的胎鼠产生腭裂和肾盂积水等病症，造成雄性动物的精细胞减少、成熟精子退化、雄性动物雌性化等。流行病学研究发现，在生产中接触 2,3,7,8-TCDD 的男性操作工的血清睾酮水平降低、促卵泡激素和黄体激素增加，提示它可能有抗雄性激素和使男性雌性化，造成精子数量减少、精子质量下降、睾丸发育中断、永久性性功能障碍以及性别的自我认知障碍等。高浓度的二噁英可以致畸，引起人的肝、肾损伤及出血。二噁英有明显的免疫毒性，可以引起动物胸腺萎缩、细胞免疫与体液免疫功能的降低等。在人体中只要有极少量的二噁英，就可以导致人类免疫机能的下降，类似于艾滋病病毒，因此有"化学艾滋病病毒"之称。当在人体内蓄积达到 99～140 mg/kg 时，糖尿病的发生几率增加。二噁英对动物有极强的致癌性。用 2,3,7,8-TCDD 染毒，能在实验动物诱发出多个部位的肿瘤。根据动物实验与流行病学研究的结果，1997 年国际癌症研究机构将 2,3,7,8-TCDD 确定为 I 类致癌物。当二噁英达到 109 mg/kg 时，人群患癌症的危险度很大，超过 8 倍时发生率更高。当二噁英在人体中蓄积达到一定程度时，就会影响人的行为和导致思维紊乱。

多氯二苯并二噁英（PCDD）和多氯二苯并呋喃（PCDF）是目前已经认识的环境激素中毒性最大的有机氯化合物。环境激素是指能够干扰人体正常激素功能的外因性物质，具有与内分泌激素类似的结构，可以引起生物体内分泌紊乱，又称为环境激素或内分泌干扰物质。环境激素通过环境介质和食物链进入人体或野生动物体内，干扰内分泌系统和生殖系统，影响后代的生存和繁衍。

二噁英如果进入到人体后，主要停留在机体脂肪组织内，机体对其代谢非常缓慢，消除半衰期为 8 年。二噁英的毒性极大，比氰化钾还要毒 50～100 倍。1990 年世界健康组织（WHO）规定二噁英的可耐受日允许摄入量（Tolerable Daily Intake，简称 TDI）为 10 pg/（kg 体重·d），1998 年重新审议后降低成 1～4 pg/（kg 体重·d）* 1pg = 10^{-15} kg。根据美国环保署（EPA）的规定，水中二噁英的含量不得超过 10^{-18}。为安全起见，一般将二噁英和多氯联苯一起考虑为毒性同等物（Toxic Equivalent），安全接触其毒性当量（TEQ）为 10 pg/（kg 体重·d）。各国制定垃圾焚烧厂的二噁英排放浓度标准的"依据"就是根据对人体健康影响所考虑的二噁英可耐受日容许摄入量（TDI）来制定的。瑞典最早对城市垃圾焚烧炉排放的二噁英设定控制值为 0.1 ng/nm^3（TEQ），这也是国际先进的垃圾焚烧厂二噁英的排放标准。我国在《生活垃圾焚烧污染控制标准》（GB18458—2001）中规定，二噁英的排放浓度为 1 ng/nm^3（TEQ）。

二噁英类物质具有脂溶性的特点，最容易存在于动物的脂肪和乳汁中，人体接触的二噁英90%以上是通过膳食接触的。因此，鱼、家禽及蛋、乳、肉是最容易被污染的食品。例如 1999 年比利时家禽和蛋类中发现了高含量的二噁英，二噁英污染事件对国家的经济、政治产生了极为严重的影响。另外，食品中的二噁英也可能来源于食品加工、包装储存等过程以及意外事故，如日本用多氯联苯作为加热介质由于管道泄漏而造成的米糠油事件，我国台湾、西班牙的食用油中毒事件。2007 年 7 月，作为肉类、奶制品、甜点或熟食制品中增稠剂的一种食品添加剂——瓜尔胶中被发现含有高剂量的二噁英，其后欧盟委员会给成员国发布了卫生警报。其源头追踪到印度的瓜尔胶，检测发现其中含有五氯苯酚，这是一种已经摈弃的杀虫剂，其所含的二噁英正是污染物。在2008年12月9日葡萄牙检疫部门在从爱尔兰进口的30吨猪肉中检测出致癌物质二噁英，其祸根是遭受非法处置的PCB工业废油污染的动物饲料。这些二噁英污染事件的发生，给很多国家带来了深远的影响。

二噁英主要的污染源是化工冶金工业、垃圾焚烧、造纸以及生产杀虫剂等产业。例如垃圾焚烧特别是医疗废弃物在燃烧温度低于300 °C～400 °C时容易产生二噁英，大气环境中的二噁英通过各种生物地球化学作用(如土壤-大气交换、大气沉降、生物链传递和富集等)进入其他环境介质和生态系统中。因此，大气是二噁英的主要传播和分配途径。同时，大气还是二噁英进行长距离迁移的重要载体。二噁英以蒸汽形式存在或者吸附在大气颗粒物上，并通过"全球蒸馏效应"或"蚱蜢跳效应"（Grasshopper Effect）在大气环境中进行长距离迁移，并沉积到地球的偏远极地地区，导致全球范围的污染传播。对北极大气研究发现，该地区大气中已经检测到二噁英。所以，排放到大气中的二噁英不但会影响本区域的环境质量，而且对邻近区域乃至全球的生态环境都会有一定的影响。

三、我国二噁英污染的现状及防治措施

我国虽然缺乏有说服力的二噁英污染数据，但是根据国外的经验和有限的数据来看，我国在人体血液、母乳和湖泊底泥中都检出了二噁英，尽管其浓度水平较低，但也说明了二噁英在我国环境中的存在。含氯农药、木材防腐剂和除草剂等的生产，特别是我国曾用作对付血吸虫病的灭钉螺药物（五氯酚钠）的生产都会有二噁英副产品生成，它们的生产和使用会使二噁英在不知不觉之中进入环境。五氯酚钠作为首选的灭钉螺化学药物在我国使用了几十年，每年的喷洒量约为6 000吨，这必然造成二噁英在喷洒区的沉积。因此，我国具有二噁英污染的潜在可能性。另外，在我国1998年1月4日颁布的《国家危险废物名录》列出的47类危险废物中，至少有13类与二噁英直接有关或者在处理过程中可能产生二噁英。例如H04农药废物、H05木材防腐剂废物、HW10含多氯联苯废物、HW18焚烧处理残渣、HW43含多氯苯并呋喃类废物和HW44含多氯苯并二噁英废物等。所以，未来几年甚至十几年内，开展二噁英污染调查和控制研究都是非常有意义的。

从美国和日本等发达国家对空气中二噁英来源进行的调查结果来看，焚烧设施的二噁英排放量占有较大比重。近年来我国固体废物和医疗废物的产生量和处理量都在不断增加。各地纷纷建立或筹建集中焚烧设施。2001年国家环保总局组织开展了全国47个重点城市的生活垃圾处理处置设施污染物排放状况的抽样调查，接受调查的329个垃圾处理设施处理规模为179 348吨/日，大约占全国1.18亿吨城市生活垃圾清运量的55%，仅有3.3%的垃圾在20座焚烧炉中得到焚烧处理。所抽取的垃圾焚烧厂烟气二噁英超标率为57.1%，有的落后垃圾焚烧设施甚至二噁英超标99倍以上。超标的垃圾焚烧炉大都为炉型比较落后的小型焚烧炉。但是考虑到我国的垃圾焚烧率非常低，所以由于垃圾焚烧造成的二噁英污染总量在现阶段不是很严重。根据我们掌握的数据估算，我国因垃圾焚烧而排入空气的二噁英类物质其毒性当量（TEQ）约为72 g/年，远远低于美日千克级（3 100～7 400 g/年）的排放水平。当然，垃圾焚烧处理在我国方兴未艾，发展势头迅猛，应该引起足够的重视，将可能带来的二次污染控制在可接受的水平。

我国对二噁英的监测研究起步较晚。1996年中国科学院武汉水生研究所建立了我国第一个水生生物二噁英类物质检测与研究实验室。近年来，中国科学院、疾病控制与预防中心、商品检验检疫系统开始筹建二噁英分析实验室，进行一些科研项目或从事商品检验检疫、疾病控制与预防等领域的工作，但对工业企业污染源的监督性监测以及环境中二噁英的调查研究开展较少。国家环保总局于 1999 年颁布了《危险废物焚烧污染控制标准》和《生活垃圾焚烧污染控制标准》，规定了危险废物和生活垃圾焚烧的二噁英排放限值，迈出了控制二噁英污染法制化的第一步。政府积极提倡垃圾要分类收集和处理，控制无组织的垃圾焚烧，通过采用新的焚烧技术，提高燃烧温度（1 200 ℃以上），以降低二噁英的排放量。

思考题

1. 什么是农药残留量？农药残留的原因有哪些方面？

2. 农药残留造成的危害有哪些方面？

3. 食品中有机磷农药的残留量是如何测定的？测定原理是什么？

4. 黄曲霉毒素有什么特点？黄曲霉毒素主要有哪些种类？毒性最强的是哪一种？

5. 如何测定食品中的黄曲霉毒素？测定原理是什么？

6. 防止黄曲霉毒素中毒的措施有哪些方面？

7. 食品中的元素是如何分类的？分类的依据是什么？

8. 食品中的有害元素有哪些？有害元素的来源有哪些方面？

9. 食品中砷元素是如何测定的？测定原理是什么？

10. 如果有害元素砷中毒后会有什么症状？

11. 食品中铅元素是如何测定的？测定原理是什么？

12. 食品中汞元素是如何测定的？测定原理是什么？

第七章 转基因食品和新资源食品的安全性

第一节 转基因食品的安全性

一、转基因食品的概念

转基因技术（Genetically Modified Technique）是指使用基因工程或分子生物学技术（不包括传统育种、细胞及原生质体融合、杂交、诱变、体外受精、体细胞变异及多倍体诱导等技术），将遗传物质导入活细胞或生物体中，产生基因重组现象，使之表达并遗传的相关技术。转基因生物（Genetically Modified Organisms，简称 GMO）是指遗传物质通过转基因技术改变的生物，而不是以自然增殖或自然重组的方式形成的生物，包括转基因植物、转基因微生物和转基因动物三大类。转基因食品（Genetically Modified Foods，GMF）是指用转基因生物制造或生产的食品、食品原料及食品添加物等。目前被批准商业化生产的转基因食品中 90% 以上为转基因植物及其衍生产品，因此，现阶段所说的转基因食品实际上主要是指转基因植物性食品。转基因植物性食品与传统食品的主要差异在于前者含有来源于其他生物体的外源基因。

二、转基因食品的种类

为了提高农产品的营养价值，更快、更高效地生产食品，科学家们应用转基因的方法，改变生物的遗传信息，拼组新基因，使今后的农作物具有高营养、耐储藏、抗病虫和抗除草剂的能力，不断生产新的转基因食品。

（1）植物性转基因食品。

植物性转基因食品的种类很多。例如，面包的生产需要高蛋白质含量的小麦，而目前的小麦品种含蛋白质较低，将高效表达的蛋白基因转入小麦，将会使做成的面包具有更好的焙烤性能。番茄是一种营养丰富、经济价值很高的蔬菜，但它不耐储藏。为了解决番茄这类蔬菜的储藏问题，研究者发现，控制植物衰老激素乙烯合成的酶基因，是导致植物衰老的重要基因。如果能够利用基因工程的方法抑制这个基因的表达，那么衰老激素乙烯的生物合成就会得到控制，番茄也就不容易变软甚至腐烂了。美国、中国等国家的多位科学家经过努力，已经培育出这样的番茄新品种。这种番茄能够抗衰老、抗软化、耐储藏，能长途运输，可以减少加工生产及运输中的浪费。

（2）动物性转基因食品。

动物性转基因食品也有很多种类。比如，牛体内转入了人的基因，牛长大后产生的牛乳中含有基因药物，提取后可以用于人类病症的治疗。在猪的基因组中转入人的生长素基因，猪的生长速度增加了一倍，猪肉质量大大提高，现在这样的猪肉已经在澳大利亚被请上了餐桌。

（3）转基因微生物食品。

微生物是转基因技术最常用的转化材料，所以转基因微生物比较容易培育，应用也最广泛。例如，生产奶酪的凝乳酶，以往只能从杀死的小牛的胃中才能取出，现在利用转基因微生物已经能够使凝乳酶在体外大量产生，避免了小牛的无辜死亡，也降低了生产成本。

（4）转基因特殊食品。

科学家利用生物遗传工程，将普通的蔬菜、水果、粮食等农作物，变成可以预防疾病的神奇的"疫苗食品"。例如科学家培育出了一种可以预防霍乱的苜蓿植物，用这种苜蓿来喂小白鼠，能够使小白鼠的抗病能力大大增强。这种霍乱抗原可以经受胃酸的腐蚀而不被破坏，并能激发人体对霍乱的免疫能力。于是越来越多的抗病基因正在被转入植物中，使人们在品尝鲜果美味的同时，能够达到防病的目的。

三、转基因食品的主要作用

有第二次"绿色革命"之誉的转基因食品主要具有以下几方面的作用。

（1）增加食物产量。

据联合国估计，目前全球人口达六十多亿，其中近十亿人正在遭受饥饿的折磨。通过转基因技术可以培育出高产、优质的生物新品种，增加粮食作物和动物性食品的产量，可以从根本上缓和"人口与资源"、"需求与供给"的矛盾，解决人口增长与粮食匮乏的危机。

（2）改善食物品质。

通过不同品种间基因重组技术，培育出新的转基因食品，使其营养成分的配比、组成更加合理，能够使食物中的不良成分种类减少，含量降低，使食品从色、香、味等方面来满足消费者日益增长的物质生活需要，还可以在很大程度上提高食品的抗腐败、耐储藏等性能。

（3）控制成熟期，适应市场需要。

通过转移、修饰与控制成熟期有关的基因，可以使转基因生物的成熟期延长或缩短，以适应市场需求。例如延熟的番茄、早熟的西瓜等。

（4）生产食品配料，发展功能食品。

转基因作物可以用于生产食品配料成分，如蛋白质、酶、稳定剂、增稠剂、乳化剂、甜味剂、防腐剂、着色剂和调味剂等。有些转基因食品不仅含有营养成分，而且含有功能性成分，如抗氧化剂、低胆固醇油或聚不饱和脂肪酸油、类黄酮、果聚糖、维生素、胡萝卜素、番茄红素等。有的成熟后就能立即食用的热带作物如香蕉，通过生物工程技术可生产出用作疫苗的蛋白质，如肝炎、狂犬病、痢疾、霍乱、腹泻以及其他肠道传染病等的疫苗。这些具有防病，能够减轻症状，提高生活质量，减缓衰老的功能食品在 21 世纪将会有很好的发展前景。

（5）抗病、抗虫、抗除草剂，保护环境。

利用生物技术定向改造作物，可以加速优良作物的筛选以及培育的过程，更有效地来获得人类预想的作物和食品。一批具有抗除草剂、抗昆虫、抗真菌、抗病毒、抗重金属、抗盐及能够固氮等转基因作物的涌现，可以减少因使用农药、化肥等造成的环境污染，解决"发展与代价"的矛盾，实现现代农业可持续发展的战略方针。

（6）现代科学技术发展的必然产物。

近年来，生物技术有了突飞猛进的发展，转基因技术在食品中的应用，也将推动相关产业的快速发展，以便更好地为人类造福。

四、转基因食品的安全性问题

转基因食品是利用新技术创造的产品，也是一种新生事物，人们自然对食用转基因食品的安全性有疑问。

其实，最早提出这个问题的人是英国的阿伯丁罗特研究所的普庇泰教授。1998 年，他在研究中发现，幼鼠在食用转基因土豆以后，幼鼠的内脏和免疫系统受到了一定程度的损失。这一问题的提出马上引起了科学界的极大关注。随即英国皇家学会就对这份研究报告进行了审查，并且于 1999 年 5 月宣布此项研究"充满漏洞"。在 1999 年英国的权威科学杂志《自然》刊登了美国康乃尔大学教授约翰·罗西的一篇论文，指出蝴蝶幼虫等田间益虫吃了撒有某种转基因玉米花粉的菜叶后会发育不良，死亡率特别高。目前尚有一些证据指出转基因食品具有潜在的危险性。

但是更多科学家的试验表明转基因食品是安全的。赞同这个观点的科学家主要有以下几个理由。首先，任何一种转基因食品在上市之前都进行了大量的科学试验，国家和政府有相关的法律法规进行约束，而科学家们也都抱有很严谨的治学态度。另外，传统的作物在种植的时候农民会使用农药来保证质量，而有些抗病虫的转基因食品无需喷洒农药。最后对于一种食品会不会造成中毒主要是看它在人体内有没有受体和能不能被代谢掉，转化的基因是经过筛选的、作用明确的，所以转基因成分不会在人体内积累，也就不会对人体有害。

比如说，我们培育的一种抗虫玉米，向玉米中转入的是一种来自于苏云金杆菌的基因，它仅能导致鳞翅目昆虫死亡，因为只有鳞翅目昆虫有这种基因编码的蛋白质的特异受体，而人类及其他的动物、昆虫均没有这样的受体，所以无毒害作用。

转基因食品作为人类历史上的一类新型食品，在肯定转基因技术对人类未来的巨大贡献时，对转基因技术存在的潜在危害也应引起高度的重视。转基因食品的安全性问题在全世界范围内备受关注，基本上可以归纳为以下几点。

（一）产生有毒物质

基因损伤或其不稳定性可能会带来新的毒素。另外许多食品原料本身含有大量的毒性物质和抗营养因子，如芥酸、黄豆毒素、番茄毒素、棉酚、马铃薯的茄碱、龙葵素、组胺、氰苷、豆科的蛋白酶抑制剂等，遗传修饰在打开一种目的基因的同时，也可能会无意中提高天然植物毒素的含量。由于基因的导入可能诱导编码毒素蛋白的基因表达，因而将会产生各种毒素。

（二）潜在致敏性

转基因食品中引入的新基因蛋白质有可能是食品致敏原。由于导入基因所编码的蛋白质的氨基酸序列可能与某些致敏原存在序列同源性，导致过敏发生或者产生新的致敏原。最常见的过敏性食物是鱼类、花生、大豆、乳、蛋、甲壳动物、小麦和核果类。因此，对转基因食品的潜在致敏性必须进行严格的上市前试验，并在上市后对食用人群进行跟踪监测。

（三）影响人体肠道微生态环境

转基因食品中的标记基因有可能传递给人体肠道内正常的微生物群，引起菌群谱和数量变化，通过菌群失调而影响人体的正常消化功能。

（四）影响膳食营养平衡

如果转基因食品与原来食品的营养组成和抗营养因子变化幅度大，可能会对人群膳食营养产生影响，造成体内的营养素平衡紊乱。另外，有关食用植物和动物中营养成分改变对营养的相互作用，营养基因之间的相互作用，营养素的生物利用率和营养代谢等方面的作用，目前介绍的资料很少，使人们对转基因食品表示担忧。

五、转基因食品的安全性评价

（一）安全性评价的必要性

转基因食品是人类改造自然的伟大创举。转基因食品在给人类做出巨大的贡献时，也给人类健康和环境安全带来潜在的风险。因此，转基因食品的安全管理受到了世界各国的重视。其中，转基因食品的安全性评价是其安全管理的核心和基础之一。转基因食品的安全性评价目的是从技术上分析生物技术及其产品的潜在危险，对转基因食品的研究、开发、商品化生产的各个环节的安全性进行科学和公正的评价，以期在保障人类健康和生态环境安全的同时，也有助于促进生物技术的健康、有序和可持续发展。由于缺乏知识，缺乏对生物技术的了解，公众对生物技术产品持保留态度，并提出了各种各样有关安全性的疑问。因而有必要通过安全性评估实践，积累足够的证据和资料来回答这些问题，并且向公众证明，转基因食品的开发利用是建立在坚实的科学基础之上的，而且在严格的管理制度监督下有控制地安全进行的，科学家是在保护人类健康和生态环境的前提下开发利用生物技术而为人类造福的。随着这方面研究的进一步发展，转基因食品将进入国际市场。在竞争中，一些发达国家可能会以缺少安全性评价为借口，限制发展中国家的转基因植物及其产品进入国际市场。因此转基因食品的安全性评价对我国的农产品出口也有非常重要的意义。

（二）安全性评价的基本原则

经济合作与发展组织（OECD）很早就开始关注生物安全性的问题。该组织于 1982 年发表的"生物技术：国际趋势与展望"报告，重点讨论了现代生物技术产品的安全性问题。从那时起，OECD 一直致力于现代生物技术产品的安全性评价技术手段的探索工作。在 1993 年经济合作与发展组织（OECD）发表了现代生物技术生产的食品的安全性评价——概念与原则的报告，首次提出了"实质等同性"（Substantial Equal Valence）是评价转基因食品安全性最有效的途径。

FAO 与 WHO 于 1990 年至 2000 年先后召开了 3 次专家联合咨询会议，主要讨论了转基因食品的安全和营养问题。1990 年的会议认为用现代生物技术生产的食品的安全性从本质上而言，不低于传统生物技术生产的食品，但仍要关注转基因食品的安全性问题。在 1996 年的会议上，则重点讨论了实质等同性的概念。2000 年的会议讨论了转基因食品的安全与营养评价的科学基础和法则，认为实质等同性是转基因食品安全性评价框架的核心内容。

"实质等同"是指将转基因食品同现有传统食品进行比较，如果转基因食品或者各种主要营养成分、主要抗营养物质、毒性物质及过敏性成分等物质与现有的食品或食品成分无差异，则认为这种转基因食品或食品成分不存在安全性问题。如果不能确定为实质等同，则需要设计研究方案，进行统一研究。评价转基因食品安全性的目的，不是要了解该食品的绝对安全性，而是要评价它与非转基因的同类食品比较的相对安全性，是一种动态过程。实质等同原则是评估转基因食品或食品成分安全性的基本工具。

除以上总原则外，由于对新的转基因植物缺乏了解和经验，也由于转基因植物种类及其生长环境的多样性，对其安全性评估还应采取以下原则：① 个案分析的原则（Case by Case），即对每一种具体的转基因食品进行安全性评价，这样可以最大限度地发现安全隐患，保障食品安全。② 逐步完善的原则（Step by Step），即对转基因食品的管理要分阶段审批，对其安全性评价也要分步骤进行，这样能够提高效率，在最短的时间内发现可能存在的风险。③ 在积累数据和经验的基础上，使监控管理趋向宽松化和简单化的原则。

六、转基因食品的发展现状

近十余年来，现代生物技术的发展在农业上显示出强大的潜力，并逐步发展成为能够产生巨大社会效益和经济利益的产业。1999 年，全世界有 12 个国家种植了转基因植物，面积已达 3 990 万公顷。其中美国是种植大户，占全球种植面积的 72%。世界很多国家纷纷将现代生物技术列为国家优先发展的重点领域，投入大量的人力、物力和财力扶持生物技术的发展。但是，转基因食品在世界各个国家和地区之间的发展是不均衡的。

比如说，美国人对生物技术有着更深层次的体验。转基因食品在美国没有受到更多的排斥，而是走上了寻常百姓的餐桌。近年来，美国的转基因作物品种越来越多，种植面积逐年增加。美国转基因玉米的播种面积从 1996 年的 16 万公顷增加到 1997 年的 120 万公顷，2000 年栽种的面积达到 1 030 万公顷，大约占美国玉米种植面积的一半。转基因大豆也已经用于制作数百种食品，其中包括食物油、糖果和人造黄油。

中国有 13 亿人口，占世界总人口的 22%，这意味着中国将以占世界可耕地面积的 7% 养活世界 22% 的人口。城市化发展使农业耕地不断减少，而人口又持续增加，对工农业生产有更高的需求，对环境将产生更大的压力。为此，从 20 世纪 80 年代初，中国已将现代生物技术纳入其科技发展计划，过去 20 多年的研究已经结出了丰硕的果实。目前，抗虫棉等五项转基因作物早已被批准进行商品化生产，转 Bt 杀虫蛋白基因的抗虫棉 1998 年的种植面积为 1.2 万公顷。资料显示，到 2000 年上半年为止，我国进入中间试验和环境释放试验的转基因作物分别为 48 项和 49 项。

近年来，我国现代生物技术的研究开发已经取得了很多成果。但是，与欧美等发达国家相比，我国现代生物技术发展的总体水平还较低。只要我们正确对待、合理开发、有效管理，很有可能走在世界的前列。

转基因食品是新的科技产物，尽管现在还存在这样或那样的问题，但随着科技的发展，它会愈来愈完善。我们相信，只要按照一定的规定去做，我国生物技术的发展会是健康、有序的，我们的生活也会因生物技术带来的转基因食品而变得更加丰富精彩。

带着美好的愿望预测未来，我们再也不会担心农药的危害，我们吃的食品都是新鲜的，我们的食品不会短缺……也许糖尿病人只需每天喝一杯特殊的牛奶就可以补充胰岛素，也许我们会见到多种水果摆在药店里出售，补钙的、补铁的、治感冒的、抗病毒的……很有可能，转基因食品会让我们的明天灿烂无比。

第二节　新资源食品的安全性

一、新资源食品的概念及范围

在我国新研制、新发现、新引进的无食用习惯的，符合食品基本要求的物品称新资源食品。根据卫生部新版《新资源食品管理办法》的规定，新资源食品包括以下四种类型。

第一类：在我国无食用习惯的动物、植物和微生物。具体是指以前我国居民没有食用习惯。经过研究发现可以食用的对人体无毒无害的物质。动物是指畜禽类、水生动物类或昆虫类，如蝎子等。植物是指豆类、谷类、瓜果蔬菜类，如金花茶、仙人掌、芦荟等。微生物是指菌类、藻类，如某些海藻。

第二类：从动物、植物、微生物中分离的在我国无食用习惯的食品原料。具体包括从动、植物中分离或者提取出来的对人体有一定作用的成分，例如植物甾醇、糖醇、氨基酸等。

第三类：在食品加工过程中使用的微生物新品种。例如，加入到乳制品中的双歧杆菌、嗜酸乳杆菌等。

第四类：因采用新工艺生产导致原有成分或者结构发生改变的食品原料。例如，转基因食品等。

新资源食品和保健食品有什么区别呢？新资源食品和保健食品最大的区别在于，保健食品是指具有特定保健功能的食品，而且申请审批时也必须明确指出具有哪种保健功能，而新资源食品则不得宣称或者暗示其具有疗效及特定保健功能。此外，新资源食品和保健食品的适用人群不同，前者适用于任何人群，而后者适宜于特定人群食用。

《新资源食品管理办法》规定，新资源食品对人体不得产生任何急性、亚急性、慢性或者其他潜在性的健康危害。为了规范新资源食品的安全性评价，卫生部还专门制定了《新资源食品安全性评价规程》。在指导原则方面，新资源食品安全性评价采用国际通用的、具有很高的公认度的危险性评估和实质等同原则；在评估内容方面，不仅包括新资源食品申报时对技术资料和生产现场进行审查，还包括了产品上市后对人群食用安全性进行再评价；在评估专家方面，卫生部组织食品卫生、毒理、营养、微生物、工艺和化学等领域的专家组成评估委员会，负责新资源食品安全性评价工作，从而保证了评价结果的客观性与科学性。因此，通过了评估和审批的新资源食品，只要在生产加工和运输过程中不出现问题，应该是安全的、放心的。国家鼓励对新资源食品的科学研究和开发。

卫生部主管全国新资源食品的卫生监督管理工作。县级以上地方人民政府卫生行政部门负责本行政区域内新资源食品的卫生监督管理工作。

我国卫生部已经审批的新资源食品共计340种，其中自2003—2007年，我国已经批准试生产和正式生产的新资源食品共39种，包括仙人掌、金花茶、芦荟、双歧杆菌、嗜酸乳杆菌、海藻糖、低聚木糖等。2008年5月26号发布了《2008年第12号公告》，批准嗜酸乳杆菌、低聚木糖、透明质酸钠、叶黄素酯、L-阿拉伯糖、短梗五加、库拉索芦荟凝胶为新资源食品。上述7种新资源食品用于食品生产加工时，应符合有关法律、法规、标准规定。此外，根据2004年第17号公告，油菜花粉、玉米花粉、松花粉、向日葵花粉、紫云英花粉、荞麦花粉、芝麻花粉、高粱花粉、魔芋、钝顶螺旋藻、极大螺旋藻、刺梨、玫瑰茄、蚕蛹共14种食品新资源被列为普通食品管理。卫生部表示，将对已经审批的新资源食品按新版《新资源食品管理办法》进行整顿与清理，以保障消费者的健康。

二、新资源食品举例

1. 新资源食品——芦荟

芦荟是一种百合科多年生常绿草本植物，人类认识和使用芦荟已有3 000多年的历史。20世纪中叶，芦荟便广泛应用于各类食品中。联合国粮农组织将芦荟誉为"21世纪人类最佳保健食品之一"，国际食品法典将库拉索芦荟列为蔬菜。这次我国首次将库拉索芦荟凝胶列为新资源食品及食品原料，这对规范芦荟食品市场，保障食品安全将起到积极作用。

芦荟的组成成分极其复杂，富含有效物质普遍高于其他植物，在化学组成中含量最大的有效成分是芦荟宁、芦荟大黄素、芦荟苦素、芦荟多糖、芦荟皂貳，同时也有多种氨基酸、有机酸、纤维素、活性物质、酵素物质、微量元素等。已发现营养素（多糖和氨基酸）70种、有机酸20多种、矿物质20多种、烷烃类30多种、酶10多种等。除此之外，芦荟鲜叶中水的含量占芦荟鲜叶重量的99%～99.5%。这种水是原始的天然生物水，它在美容、保健、医疗等方面有重要的作用。

芦荟鲜叶中占总量90%以上的水是与众不同的"滑水"，沿着管壁流动时，它比普通水流速快一倍，能使芦荟鲜叶中的有效成分粘多糖得以迅速吸收，帮助人体加速细胞分裂，促进组织生长。科学家推测，也许就是芦荟中的滑水对人体产生了神奇的疗效。芦荟鲜叶对人体神奇的效能主要体现在以下三个方面：① 具有细胞组织的再生、赋活、保水、保湿和生命体的正常化作用。在美容方面是迄今为止最佳的天然护肤品，能够滋润肌肤、养颜祛斑、增白防晒、消皱抗皱、杀菌消炎、修复肌肤以及保湿和调理内分泌。② 具有提高人体免疫力，中和细菌毒性，杀菌消炎的药用功效。③ 净化体内自由基（活性氧），防癌，还能够抗老化。由于芦荟能够由内部改善皮肤质地，使油性和干性皮肤调整为中性，营养肌肤，保持皮肤白皙、嫩滑、红润光泽、富有弹性。虽然目前80%以上的高档美容化妆品都标称内含芦荟，但唯有成熟的芦荟鲜叶能够保持全部营养成分，最为经济适用，也符合当今"回归自然"的时尚潮流。

芦荟含有多种碳水化合物以及氨基酸、维生素、矿物质等成分，营养价值比较高，人体食用后不但能补充微量元素，还能起到清热消火、排毒养颜的作用。食用芦荟的方法有很多，比如将芦荟做成色拉，或者将芦荟与肉类一起烹饪，另外还可以将芦荟作为原料入汤。这些做法餐厅里使用的比较多，而自己在家食用的话可以直接将芦荟去刺去皮，用清水洗净，再用开水烫热后食用，比较简单。如果兴趣好的话，也可以将芦荟榨汁后添加砂糖、果汁一起饮用，制好的芦荟汁可以在冰箱中存放1～2天。但是，芦荟并不是吃得越多就越有利于健康，其间有一个适度的问题，并且还要注意不是所有芦荟都适合食用。

芦荟原产地是非洲热带干旱地区，20世纪80年代后期，芦荟才开始引进我国，现在主要在海南、福建、云南等地有少量种植。据统计，芦荟的种类多达五百多种，但大多属于观赏型芦荟，真正具有药用美容价值的只有芦荟费拉（又名库拉索芦荟、美国大叶芦荟）、木剑芦荟、中华斑纹芦荟、好望角芦荟、木立芦荟等十几种，可以食用的就只有几个品种。芦荟有苦味，加工前应该去掉绿皮，水煮3～5 min，即可去掉苦味。芦荟性寒，吃多了会造成上吐下泻，一般的标准限量是每人每天不宜超过15克，孕妇、老人和儿童食用芦荟时更要谨慎。

2. 新资源食品——透明质酸

透明质酸（Hyaluronic Acid，HA），是由D-葡萄糖醛酸和N-乙酰氨基葡萄糖以双糖单位交替连接而成的直链高分子酸性黏多糖。商品透明质酸（HA）一般为其钠盐，即透明质酸钠（Sodium Hyaluronate）。透明质酸（HA）广泛存在于机体中，以关节腔、皮肤、眼玻璃体、软骨、脐带和公鸡冠等组织中的含量较高。大量研究发现HA具有诸多生理功能，如调控细胞与细胞间的黏附、定位、分化，促进细胞的增生和移动，以及参与保湿、润滑、伤口愈合、组织修复和再生、炎症反应、胚胎发育及肿瘤等生物进程。

目前，在我国HA的应用领域主要集中在医药、临床诊治和化妆品行业，占总用量的98%以上，用于食品行业还处于起步阶段，相关报道较少。HA是机体的组成物质，因此具备很高的生物安全性。近年国内外关于透明质酸（HA）口服后吸收、代谢和功效的研究越来越多，大量科学证据肯定了口服HA的功效。

HA是构成细胞间和细胞外基质的主要成分，维持细胞的正常结构和功能，具有保水、润滑、愈合伤口，保护细胞，影响细胞移动、增生和分化，影响细胞的吞噬功能等多种作用。

由于HA分子表面有大量带负电荷的羧基和极性基团，以氢键与水分子结合后将其牢牢锁住。研究表明，每个HA二聚体或三聚体的周围结合约490个水分子。大量HA分子可以形成复杂的网状结构将水分子固定。HA能结合其重量1 000倍的水，其保水性能很强，是目前公认的保水能力最强的天然保湿剂，广泛用于化妆品行业。HA是生物体关节腔滑液的主要成分，其良好的黏弹性和润滑性可以减少机体运动时关节的压力和磨损。实验表明，HA与滑液中的肽和糖肽复合物共同发挥润滑作用。目前经证实的HA的创伤愈合作用如下：① 与血纤蛋白组成的凝块在伤口愈合过程中发挥构造功能；② 促进粒细胞的吞噬活性，调节炎症反应；③ 局部降解产生的物质可以促进血管生成。

随着HA保健机制研究的进一步深入和保健功效宣传力度的加大，会有越来越多的消费者关注HA这一新的食品原料，也会有越来越多具有新保健功效的新资源食品——透明质酸HA上市，成为人类健康的新福音。

【阅读材料】

为健康的双眼保驾护航——选择天然的叶黄素酯

据世界卫生组织（WHO）的一项统计，全球有一亿八千万人患有各种类型的眼睛疾病，其中由此导致的盲人有 4 500 万人。另外，老年性眼疾是造成西方国家 50 岁以上的中老年人致盲的首要原因。其中全世界患老年性黄斑退化症（AMD）和受其影响的人数达 2 500～3 000 万人。

老年性眼疾中的老年性黄斑退化症（AMD）的致盲是不可逆转的，约有 20%的 65 岁以上的老年人受到 AMD 的影响。AMD 是因为黄斑中心区受损，从而导致中心视觉受损或者缺失，视物不清或者变形。预计到 2020 年老年性黄斑退化症（AMD）的影响范围会进一步扩大。目前尚无有效的治疗方法，所以预防就变得相当重要。

根据 AMD 国际联盟的调查结果显示，90%的公众把视力看做是他们最害怕失去的人的感官能力，因此针对眼睛保健的研究和开发越来越热。已有科学证据表明，叶黄素和玉米黄质是晶状体和视网膜中唯一存在的两种类胡萝卜素，对眼睛的保健具有非常重要的意义。

眼底视网膜上的一小块区域被称作黄斑中心区，黄斑色素完全由叶黄素和玉米黄质组成。在人的一生中，黄斑中心区对眼睛的保健一直都非常重要，可以给予眼睛与生俱来的保护，防止老年性黄斑退化症（AMD）的发生。体内黄斑色素密度低的人士，年老时患老年性黄斑退化症的机会比正常人要多。另一方面，在高危人群的膳食中增加额外的类胡萝卜素，叶黄素（酯）和玉米黄质，能增加黄斑色素的密度，便有可能降低患 AMD 的风险。

新资源食品——叶黄素酯是一分子的叶黄素与一分子或两分子的脂肪酸形成的化合物，它就像我们所熟知的饮食如脂肪、维生素 A 和维生素 E 一样存在于我们的日常饮食中，例如橙子、桃子、南瓜及土豆等水果蔬菜中。叶黄素酯和叶黄素一样，都是自然界的事物中天然存在的一种营养成分。尽管行业中有人对叶黄素的生物利用度持有怀疑的态度，但是越来越多的科学研究表明了新资源食品——叶黄素酯对眼睛的健康具有重要意义。

早在 2000 年时，荷兰的 Tos Berendschot 就对叶黄素酯的有效性做了相关的试验研究。他在研究中发现：“8 个受试者每日服用 10 mg 叶黄素（以叶黄素酯的形式进行膳食增补）后，血浆中的叶黄素水平提高了 5 倍，黄斑中心区的色素密度增加了 20%。”在 2003 年，美国科学家 Richard Bone 和 John Landrum 对 35 个受试者进行了叶黄素酯的试验。研究结果表明，叶黄素酯的用量和血浆中叶黄素的浓度之间存在着显著的线性相关性，而血浆中叶黄素的浓度和黄斑中心区的色素密度之间又存在明显的线性关系。在 2004 年，Kohl 和 Murray 对 7 个患老年性黄斑退化症（AMD）早期病症的病人和 6 个正常人进行了日服 10 mg 叶黄素酯来源的叶黄素的试验，试验时间为期 21 周。研究结果表明：病人和正常人血浆中的叶黄素水平都提高了大约 6 倍，黄斑中心区的色素密度都增加了大约 26%～36%。这个试验也得出另一结论：已经发生病变的黄斑中心区能够和正常的黄斑中心区一样，能够吸收和储存来自于叶黄素酯的叶黄素。

2007 年，眼科专家 Meike Trieschmann 发表了关于“补充叶黄素和玉米黄质后，黄斑色素的光学类胡萝卜素浓度和血浆类胡萝卜素浓度的变化”这一研究的成果（又称为“LUNA 研究”）。作者经过试验研究得出结论：“从解剖学、生物化学和黄斑色素的光学性能来讲，我们可以得到这样一个基本的生物学原理：人体增补叶黄素和（或）玉米黄质可以预防、减缓或者延缓老年性黄斑退化症（AMD）的病理进程。”

科学研究显示，来自于叶黄素酯的叶黄素和游离的叶黄素都可以被人体很好地吸收，新资源食品——叶黄素酯具有高生物利用性。Hao-yun Chung 和他的同事曾对来源于鸡蛋、菠菜、叶黄素酯增补剂及叶黄素增补剂的生物利用度进行了研究，结果表明：来源于鸡蛋的叶黄素具有最高的生物利用度，而来自于膳食增补剂和菠菜的叶黄素在人体内的生物利用度则没有区别。Breithaupt D E 发表了两篇论文，就酯化和非酯化的玉米黄质和隐黄质的生物利用度进行比较研究，结果表明：酯化物的生物利用度没有明显区别于游离物的生物利用度，或者其生物利用度要比游离态的要高。玉米黄质和隐黄质是分子结构与叶黄素非常接近的类胡萝卜素。这说明了酯化状态对叶黄素的吸收和提高其生物活性是非常有利的。

酯化物的消化吸收方式可能是其具有较高生物活性的原因。新资源食品——叶黄素酯在体内自然有效地水解后，分离出游离的叶黄素，被人体吸收进入血液循环，然后随着血液循环到达眼睛的视网膜组织。2006 年科学家 Molnar 在胡萝卜素科学杂志上发表了一篇关于"叶黄素在胃部 pH 环境下降解，叶黄素酯则不被降解"的论文。他进行研究的一项体外试验显示出游离态的叶黄素在胃内会部分降解，这意味着能够到达肠道内部位后，再进入血液循环的叶黄素的数量可能已经大大减少。Molnar 这样说："来自酯化基团的保护使得叶黄素酯能够原封不动地到达肠道内部位，这将是叶黄素酯具有更高生物利用度的其中一个原因。"美国芝加哥伊利诺伊州大学，全球知名的类胡萝卜素研究专家 Phyllis Bowen 教授发表的论文"酯化不会削弱叶黄素在人体中的生物利用度"中有如下的结论：酯化了的叶黄素的生物利用度要比非酯化叶黄素的生物利用度高 61.6%。

我国卫生部于 2008 年 5 月 26 号发布了《2008 年第 12 号公告》，批准嗜酸乳杆菌、低聚木糖、透明质酸钠、叶黄素酯、L-阿拉伯糖、短梗五加、库拉索芦荟凝胶为新资源食品。这一公告的发布将积极推动叶黄素酯在我国保健食品领域的应用。新资源食品按新版《新资源食品管理办法》进行整顿与清理，以保障消费者的健康。随着叶黄素酯保健机制研究的进一步深入和保健功效宣传力度的加大，会有越来越多的消费者关注叶黄素酯这一新的食品原料，也会有越来越多具有新保健功效的叶黄素酯的保健食品上市，给人类健康带来福音。

思考题

1. 什么是转基因技术？什么是转基因生物？什么是转基因食品？
2. 转基因食品的种类有哪些？举例说明各有何特点？
3. 转基因食品的作用主要体现在哪些方面？
4. 转基因食品的安全性问题基本上有哪些方面？
5. 转基因食品安全性评价的基本原则是什么？
6. 简述我国转基因食品的发展现状。
7. 什么是新资源食品？新资源食品的类型有哪些？
8. 我国有哪些新资源食品？举例说明新资源食品有什么功能？（至少五种新资源食品）

第八章　食品安全的控制与保障

第一节　食品安全控制体系

人类在长期的生产生活实践中一直在寻找或探索有效的食品安全的控制方法，例如猿人时代发明的用火烧烤食物的方法、古代发明的食物干燥方法，几千年前发明的酿造等方法，这些方法除了有利于改善食品风味或延长食品储藏期以外，还都是有效的食品安全控制方法。随着近代食品工业的发展，以最终产品为核心的食品质量与安全控制方法得到了建立与不断完善，并在相当长的一段时间内发挥了重要的作用。现代农业和食品产业的发展导致了食物供给与需求关系的重大变化，也使食品在生产、储藏、运输和消费方式上发生了巨大的变革，这些变化和发展对食品安全控制方法也提出了更高的要求。因此，各种食品安全的现代控制体系应运而生，而且逐步得到广泛应用。目前运用广泛且十分有效的主要有良好操作规范（GMP）、危害分析与关键控制点（HACCP）、国际标准化组织（ISO9000 和 ISO9001）三种食品安全控制体系。

一、良好操作规范（GMP）

GMP 是英文 Good Manufacturing Practice 的缩写，中文意思是良好操作规范或优良制造标准，是一种特别注重在生产过程中实施对产品质量与卫生安全进行自主性管理的制度。GMP 是一种食品安全和质量保证体系，其宗旨是在食品制造、包装和储藏等过程中，确保有关人员、建筑、设施和设备均能符合良好的生产条件，防止食品在不卫生的条件下，或在可能引起污染或品质变坏的环境中操作，以保证食品安全和质量稳定。GMP 重点在于确认食品生产过程的安全性；防止异物、毒物、有害微生物污染食品；双重检验制度，防止出现人为的过失；标签管理制度；建立完善的生产记录、报告存档的管理制度。

（一）GMP 的概念与内涵

GMP 是对食品生产过程中的各个环节、各个方面实行全面质量控制的具体技术要求和为保证产品质量必须采取的监控措施。目前各国及地区的 GMP 管理内容相差不多，即要求食品生产企业应该具备良好的生产设备、合理规范的生产过程、完善的质量管理和严格的检测系统，确保最终产品的质量（包括食品安全卫生）符合法规要求。

1. 厂房的设计与要求

随着工业用地与建筑成本的提高，对于厂房的设计要有长远的规划，以免因日后业务的增长，不断增加设备而造成杂乱拥塞，影响生产效率。另外，建筑物的适当设计和结构对于限制食品生产环境中微生物的进入、繁殖、传播是至关重要的，同时还可以防止或降低产品或原料之间的交叉感染。建筑和设施（如地面、墙、天花板）的表面应使用经久耐用、不易损坏、易清洁、无毒、防霉的材料，并且应当进行定期维护和清洁。应该有很好的排水系统以保证地面干燥，防止微生物的生长。厂房内的照明设施不宜安装在食品加工线上有食品暴露的正上方，并也应当定期清洁。对于通风设备，在管制区应当装置空气除尘器，并用过滤器进行无菌化处理，空气流动的方向应从干净的物品到较脏的物品，以减少微生物通过空气传播的可能性。

2. 对食品加工设备及加工过程的要求

食品生产厂家在选择食物加工设备的时候，除了考虑是否能执行预期的任务、生产率的高低、可靠性、操作和维护的难易程度、能否保证操作者的安全，以及设备的花费，还应该考虑设备的卫生设计特征，否则可能会导致产品被微生物感染。

从原材料进入车间，到预处理和加工，再到包装、储存、运输、销售等环节都应当在卫生的条件下进行，以防止微生物的生长和交叉感染或者食物变质。原材料应当符合食用标准，并隔离存放在良好条件下以防止微生物生长或腐烂。购买的材料应当有微生物污染检验报告等。应当对容器进行检查，以确保它们不会造成对原料的污染。生产中的加工用水，必须符合饮用水的标准。所有的加工步骤，包括包装和储藏，都应在适当的条件下进行，在生产过程的品质管理中，要找出加工中进行安全与卫生管理的关键点，制定检验项目、检验标准、抽样及检验方法等，并且严格执行。

3. 人员的要求

一家先进的生产企业必须达到科学全面的质量管理要求。要使各项质量管理措施能够全面、准确地实施，就必须依靠一支称职的质量管理队伍。食品企业生产和质量管理部门的负责人应能按规范中的要求组织生产或进行质量管理，能对食品生产和质量管理中出现的实际问题做出正确的判断和处理。从业人员上岗前必须经过卫生法规教育及相应的技术培训，并经考核合格后方可上岗，对食品操作者录用前要进行体格检查以及定期的复检。另外，对工作人员在卫生上的要求也非常重要。工作前要彻底清洗双手，不得佩戴首饰，要穿好工作服，戴好工作帽，头发不得外露。

4. 建筑和设备的清洗及消毒

在食品加工中，生产区应当保持卫生，与食品直接接触的设备和工具表面应该经常清洗和进行常规检测。第一，去除食物残渣，因为食物的残渣能提供微生物生长的基本养料。另外还可能影响设备的正常功能，同时通过清洗也能去掉大部分微生物。第二，通过消毒（或清洁）可以把微生物的数量降低到无法对食物形成污染的程度。符合卫生标准的设备，在使用前应当保护起来以免再次被污染。

5. 成品的储存与运输

成品储存与运输时应该防止阳光直射、雨淋、撞击，以防止食品的成分、质量及纯度等受到不良影响。仓库应该经常整理、整顿，成品仓库应按照制造日期、品名、型号及批号分别堆置，加以适当标记及防护。应该有防鼠、防虫等设施，定期清扫。运输工具应符合卫生要求，要根据产品特点配备防雨、防尘、冷藏、保温等设备。运输作业应防止强烈振荡、撞击，轻拿轻放，防止损伤成品外形，并且不得与有毒有害物品混装、混运。对于成品要有存量记录和出货记录，内容尽可能详细。

（二）实施 GMP 的意义和目的

我国的食品加工企业 GMP 以标准形式颁布，具有强制性和普遍适用性。食品加工企业 GMP 的实施可以为食品生产提供一套必须遵循的组合标准；为卫生行政部门、食品卫生监督员提供监督检查的依据；为建立国际食品标准提供基础，提高食品在国际贸易中的竞争力，有利于食品进入国际市场；为食品生产经营人员认识食品生产的特殊性提供重要的素材，由此产生积极的工作态度，激发对食品质量高度负责的精神，并且消除生产上的不良习惯；使食品生产企业对原料、辅料、包装材料的要求更为严格，管理更加科学化和规范化；有助于食品生产企业采用新技术、新设备，从而确保食品质量。

推行良好操作规范的主要目的在于提高食品的品质与卫生安全，保障消费者与生产者的权益，强化食品生产者的自主管理体制，使企业有法可依、有章可循。总之 GMP 在许多国家和地区的推广实践证明，这是一种行之有效的科学而严密的质量保证体系，是确保每件最终产品安全卫生的有效途径。GMP 的实施，将会提高我国食品生产企业加强自身质量管理的自觉性，提高质量管理水平，从而推动我国食品工业质量管理体系向更高层次发展。

二、危害分析与关键控制点（HACCP）

（一）HACCP 的概念和由来

1. HACCP 的概念

HACCP 是英文"Hazard Analysis Critical Control Point"（即危害分析与关键控制点）的首字母缩写，它是一种预防性的食品安全控制体系，其宗旨是减少或消除食品安全问题。HACCP 表示危害分析和临界控制点。确保食品在生产、加工、制造、准备消费和食用等过程中的安全，在危害的识别、评价和控制方面是一种科学、合理和系统的方法。但它不代表健康方面一种不可接受的威胁，而是识别食品生产过程中可能发生的环节并采取适当的控制措施以防止危害的发生。通过对加工过程的每一步进行监视和控制，从而降低危害发生的概率。危害的含义是指生物的、化学的或物理的因素或条件所引起潜在的健康的负面影响。食品生产过程的危害案例包括金属屑（物理的）、杀虫剂（化学的）和微生物污染，如病菌等（生物的）。今天的食品工业所面临的主要危害是微生物污染，例如沙门氏菌、防腐剂、胚芽菌、肉菌等。

从本质上来说，以关键控制点（CCP）是一个识别和监测及其预防可能导致食品危害的体系，这些危害可能是影响食品安全的生物的、化学的、物理的因素，这种危害分析是建立关键控制点的基础。关键控制点是那些在食品的生产和处理过程中必须实施控制的任何环节、步骤或工艺过程，并且这种控制能使其中可能发生的危害得到预防、减少或消除，以确保食品安全。

HACCP 体系这种管理手段提供了比传统的检验和质量控制程序更为良好的方法，它是一种建立在良好操作规范（GMP）基础之上控制危害的预防性体系，它的主要控制目标是确保食品的安全性。因此 HACCP 体系与其他的质量管理体系相比，将主要精力放在影响产品安全的关键点上，而不是在每一个步骤都放上同等的精力，这样在预防方面显得更为有效。在食品的生产过程中，控制潜在危害的先期觉察决定了 HACCP 体系的重要性。通过对主要的食品危害，如微生物、化学和物理污染的控制，食品工业可以更好地向消费者提供消费方面的安全保证，降低食品生产过程中的危害，从而提高人们的健康水平。HACCP 体系是一种科学、高效、简便、合理而又专业性很强的食品安全体系。

2. HACCP 体系的起源

最早提出 HACCP 体系的是 1960 年美国 Pillsbury 公司与美国航空航天局(NASA)NATIK 实验室，他们在联合开发航天食品时形成了 HACCP 食品安全管理体系。1971 年，Pillsbury 公司在美国第一次国家食品安全保护会议上提出了 HACCP 管理系统的概念，它是将过去的食品危害风险分析与关键控制点有机结合而形成的控制体系。美国食品药品管理局（FDA）对此非常感兴趣，决定首先在低酸罐头食品生产过程中使用。自此以后，HACCP 体系的使用范围越来越广，被许多发达国家所采用。1972 年，国际食品法典委员会（CAC）决定在食品生产管理的法规中规定推广运用 HACCP 体系，以作为控制各类食品生产过程中的安全卫士。1988 年，国际食品微生物专业委员会出版了一本关于 HACCP 系统的专著，它包括了食品微生物学安全性的各个主要内容和细节，并强调对企业雇员、管理者及经营者进行 HACCP 专项培训的必要性。1989 年，美国食品微生物学标准顾问委员会制定并批准了第一个 HACCP 系统的标准版本：《用于食品保护的 HACCP 原则》。

（二）HACCP 体系的制定

食品企业采用 HACCP 体系必须包括以下七条原则，它们作为体系的实施基础。

1. 分析危害

拟定整个生产工艺各步骤的流程图，检查食品所涉及的流程，确定何处会出现与食品接触的生物、化学或物理污染体。

2. 确定临界控制点

临界控制点是在食品的生产和处理过程中必须实施控制的任何环节、步骤或工艺过程，并且这种控制能使其中可能发生的危害得到预防、减少或消除，以确保食品安全。例如生产工序中的加热、冷冻、原料配方等环节和在防止交叉污染及雇员、环境卫生方面所采取的措施，都可能是关键控制点。

3. 制定预防措施

针对每个临界控制点制定特别的措施，将污染预防在临界值或允许极限内。临界值是指一个与关键控制点相对应所必须遵循的尺度，诸如温度、时间、物理尺寸、水分活度、pH 及感官分析等的安全范围。

4. 建立监控系统

监控每个临界控制点，做出准确的记录用于以后的核实和鉴定。应该特别注意的是监控方法必须高效、快捷，否则检验的滞后性同样会导致关键控制点的控制失败。

5. 建立校正措施

确定纠正措施以便在监控过程中发现临界值未被满足。当偏差出现时就必须以适当的校正措施来纠正或消除，以确保 HACCP 系统再次处于控制之中，并且保留校正行为的记录。

6. 建立有效的档案体系

将所有有关 HACCP 系统的计划、记录和变动情况进行归档。

7. 建立验证体系

该体系主要用于经常核查以上各项功能是否正常运作，包括随机验证、重新评定 HACCP 系统计划和检查各种记录。

在以上七条原则中，分析潜在的危害、识别加工中的关键控制点和建立关键控制点的临界限值构成了食品污染风险评估体系（Risk Assessment），它属于技术范围，由技术专家来操作，其他的步骤属于质量和安全管理的范畴。

HACCP 体系计划的制订可以简单归纳为以下十个方面：① 组建 HACCP 体系学科专家小组。② 进行产品描述，预测食品用途。③ 绘制流程图，流程图应该包括从原料的选择，到食品加工、包装、最终储存和销售的整个过程，以及每一步中的故障等。④ 确认生产流程图，生产流程图应该精确地反映实际加工操作过程。⑤ 列出每个潜在的危害，并进行分析，以及对已确定的危害应考虑所有能用的控制方法。⑥ 确定关键控制点。⑦ 确立每个关键控制点的临界限值。⑧ 对每个关键控制点建立一个监控系统。⑨ 确立纠正措施，并确立证明程序。⑩ 保存记录，确立有效的档案系统。

（三）食品企业采用 HACCP 体系的优越性

HACCP 系统是一种用来确保食品安全与卫生的现代科学体系。它为食品企业建立了一套预防性的食品安全体系，食品生产企业实施 HACCP 体系具有以下五方面的优越性。

1. 科学性

强调识别并预防食品污染的风险，克服食品安全控制方面传统方法（通过检测而不是预防食物安全问题）的限制。HACCP 体系是由一些相关学科结合而建立的系统化程序。它能有效识别出各种可能发生的危害，包括来自生物、物理和化学方面的危害，并且在有科学依据的基础上采取预防性措施。

2. 高效性

由于保存了公司符合食品安全法的长时间记录，而不是在某一天的符合程度，使政府部门的调查员效率更高，结果更有效，有助于法规方面的权威人士开展调查工作。因此 HACCP 体系是保证食品安全和防止食品传播疾病的一种高效率、低成本的体系，它为生产商和政府监督机构提供了一种最理想的食品安全监测和控制手段，能使有限的人力和物力发挥最大的作用，体现了以最少资源配置达到最佳效果的原则。

3. 预防性

使可能的、合理的潜在危害得到识别，即使以前未经历过类似的失效问题。实践证明，对最终产品进行抽样检测以确定产品是否合格的方法往往只能做一些事后的补救工作，而 HACCP 体系却能通过对食品链中关键控制点的监控和采取相应的纠正措施，做到防患于未然。

4. 可操作性

HACCP 体系具备一整套详细的操作程序，可操作性强，有更充分的允许变化的弹性。

例如，在设备设计方面的改进、在与产品相关的加工程序以及技术开发方面的提高等。

5. 全面性

HACCP 体系已经逐渐成为一个全球性的食品安全管理体系，一些国家已经以法律的形式将它固定下来。因此，它有助于在全球范围内来控制食品的安全性，有助于提高食品企业在全球市场上的竞争力，提高食品安全的信誉度，促进食品贸易的发展。HACCP 体系对食品生产中的每个环节、每项措施、每个组分的危害风险进行鉴定、评估，找出关键点而加以控制，食品的安全性得到了全面和有效的保障。同时，也为食品生产商、销售商、消费者和政府监督管理部门制定了衡量食品安全性的统一尺度，便于协调合作来保证食品的安全性，减少食品安全控制的总花费，提高经济效益。

（四）在食品供应的各环节如何应用 HACCP 体系

HACCP 体系对食品链的全过程（包括食品原料的种植、收获和购买到最终产品的使用消费）都制定了可操作的规范，使食品原料的供应，食品的加工生产、包装储藏，销售消费都在统一的规范制约下运转，为各个环节安全性的有效控制提供了可操作的程序和标准。

对大多数 HACCP 成功的使用者来说它可用于从农场到餐桌的任何环节。

在农场里，可以采用多种措施使农产品免受污染。例如，监测好种子、保持好农场卫生、对养殖的动物做好免疫工作等。

在食品加工厂里的屠宰和加工过程中也应做好卫生工作，当肉制品和家禽制品离开工厂时，还应做好运输、储存和分发等方面的控制工作。

在批发商店里，确保合适的卫生设施、冷藏、储存和交付活动免受污染。

在餐馆、食品服务机构和家庭厨房等地方也应作好食品的储藏、加工和烹饪的工作，确保食品安全。

最后，消费者可以在家中实施 HACCP 体系。通过适当的储存、处理、烹调和清洁程序，从去商店购买肉和家禽到将这些东西摆上餐桌的整个过程中，有多个保障食品安全的步骤。例如，对肉和家禽进行合适的冷藏，将生肉和家禽与熟食隔离开，保证肉类煮熟、冷藏和烹饪的残留物不得有细菌滋生等。

（五）我国推行 HACCP 体系的迫切性

近年来，随着全世界人们对食品安全卫生的日益关注，食品工业和其消费者已经成为企业申请 HACCP 体系认证的主要推动力。世界范围内食物中毒事件的显著增加激发了经济秩序和食品卫生意识的提高，在美国、英国、澳大利亚和加拿大等国家，越来越多的法规和消费者要求将 HACCP 体系的要求变为市场的准入要求。一些组织，例如美国国家科学院、国家微生物食品标准顾问委员会以及 WHO/FAO 营养法委员会，一致认为 HACCP 是保障食品安全最有效的管理体系。

HACCP 体系与中国传统的食品安全控制方法相比有更显著的优势。传统的食品安全控制流程一般建立在"集中"视察、最终产品的测试等方面，通过"望、闻、切"的方法去寻找潜在的危害，而不是采取预防的方式，因此存在一定的局限性。举例来说，在规定的时间内完成食品加工工作，靠直觉去预测潜在的食品安全问题，在最终产品的检验方面代价高昂，为获得有意义的、有代表性的信息，在搜集和分析足够的样品方面存在较大的难度。大量的成品检验的费用高、周期长，等检验结果的信息反馈到管理层再制定产品质量控制措施时，往往为时已晚。

而在 HACCP 管理体系原则指导下，食品安全被融入到设计的过程中，使可能的潜在危害得以发现，而不是传统意义上的最终产品检测。因而，HACCP 体系能够起到预防作用，并且更能经济地保障食品的安全。此外由于保存了公司符合食品安全法的长时间记录，HACCP 体系的实施不仅有利于企业对食品安全的控制，还为执法人员对企业的监督管理提供了方便。部分国家的 HACCP 实践表明实施 HACCP 体系能更有效地预防食品污染。例如，美国食品药品管理局的统计数据表明，在水产加工企业中，实施 HACCP 体系的企业比没实施的企业食品污染的概率降低了 20%到 60%。

我国政府高度重视 HACCP 体系在食品行业的推行和实施工作。2002 年国家质检总局第 20 号令和国家认监委第 3 号公告，《出口食品生产企业卫生注册登记管理规定》及《中国食品生产企业危害分析与关键控制点 HACCP 管理体系认证管理规定》公布了《卫生注册需评审 HACCP 体系的产品目录》，共六类食品生产企业在卫生注册申请和保持时必须建立和实施 HACCP 体系。这表明中国政府越来越重视食品安全问题，更加强调 HACCP 体系在中国食品行业推行的必要性和重要性。

三、国际标准化组织（ISO9000 和 ISO9001）

（一）ISO9000

ISO 是国际标准化组织的英语简称。其全称是 International Organization for Standardization。ISO 是世界上最大的国际标准化组织。它成立于 1947 年 2 月 23 日，它的前身是 1928 年成立的"国际标准化协会国际联合会"（简称 ISA）。IEC 即"国际电工委员会"，1906 年在英国伦敦成立，是世界上最早的国际标准化组织。IEC 主要负责电工、电子领域的标准化活动。而 ISO 负责除了电工、电子领域之外的所有其他领域的标准化活动。ISO 的宗旨是"在世界上促进标准化及其相关活动的发展，以便于商品和服务的国际交换，在智力、科学、技术和经济领域开展合作"。ISO 现有 117 个成员，包括 117 个国家和地区。ISO 的最高权力机构是每年一次的"全体大会"，其日常办事机构是中央秘书处，设在瑞士的日内瓦。ISO 通过它的 2856 个技术机构开展技术活动，其中技术委员会（简称 TC）共 185 个，ISO 的 2856 个技术机构技术活动的成果（产品）是"国际标准"。ISO 现已制定出国际标准共 10300 多个，主要涉及各行各业的各种产品（包括服务产品、知识产品等）的技术规范。ISO 制定出来的国际标准除了有规范的名称之外，还有编号。编号的格式是：ISO＋标准号＋[杠＋分标准号]＋冒号＋发布年号（方括号中的内容可有可无）。例如：ISO8402：1987、ISO9000-1：1994 等，分别是某一个标准的编号。但是，"ISO9000"不是指一个标准，而是一族标准的统称。ISO9000 体系指由 ISO/TC 176 技术委员会制定的所有国际标准。TC 176 即 ISO 中第 176 个技术委员会，它成立于 1980 年，全称是"品质保证技术委员会"，1987 年又更名为"品质管理和品质保证技术委员会"。TC 176 专门负责制定品质管理和品质保证技术的标准。

1987 年，ISO 发布了 ISO9000 质量保证系列标准，它的特点是规范化、程序化，强调企业的内部管理，每项具体工作都落实到人，并有严格的文字记录。

自从 1987 年 ISO9000 系列标准问世以来，为了加强品质管理，适应品质竞争的需要，企业家们纷纷采用 ISO9000 系列标准在企业内部建立品质管理体系，申请品质体系认证，很快形成了一个世界性的潮流。目前，全世界已有近 100 个国家和地区正在积极推行 ISO9000 国际标准，约有 40 个品质体系认可机构，认可了约 300 家品质体系认证机构，20 多万家企业拿到了 ISO9000 品质体系认证证书。在质量管理中，质量认证体系最为引人注目，从一开始就跨越国界，逐渐建立了若干区域认证制和国际认证制，使质量认证成为国际贸易中消除非关税壁垒的一种手段，有利于促进国际贸易的发展。

（二）ISO9001

ISO9001 标准是世界上许多经济发达国家质量管理实践经验的科学总结，具有通用性和指导性。实施 ISO9001 标准，可以促进组织质量管理体系的改进和完善，对促进国际经济贸易活动、消除贸易技术壁垒、提高组织的管理水平都能起到良好的作用。概括起来，主要有以下几方面的作用和意义。

1. 实施 ISO9001 标准有利于提高产品质量，保护消费者利益，提高产品可信程度

按照 ISO9001 标准建立质量管理体系，通过体系的有效应用，促进企业持续地改进产品的生产过程，实现产品质量的稳定和提高，无疑是对消费者利益的一种最有效的保护，也增加了消费者选购合格供应商产品的可信程度。

2. 提高企业管理能力

ISO9001 标准鼓励企业在制定、实施质量管理体系时采用过程方法，通过识别和管理众多相互关联的活动，以及对这些活动进行系统的管理和连续的监视与控制，以实现顾客能接受的产品。此外，质量管理体系提供了持续改进的框架，增加顾客（消费者）和其他相关方满意的程度。因此，ISO9001 标准为有效提高企业的管理能力和增强市场竞争能力提供了有效的方法。

3. 有效于企业的持续改进和持续满足顾客的需求和期望

消费者（顾客）的需求和期望是不断发生变化的，这就促使企业持续地改进产品以及涉及食品加工的各种过程，而质量管理体系的要求恰恰为企业改进产品和相应的各种过程提供了一条更加有效的途径。

4. 有利于增进国际贸易，消除技术壁垒

在国际经济技术合作中，ISO9001 标准被作为相互认可的技术基础，ISO9001 的质量管理体系认证制度也在国际范围中得到互认，并纳入合格评定的程序之中。世界贸易组织/技术壁垒协定（WTO/TBT）是 WTO 达成的一系列协定之一，它涉及技术法规、标准和合格评定程序。贯彻 ISO9001 标准为国际经济技术合作提供了国际通用的共同语言和准则。取得质量管理体系认证，已经成为参与国内和国际贸易，增强国际竞争力的有力武器。因此，贯彻 ISO9001 标准对消除技术壁垒，排除贸易障碍起到了非常积极的作用。

四、三者之间的关系

良好操作规范（GMP）、危害分析与关键控制点（HACCP）、国际标准化组织（ISO9000和ISO9001）这三种食品安全控制体系之间既有联系又有区别。其最终目的都在于保证产品的质量和安全，但侧重点不同，HACCP体系是食品行业中实施的一种全面、系统化的控制方法，它以科学为基础，对食品生产中的每个环节、每项措施、每个组分进行危害风险（即危害发生的可能性和严重性）的鉴定、评估，找出关键点加以控制，做到既全面又有重点。如今，HACCP体系已成为保证食品安全的最佳方法。国际标准化组织ISO9000和ISO9001标准强调的是建立质量体系，因为质量体系是确保产品符合规定要求的保证，质量管理是在质量体系下运行的，没有质量体系也就不存在质量管理，而GMP主要以预防为主的质量和安全管理，从其基本内容看，无论是硬件改造还是软件管理都体现了预防为主的原则。ISO9000和ISO9001系列标准包含了HACCP管理体系的许多要素，例如过程控制、监视和测量、质量记录的控制、文件和数据控制、内审等。HACCP体系可以很好地与ISO9000质量体系兼容，换句话说，ISO9000系列标准能有效地作为HACCP文件和实施的模式。GMP对食品制造、包装和储藏等过程都制定了详细和责任明确的规范，是食品加工企业必须达到的最基本的条件，GMP具有法律强制性，是HACCP体系的基石。HACCP是一个以预防食品安全问题为基础的有效的食品安全保证系统，是一种科学、高效、简便、合理而又专业性很强的食品安全体系。

第二节 食品安全面临的机遇与挑战

现代工农业和科学技术的迅速发展一方面推动了社会的进步和人民生活水平的提高，使人们更加关注自身健康和食品安全；另一方面导致了资源的过度开发、生态的破坏和环境的污染，使人类的生存环境和食物的生产环境恶化，食品安全问题更加突出。因此，如何保证食品安全是我国面临的重大问题，也是全世界共同关注的重大问题。如今，各国政府、相关国际组织和学术机构都在致力于研究和解决食品安全问题。

一、近年国内外出现的食品安全事件

目前，由食品污染导致的食源性疾病呈上升趋势，旧的污染尚未得到解决又遇到新的问题(如疯牛病)，不断发生的食品安全事件造成了人们对食品污染的恐惧和对食品安全的担心，以下是近年来发生的影响较大的食品安全事件。

（1）2001年1月，浙江先后有60多人到医院就诊，症状为心慌、心跳加快、头晕、头痛等，经浙江省疾病预防控制中心调查，发病原因是食用了含有"瘦肉精"（即盐酸克伦特罗）的猪肉。

（2）2004年4月30日，安徽阜阳"毒奶粉"被曝光，一度泛滥阜阳农村市场的无营养劣质婴儿奶粉使食用这种奶粉的婴儿出现头大、嘴小、水肿、低烧的症状。在此事件中，毒奶粉共计导致 229 名婴儿严重营养不良,其中轻中度营养不良的 189 人,死亡婴儿 13 人。2004 年 5 月 10 日《解放日报》报道,淮安涟水也惊现大头娃娃,2 名婴儿因食用劣质奶粉导致营养缺乏而死。

(3) 2004 年 5 月,广州市发生了假酒致人中毒事件。从 5 月 11 日开始,在不到 3 天的时间内,共有 40 多名因饮用散装白酒而中毒的患者住进了广州市第十二人民医院,入院患者普遍出现了抽筋、呕吐、走路不稳和视觉模糊等症状。医务人员经诊断发现,导致这些症状的原因是甲醇中毒。在 7 天时间里,中毒者达到 56 人,死亡 11 人。经调查判定假酒是不法分子用工业酒精勾兑的,而工业酒精中甲醇的含量很高,甲醇对人体是有毒的。

(4) 2005 年 2 月,在英国最大的食品制造商第一食品公司生产的产品中发现了被欧盟禁用的苏丹红 I 号色素。不到 1 个月,苏丹红事件席卷中国。2005 年 3 月,肯德基新奥尔良烤翅和新奥尔良烤鸡腿堡调料中发现致癌物质"苏丹红 I 号"成分,之后肯德基香辣鸡腿堡、辣鸡翅、劲爆鸡米花三种产品又被发现"涉红"。2006 年 11 月 12 日,由河北某禽蛋加工厂生产的一些"红心咸鸭蛋"在北京被查出含有致癌物质苏丹红 IV 号。11 月 14 日,北京食品办又检出六种咸鸭蛋含苏丹红 IV 号,大连等地也陆续发现含苏丹红 IV 号的红心咸鸭蛋。

(5) 2006 年 7 月,中央电视台曝光湖北武汉等地的"人造蜂蜜"事件。造假分子的造假手段五花八门,还在假蜂蜜中加入了增稠剂、甜味剂、防腐剂、香精和色素等化学物质。假蜂蜜不但无营养,而且糖尿病、龋齿、心血管病患者喝了还可能加重病情。

(6) 2006 年 8 月 2 日,浙江省台州市卫生局在某油脂厂内查扣原料油 38 600 kg、成品油 5 300 kg。经台州市和浙江省两级疾病预防控制中心抽样检测,猪油中酸价和过氧化值严重超标,浙江省疾病预防控制中心还检出内含剧毒的"六六六"和"滴滴涕"。

(7) 2008 年人造"新鲜红枣"流入乌鲁木齐市场,人造"新鲜红枣"主要经过两道工序,即着色和着味。在铁锅里放进酱油,使青枣变成红色,并保持光泽。再次放进加入大量糖精钠和甜蜜素的水池中浸泡,使其口感泛甜。

(8) 自 2008 年 7 月始,全国各地陆续收治婴儿泌尿系统结石患者多达 1 000 余人,9 月 11 日,卫生部调查证实石家庄三鹿集团生产的婴幼儿配方奶粉受三聚氰胺污染所致。9 月 16 日,质检总局公布婴幼儿配方奶粉检测结果,三鹿、蒙牛、伊利、雅士利、圣元、施恩等 22 种品牌奶粉检出三聚氰胺。卫生部 21 日通报三鹿牌婴幼儿配方奶粉事件医疗救治情况时指出截止到 9 月 21 日 8 时,各地报告因食用婴幼儿奶粉正在住院接受治疗的婴幼儿共有 12 892 人,其中有较重症状的婴幼儿 104 人。

(9) 2010 年 1 月 17 日,北京市一中学生饮用雪碧后,出现头疼、眩晕症状。当日入院检查,被确诊为汞中毒。这是在不足 3 个月内,北京市被发现的第二例由于喝雪碧饮料而发生的汞中毒事件。

(10) 自 2010 年 1 月份以来,武汉白沙洲农副产品大市场对海南省豇豆连续 3 次检出高毒农药水胺硫磷残留,因此武汉市农业局规定从 2 月 7 日起停止销售来自海南省的豇豆 3 个月。对此,海南省农业厅立即召开紧急会议,并向全省各市县下发紧急通知,要求切实做好豇豆的质量安全监管工作,确保豇豆质量。

二、食品安全问题造成的危害与损失

食品中的致病微生物、生物毒素和化学污染物引起的食品安全问题对人类的健康和生命安全造成了严重的危害，也对个人、家庭、社区、工商企业和国家造成了重大的经济损失。2002 年 3 月报告显示，无论发达国家还是发展中国家，食源性疾病的发生率均居高不下，即使在发达的工业化国家，每年仍约有 30%的人口感染食源性疾病。发展中国家数十亿病例与腹泻相关，其中 5 岁以下儿童达数百万，在此类患者中很大一部分人是由于食品和饮水受污染所导致。食源性疾病发病率升高的原因在于以下几个方面：① 食品生产模式及饮食方式的改变；② 消费者中对食源性病原菌易感人群的增加；③ 食品流通非常广泛；④ 发展中国家对畜、禽的需求量日益增多；⑤ 致病菌的菌株发生突变；⑥ 耐药性的增加等因素。我国食物链中微生物污染及其造成的食源性疾病和潜在的健康危害更是普遍存在，据卫生部发布的公报，2004 年第二季度我国重大食物中毒事件激增。卫生部共收到重大食物中毒事故报告 132 起，中毒 4700 人，死亡 97 人，与第一季度相比，报告起数增加了 80.8%，中毒人数增加了 88.5%，死亡人数增加了 64.4%。

食品安全事件的不断发生既是社会负担，也是经济负担。食品的安全性关系到人民的健康、社会的稳定，保证对人体的身心健康和生命安全不发生危害，这是对食品的基本要求，它具有法律强制性。在市场经济的大潮中，一个食品企业的产品要具备竞争力，首先必须在消费者心目中建立安全感和信任感。在对外贸易中，合作伙伴也是首先对产品的安全性做出要求，食品安全控制的国际标准是进行食品世界贸易的通行证。由于现代企业的规模日益庞大，许多具有跨国性，各企业之间的联系日渐密切。因此，当食品的安全性一旦出现问题，不仅会对企业产生致命的打击，而且还会对一个国家或几个国家的经济、政治、社会产生深刻的负面影响。例如 2000 年比利时发生的二噁英污染事件。由于二噁英的检测费钱、费时，不可能普遍检测，当时只好将全国的鸡肉和蛋全部销毁，造成了巨大的经济损失。这一事件造成的直接损失达 3.55 亿欧元，如果加上与此关联的食品工业，总损失已超过上百亿欧元。也正是因为二噁英事件，比利时政府集体辞职，荷兰农业大臣辞职。

三、食品安全问题造成的贸易壁垒

食品的安全性问题已经制约了我国农产品的出口创汇能力以及加入 WTO 后的国际竞争力。WTO 贸易技术壁垒（TBT）协定规定："在涉及国家安全问题、防止欺骗行为、保护人类健康和安全、保护生命和健康以及保护环境等情况下，允许各成员方实施与国际标准、导则或建议不尽一致的技术法规、标准和合格评定程序"。这为保证国际贸易中食品的安全卫生和质量、为反对贸易歧视、为合理使用贸易技术壁垒提供了基本法律框架，为缔约国的贸易各方提供了共同遵循准则。因此，世界各国无不加大对食品安全的研究，在保障消费者利益的前提下，寻求保护本国经济利益的"合法"技术措施。据有关资料介绍，在目前的国际贸易中，贸易技术壁垒已经占非关税贸易壁垒的 30%，由贸易技术壁垒所引发的国际贸易争端也越来越多。例如，1996 年 8 月，由于不符合欧盟食品卫生标准，欧盟禁止我国冻鸡和双壳贝等产品进入其市场，至今尚未解禁。从 1987 年以来，我国每年被美国海关扣留的食品批次中，25%左右并非质量不良，而大多数是因为标签不符合"美国食品标签法"的规定而遭销毁或者退货。据出入境检验检疫局的资料显示，从 20 世纪 90 年代以来，我国对西欧、东欧、日本、美国等国家和地区出口的大批鸡肉、猪肉、兔肉、鳗鱼、蜂蜜、茶叶和蔬菜等产品，由于农药、兽药残留，重金属含量常超过国际通行的安全标准，被拒收、扣留、退货、销毁和索赔、终止合同的现象屡屡发生……因此，加强食品安全控制的研究工作，不仅有利于保护人们的健康，也有利于保证我国农业和食品工业的发展，提高竞争力，促进我国的食品贸易。

由新技术、新产品引发的贸易技术壁垒目前主要是指 20 世纪 90 年代兴起的转基因食品的安全问题。欧盟认为由于转基因食品可能危害健康和环境，因此从 1998 年 4 月起，欧盟暂停批准在 15 个成员国经营新的转基因产品。有些国家虽然没有像欧盟那样绝对化，但是也就转基因食品的安全性问题采取了一定的措施。澳大利亚和新西兰宣布于 1999 年 5 月 13 日起正式实施《使用基因工程生产食品标准》，对进口转基因食品实行强制性的安全性评估。到目前为止，欧盟、澳大利亚、新西兰、新加坡和日本等相继规定含有转基因成分的消费食品必须在标签上予以标注，让消费者选择。对转基因食品的上述处理办法，许多消费者和科学家认为是一种谨慎和稳妥的处理办法，但也有一些经济学家和相关人员认为这是技术贸易壁垒。

四、食品安全问题出现的原因

近年因食物中毒、污染而造成的重大损失和危害常见于报端，涉及了社会、经济、政治等各方面，引起人们对食品安全性的空前关注。为什么在科学技术高度发达的今天，食品安全问题却更加成为困扰人们的重大问题呢？为什么在生产技术日趋完善的当今世界仍有如此严重的食品安全事件发生呢？其主要原因可能有以下六个方面。

（1）生态破坏。一方面，由于人类对资源的过度开发和对环境的严重污染，使生态平衡失调，从而使病原菌更容易生长繁殖而涉及农产品、食品和饲料，导致某些疾病更易通过食品而爆发流行。另一方面，农业生产者为了追求产量和一时的利益，非法或不恰当地施用含有有害物质或激素等化学药剂，还有对农业生产管理的无知或失误，过多地施用农药和化肥。

（2）污染严重。一些工厂排放的"三废"物质，农业生产中使用的农药等有毒有害物质在环境中日益积累都可能污染农产品、食品和饲料。

（3）管理体系不健全。政府部门多头管理，出现管理上的漏洞。受经济发展水平的制约，我国食品行业的整体卫生条件和管理水平较低，存在规模小、加工设备落后、卫生保证能力差等问题。特别是部分食品企业存在欺诈和缺乏诚信行为，对我国食品行业卫生安全的总体形象产生了极坏的影响。如有的食品生产企业无视国家法律规定，滥用食品添加剂，出售过期、变质食品，还有极少数不法分子为牟取暴利，利用有毒有害原料加工食品，不适当或非法使用各种添加剂，直接危害了消费者的健康。

（4）有效的食品安全保障控制体系没有大范围推广或者实施不到位。要确保食品的安全性，建立和执行有效的食品安全控制体系是必需的。良好操作规范（GMP）、ISO9000 质量保证体系和 HACCP 系统是目前国际上广泛采用的食品安全控制体系。但目前我国在这方面的实施情况还严重不到位。政府部门、企业和消费者应该采用有效的食品安全控制体系来保证食品的安全性。

（5）国民食品安全常识教育不够与知识更新滞后。一方面，农村剩余劳动力缺乏从事食品生产经营的必要技术和专业知识，在不具备合格场地和设备的情况下，利用简陋的工具和缺乏卫生保证的原料，无照加工生产食品，给食品卫生安全带来重大隐患。还有少数违法分子故意掺杂造假、添加违禁物质，给食品卫生监督工作带来严峻挑战。另一方面，农村贫困人口及城市中的一些下岗弱势人群，由于收入水平较低，食品的购买力较差，往往为了满足温饱等基本需要，而忽视了食品的卫生安全，使一些生产经营条件差、食品卫生不能得到保障的食品摊贩、街头食品和地下黑窝点生产的食品具有了一定的市场空间，这也是假冒伪劣食品屡禁不止的重要原因之一。

（6）食品的安全检测技术落后，不能满足对食品进行快速检测和监督的需要。在食品中不明有毒有害物质的鉴定技术、违禁物品、激素、农药残留、兽药残留、二噁英、疯牛病的检测、转基因食品安全性评价等方面，我国因投入不足和科技落后，监督检验能力与国际水平差距较大，制约了食品卫生监督管理水平的提高。

要在短时期内完全解决以上问题并非易事，除了要解决以上问题本身以外，还要解决它们所伴随的复杂而艰巨的社会问题。无论是消费者，还是食物生产的管理者，首先必须对食品安全问题要有一个科学全面的理解。解决食品安全问题的关键在于管理和法制，根本在于科技和教育。

五、解决食品安全问题的主要对策

食品安全事关人类健康和生命安全，也事关国家和民族的生存与发展。当一些重大食品安全事件发生时，不仅会引起消费者的极大恐慌，甚至会引发经济和政治危机。食品安全问题已经成为全世界共同关注的问题。因此，联合国各组织及各国政府纷纷研究食品安全计划，采取包括立法、行政、司法等各种措施，保障食品安全，提供安全食品，保护消费者的健康，消除经济和政治危机的诱发因素，促进经济贸易和社会的发展。

1962 年，联合国粮食和农业组织（FAO）和联合国世界卫生组织（WHO）共同创建了FAO/WHO 食品法典委员会（CAC），其主要工作是制定一套能推荐给各国政府采纳的食品标准，称为食品法典。世界贸易组织（WTO）也规定在食品贸易中，以食品法典的标准为准则，它的标准和法规对协调各国的食品立法并指导其建立食品安全体系，减少非关税贸易壁垒，解决贸易争端具有重大的意义。食品法典已经成为全球消费者、食品生产和加工者、各国食品管理机构和国际食品贸易唯一的和最重要的基本参照标准。

1999 年 12 月世界卫生组织执行委员会在有关食品安全的报告中重申 WHO 组织法中的目标，要让人人获取充足而有营养并且安全的食品。同时要求各成员国对本国食品、饮料和饲料中的添加剂、污染物、毒素或致病菌存在的对人体及动物健康可能造成的不良作用等方面进行危险性评估，验证各国食品安全法规及措施的科学性。目前我国的迫切任务是要借用国际一流的管理与控制模式来完善我国的食品安全管理与控制体系，用现代的理论和技术来装备我国的食品安全科技与管理队伍，尤其是要逐步在以下五个方面进一步开展工作，来应对目前食品安全性问题面临的严峻挑战。

1. 食品安全法规的健全与实施

国际食品法典委员会制订了一系列各成员国都认可的食品卫生应用导则，随着危险性分析技术在令人信服的科学基础上的广泛应用，其国际科学委员会的权威性必将进一步加强。我国于 1985 年加入食品法典委员会（CAC），并于 1995 年正式成立中国食品法典协调小组，分别在农业部和卫生部设立国际和国内协调秘书处。每年派越来越多的专家出席 CAC 各专业委员会的会议，及时掌握国际食品法典委员会（CAC）动态，并与我国的相关标准法规紧密结合，在制定食品安全保障措施和相关决策过程中适应最新的国际潮流。在食品生产加工领域，取缔食品非法加工黑窝点，加大对重点地区和重点产品的查处力度，加强地区间信息沟通，开展地区间联合打假。在食品经营流通领域，堵住假冒伪劣食品的销售渠道，加大对集贸市场和食品集中批发市场的治理力度，对滥用非法添加物的食品要一查到底，坚决追究违法犯罪分子的刑事责任。

2. 建立国家食品安全控制与监测网络

今后我国需要完善食品污染物监测网，及时发布食品卫生安全信息，健全和完善食品污染物监测网系统，全面掌握食品污染物的污染状况，科学评价污染水平与人体健康的关系，准确提出降低食品污染和消除食品中不安全因素的指导性建议，将食品污染物监测网建设成为指导食品卫生监督管理的有效工具。系统地监测并收集食品加工、销售以及消费的全过程，包括食源性疾病的各类信息（流行病学、临床医学、预防与控制），以便对人群健康与疾病的现况和趋势进行科学的评估和预测；早期鉴定病原，鉴别高危食品、高危人群；评估食品安全项目的有效性，为规范卫生政策提供信息和预防性策略。对于特定的食品，建立市场准入制，严格市场准入管理，强化市场的经常性卫生监督，加强食品卫生保障工作，控制食物中毒危害，以规范我国的食品市场。

3. 加强国家食品安全控制技术的投入和研究

面对新出现的世界性的食源性疾病问题，我国尚缺乏快速准确鉴定食源性危害因子的技术和能力，甚至在食品中无法检测。需要加强与国际发达国家的合作研究，包括改进检测方法、研究微生物的抗性，病原的控制等预防技术，食品的现代加工、储藏技术等。同时加强对国内研究项目的投入，力争使食品安全检测技术达到国际标准。

4. 加强对食品加工企业以及消费者的培训和教育

食品安全的保障是多方面共同的责任，政府、企业、农民、消费者都应该接受有关食品生产或加工的知识培训。例如在餐饮业加强食品卫生技术服务和指导工作，监督从业人员依法经营企业，同时帮助他们提高识别和防范假冒伪劣食品原料的能力，提高食品生产经营单位的食品卫生保证能力和消费者的自我防范水平。通过广泛深入地宣传教育工作，使消费者都能够意识到，保证自己家庭厨房的卫生与安全同样是为社会做出贡献。

5. 在高等院校建立食品安全专业以便培养专业技术人才

目前我国的食品安全管理和控制体系不够完善，食品安全检测技术相对落后，而严峻的食品安全形势又急需要加强对食品有关的化学、微生物及新资源食品相关的潜在危险因素的评价，建立预防和降低食源性疾病爆发的新方法，改进或创建新的有效的食品安全控制体系。要解决这些问题首先必须发展相关专业的高等教育，培养出一批食品安全控制的高级专门技术人才。

世界贸易的不断全球化，在给社会带来许多利益与机会的同时，也带来了更严重的食品安全问题。保障食品安全的最终目的是为了预防与控制食源性疾病的发生和传播，避免人类的健康受到食源性疾病的威胁，这是全世界的责任。食物可以在食物链的不同环节受到污染，因此不可能靠单一的预防措施来确保所有食品的安全。人类对食物数量和质量的需求对于食品生产经营者来说是一个永不休止的挑战。新的加工工艺和设备、新的包装材料、新的储藏和运输方式等都会给食品带来新的不安全因素。但我们相信 21 世纪随着科学的发展和技术的进步，将同样会使新的检测程序和安全保障系统得到进一步完善，我们餐桌上的食品将更加营养丰富、更加适宜可口、更加食用安全。

【阅读材料】

饲料添加剂——盐酸克仑特罗（俗名瘦肉精）

饲料添加剂（Feed Additive）是指在饲料加工、制作以及使用过程中添加的少量或者微量物质，包括营养性饲料添加剂、一般饲料添加剂和药物饲料添加剂。营养性饲料添加剂（Nutritive Feed Additive）是指用于补充饲料营养成分的少量或者微量物质，包括饲料级氨基酸、维生素、矿物质微量元素、酶制剂、非蛋白氮等。一般饲料添加剂（General Feed Additive）是指为保证或者改善饲料品质、提高饲料利用率而掺入饲料中的少量或者微量物质。药物饲料添加剂（Drug Feed Additive）是指为预防、治疗动物疾病而掺入饲料中的兽药，包括抗球虫药类、驱虫剂类、抑菌促生长类等。

盐酸克仑特罗俗名"瘦肉精"，化学名称是 α-[（叔丁氨基）甲基丁-4-氨基-3,5-二氯苯甲醇盐酸盐]，分子式是 $C_{12}H_{18}Cl_2N_2O \cdot HCl$，CAS 号为 37148-27-9，英文名称是 Clenbuterol（CL），为儿茶酚胺衍生物，属于 β-肾上腺类激素。盐酸克仑特罗为白色或类白色的结晶粉末，无臭，味苦，熔点 161 ℃，溶于水、乙醇，微溶于丙酮，不溶于乙醚。盐酸克仑特罗是由美国 Cyanamid 公司经化学合成而制得的一种呼吸系统药物，临床常用于治疗哮喘性慢性支气管炎和肺气肿等呼吸系统疾病，药物名称是克喘素、氨哮素、氨必妥、盐酸双氯醇胺、氨双氯喘通或者氨双氯醇胺。20 世纪 80 年代初美国等发达国家研究发现，将一定量的盐酸克仑特罗添加到饲料中，可以显著促进动物生长，提高瘦肉率，开始将盐酸克仑特罗当做"营养重分配剂"及"促生长剂"而广泛应用到畜禽生产中。我国是从 20 世纪 90 年代开始作为饲料添加剂引入并推广，以改善胴体的品质，所以"瘦肉精"的叫法从此流传开来。虽然一直没有得到国家主管部门的认可，但瘦肉精在不少饲料加工企业和养猪专业户中成为"秘密武器"，过去内地供港生猪如不喂瘦肉精还不被接受，可这同时也造成了食品中盐酸克仑特罗的残留。紧接着一连串因食用含"瘦肉精"导致的食物中毒事件发生后，盐酸克仑特罗成为世界上普遍禁用的添加剂。1997 年以来，我国农业部等相关部门多次发文，禁止生产和使用"瘦肉精"，但是仍有很多瘦肉精中毒事件。

盐酸克仑特罗残留引起的中毒事件最早发生在西班牙，1989 年 10 月至 1990 年 7 月间因食用牛肝而导致 135 人中毒，在食用的牛肝中发现盐酸克仑特罗的含量达 160～291 µg/kg。1992 年 1～4 月在西班牙北部地区又爆发 232 例因食用牛肝中毒病例，在屠宰场获得的牛肝样品中盐酸克仑特罗的含量达 19～5 395 µg/kg，在病人尿液的检测中盐酸克仑特罗的含量是 11～486 µg/L。1990 年秋季在法国共有 8 个家庭 22 人发生食物中毒，食用的牛肝中盐酸克仑特罗的含量达 375～500 µg/kg。在这些食物中毒事件中，大多数病人的症状表现为肌肉震颤、心慌、心悸、头晕、头痛、恶心、呕吐、四肢无力、发热寒战等，中毒的发生没有年龄和性别差异。

我国盐酸克仑特罗残留引起的中毒事件最早发生在香港，1998 年 5 月，香港有 17 名居民因食用内地供应的猪内脏而导致食物中毒。1999 年 10 月 6 日，浙江省嘉兴市 57 名村民中毒。2000 年 4 月 14 日，广东博罗县龙华镇 30 人中毒。2000 年 10 月 9 日，香港有 57 人中毒。

2001 年 1 月 10 日，浙江临平派出所 16 名干警中毒。2001 年 8 月 22 日，广东信宜 530 人中毒。2001 年 11 月 7 日，广东河源发生大规模食物中毒事件，有 747 人中毒，以后广州、浙江、福建、深圳等处多人又发生"瘦肉精"中毒事件。这些事件的发生引起了人们对盐酸克仑特罗毒性的关注和研究。

盐酸克仑特罗的化学性质很稳定，在体内不会被破坏分解，以原来的结构经尿液而排出体外。研究显示盐酸克仑特罗完全能够耐受 100 ℃ 高温，加热至 172 ℃ 时才可以分解。含有该药的猪肉经过 126 ℃ 油煎炸 5 min 后，只能破坏一半的残留药。因此常规烹调对肉食品残留的盐酸克仑特罗起不到破坏作用。如果生猪在屠宰前没有足够的休停时间（一般停药 28 天以上），那么在肌肉和内脏器官中有较高浓度的药物残留。

医学研究表明，盐酸克仑特罗进入动物体内有分布快、吸收快、消失缓慢且存留时间久的特点，人或动物服用后 15～20 min 即起作用，2～3 h 后血浆浓度达到峰值，作用维持时间持久。研究表明盐酸克仑特罗的毒性并不是很强，小鼠和豚鼠静脉注射的半数致死量分别是每千克质量 27.6 mg 和 12.6 mg，但由于它的半衰期长，在体内代谢慢，故临床使用必须慎重。用于治疗时，一般口服 1 次量为 20～40 g，用量过大或无病用药则可能出现血管扩张、心跳加快、心慌、心悸、战栗、头疼、恶心、呕吐、四肢无力、呼吸急促、烦躁不安、肌肉震颤、头晕乏力等中毒症状，特别是对于心律失常、高血压、心脏病、甲亢、青光眼、前列腺肥大、糖尿病等疾病患者危险性更大，甚至会出现生命危险。如果长期食用还可能会导致染色体发生畸变而诱发恶性肿瘤等。美国 FDA 研究表明，应用拟交感神经药者或药物过敏者，对盐酸克仑特罗的反映要比正常的健康个体更为严重。

盐酸克仑特罗作为一种肾上腺类神经兴奋剂，可选择性地作用于肾上腺素受体，引起交感神经兴奋，在治疗剂量下，具有松弛气管平滑肌的作用，故用于治疗哮喘病。盐酸克仑特罗能够激活腺苷酸环化酶，将脂肪分解为甘油和游离脂肪酸，并加速脂肪酸的氧化，将所产生的能量有效地转用于蛋白质的合成，即把脂肪转化为肌肉，产生"减脂增肉"的作用。它还能抑制糖原的生成，使血浆中的生长激素和甲状腺素含量升高，胰岛素水平下降，更有利于减少脂肪，多长肌肉，实现动物的营养再分配，从而改善猪胴体的品质，使生长速度加快，瘦肉相对增加。一般来说，饲料中添加盐酸克仑特罗为治疗剂量的 5～10 倍时，可以使猪等畜禽生长速度、饲料转化率、胴体瘦肉提高率为 9%～16%。当猪服用含有盐酸克仑特罗的饲料后，心率加快，血压上升，血管扩张，呼吸加快，体温升高，而且瘦肉率和肌肉粗蛋白含量都提高，粗脂肪下降。当饲喂剂量达到 10～15 mg/kg 饲料时，可明显影响肉的品质，使肉质粗糙，色泽暗淡，肉内汁液增多，生猪容易发生蹄子受伤即蹄壳坏死等不良反应。

由上可知，盐酸克仑特罗在饲料添加剂中被列为违禁药品不无道理，可以说是毒品饲料添加剂。全球没有任何的正规机构批准克仑特罗作为饲料添加剂用于动物促生长。但是目前国内仍有某些养猪户不顾国家农业部的规定，为了使猪肉不长肥膘，在饲料中掺入瘦肉精。猪食用后在代谢过程中促进蛋白质的合成，加速脂肪的转化和分解，提高了猪肉的瘦肉率。"瘦肉精"还能使猪毛色红润光亮，收腹，卖相好。屠宰后，肉色鲜红，脂肪层极薄，往往是皮贴着瘦肉，瘦肉丰满。肥猪饲喂瘦肉精后，逐渐发生四肢震颤无力，心肌肥大、心力衰竭等毒副作用。

有时，运动员会莫名其妙地被瘦肉精所陷害。北京奥运会前，欧阳鲲鹏和美国泳将哈迪均因瘦肉精尿检阳性而被禁止参赛。瘦肉精属于蛋白同化制剂，是一种肾上腺类神经兴奋剂，能够减少酮体脂肪的合成，被世界反兴奋剂机构所禁止。运动员很少服用这种"低端产品"，尿检阳性者多数是由于吃路边摊贩烧烤而造成，因此十分无辜委屈。

中华人民共和国农业部第 193 号公告中将克伦特罗列为违禁药品。FDA 和 WHO 规定了克伦特罗在动物体内的最高残留为：肉 0.2 μg/kg、肝 0.6 μg/kg、肾 0.6 μg/kg、脂肪 0.2 μg/kg、奶 0.05 μg/kg。我国农业部也规定了克伦特罗在动物体内的残留标准为：马、牛肌肉 0.1 μg/kg、肝、肾 0.5 μg/kg，奶 0.05 μg/kg。国家标准（GB/T5009.192—2003）动物性食品中克伦特罗残留量的测定方法有高效液相色谱-质谱联用法（HPLC-MS）、气相色谱-质谱联用法（GC-MS）、高效液相色谱法（HPLC）和酶联免疫吸附法（ELISA）。目前生物传感技术——利用生物传感器外联电脑来进行检测，可以检测尿液和血清中的盐酸克伦特罗残留。所谓生物传感器是由生物活性物质作为敏感元件，即生物识别系统（感受器），再配上适当的换能器及输出显示装置所构成的分析工具。当前对"瘦肉精"的检验尚没有简易方法，所使用的仪器昂贵，基层难以普及。在这种情况下，只好从感官上去识别。如果猪肉肉色较深，外观色泽鲜红，后臀肌肉饱满突出，纤维比较疏松，脂肪特别薄，切成二三指宽的猪肉比较软，不能立于案，瘦肉与脂肪间有黄色液体流出，则这种猪肉就可能使用过"瘦肉精"。而一般健康的瘦猪肉是淡红色，肉质弹性好，瘦肉与脂肪间没有任何液体流出。购买时一定要看清该猪肉是否有盖有检疫印章和检疫合格证明，消费者应该从正规渠道购买猪肉。

要严格区分瘦肉型猪和"瘦肉精"猪。这两种猪只是一字之差，但却是两个不同的概念。消费者不要误认为市场上见到的瘦肉都是盐酸克伦特罗喂养出来的。目前我国培育出的瘦肉型猪，靠的是引进优良品种，合理搭配饲料以及科学的管理手段，所以瘦肉型猪和与使用盐酸克伦特罗提高瘦肉率的"瘦肉精猪"不能混为一谈。凡是饲喂"瘦肉精"比较严重的生猪，在宰前有如下症状：皮毛光亮、呼吸急促、后臀部外形异常饱满并且突出，整车运到屠宰场的猪有明显的瘫软症状，四肢严重颤抖或卧地不起，这种猪肉不能食用。有条件的屠宰场(户)，可以采用猪胴体瘦肉率测量仪进行判定。

现在欧盟成员已经把盐酸克伦特罗残留作为肉品进出口必检的项目。我国政府一直把健全饲料法律法规，禁止在饲料中滥用抗生素和激素等作为保证养殖业健康发展以及维护人民健康的重要措施。1997 年以来，农业部和一些地方政府部门就多次下发文件，三令五申禁止在饲料中滥用促生长激素、抗生素及一些化学合成药物。1999 年 5 月 29 日，国务院颁布的《饲料和饲料添加剂管理条例》中明文规定："生产饲料和饲料添加剂不得添加激素类药品"。在瘦肉精的治理上采取禁、查、堵与惩罚相结合的方针，有效地禁止在饲料中滥用抗生素和激素等物质，保证了养殖业的健康和可持续发展。在饲料行业推行 HACCP 体系管理，把对最终产品的检验（即检验是否有不合格产品）转化为控制生产环节中潜在的危害（预防不合格产品），将饲料安全风险降到最低限度。在"放心肉"不令人放心的今天，"绿色食品"、"安全猪肉"的呼声高涨。然而，在流通环节进行"瘦肉精"的检测把关，毕竟不是万全之策。根本的办法在于，从畜禽良种和饲养源头抓起，采用生态饲料生产技术，自始至终按照绿色食品的生产规范饲养畜禽，并采取药物激素残留检测的强化措施，将一般的畜产食品上档次到"绿色安全食品"的范畴。现实工作中，在加大执法力度和弘扬道德标准的同时，制定考核制度，树立"绿色"品牌企业，并把它们推向市场，从而树立政府威信，使消费者放心，饲养企业也能获得更好的经济效益。相信经过多方面的努力，消费者能够吃到真正的"放心肉"。积极进行新型绿色安全的饲料添加剂的开发研究，例如植物提取物、酶制剂、酸化剂、微生态制剂等，加速推广应用新型绿色安全的饲料添加剂，以确保饲料安全以及优质的畜禽品，进而保护人类健康和生态环境。

思考题

1. 简述食品企业实施良好操作规范（GMP）的意义和目的。

2. 良好操作规范（GMP）的概念和内涵是什么？

3. 什么是 HACCP 体系？HACCP 体系有什么特点？

4. 食品企业采用 HACCP 体系必须包括哪些原则？

5. 食品企业实施 HACCP 体系具有哪些方面的优越性？

6. 食品企业实施国际标准例如 ISO9001，具有哪些方面的作用和意义？

7. 食品安全控制体系中良好操作规范（GMP）、危害分析与关键控制点（HACCP）、国际标准化组织（ISO9000 和 ISO9001）三者之间有什么关系？

8. 结合自己的亲身经历，谈谈我国食品安全的现状。

9. 针对我国食品安全的现状，提出自己的合理化建议。

10. 谈谈自己所知道的有关食品安全的法律法规有哪些。

附录

附录一　中华人民共和国食品安全法

（2009 年 2 月 28 日第十一届全国人民代表大会常务委员会第七次会议通过）

目　录

第一章　总　　则

第一条　为保证食品安全，保障公众身体健康和生命安全，制定本法。

第二条　在中华人民共和国境内从事下列活动，应当遵守本法：

（一）食品生产和加工（以下称食品生产），食品流通和餐饮服务（以下称食品经营）；

（二）食品添加剂的生产经营；

（三）用于食品的包装材料、容器、洗涤剂、消毒剂和用于食品生产经营的工具、设备（以下称食品相关产品）的生产经营；

（四）食品生产经营者使用食品添加剂、食品相关产品；

（五）对食品、食品添加剂和食品相关产品的安全管理。

供食用的源于农业的初级产品（以下称食用农产品）的质量安全管理，遵守《中华人民共和国农产品质量安全法》的规定。但是，制定有关食用农产品的质量安全标准、公布食用农产品安全有关信息，应当遵守本法的有关规定。

第三条　食品生产经营者应当依照法律、法规和食品安全标准从事生产经营活动，对社会和公众负责，保证食品安全，接受社会监督，承担社会责任。

第四条　国务院设立食品安全委员会，其工作职责由国务院规定。国务院卫生行政部门承担食品安全综合协调职责，负责食品安全风险评估、食品安全标准制定、食品安全信息公布、食品检验机构的资质认定条件和检验规范的制定，组织查处食品安全重大事故。

国务院质量监督、工商行政管理和国家食品药品监督管理部门依照本法和国务院规定的职责，分别对食品生产、食品流通、餐饮服务活动实施监督管理。

第五条　县级以上地方人民政府统一负责、领导、组织、协调本行政区域的食品安全监督管理工作，建立健全食品安全全程监督管理的工作机制；统一领导、指挥食品安全突发事件应对工作；完善、落实食品安全监督管理责任制，对食品安全监督管理部门进行评议、考核。

县级以上地方人民政府依照本法和国务院的规定确定本级卫生行政、农业行政、质量监督、工商行政管理、食品药品监督管理部门的食品安全监督管理职责。有关部门在各自职责范围内负责本行政区域的食品安全监督管理工作。

上级人民政府所属部门在下级行政区域设置的机构应当在所在地人民政府的统一组织、协调下，依法做好食品安全监督管理工作。

第六条　县级以上卫生行政、农业行政、质量监督、工商行政管理、食品药品监督管理部门应当加强沟通、密切配合，按照各自职责分工，依法行使职权，承担责任。

第七条　食品行业协会应当加强行业自律，引导食品生产经营者依法生产经营，推动行业诚信建设，宣传、普及食品安全知识。

第八条　国家鼓励社会团体、基层群众性自治组织开展食品安全法律、法规以及食品安全标准和知识的普及工作，倡导健康的饮食方式，增强消费者食品安全意识和自我保护能力。

新闻媒体应当开展食品安全法律、法规以及食品安全标准和知识的公益宣传，并对违反本法的行为进行舆论监督。

第九条　国家鼓励和支持开展与食品安全有关的基础研究和应用研究，鼓励和支持食品生产经营者为提高食品安全水平采用先进技术和先进管理规范。

第十条　任何组织或者个人有权举报食品生产经营中违反本法的行为，有权向有关部门了解食品安全信息，对食品安全监督管理工作提出意见和建议。

第二章　食品安全风险监测和评估

第十一条　国家建立食品安全风险监测制度，对食源性疾病、食品污染以及食品中的有害因素进行监测。

国务院卫生行政部门会同国务院有关部门制定、实施国家食品安全风险监测计划。省、自治区、直辖市人民政府卫生行政部门根据国家食品安全风险监测计划，结合本行政区域的具体情况，组织制定、实施本行政区域的食品安全风险监测方案。

第十二条　国务院农业行政、质量监督、工商行政管理和国家食品药品监督管理等有关部门获知有关食品安全风险信息后，应当立即向国务院卫生行政部门通报。国务院卫生行政部门会同有关部门对信息核实后，应当及时调整食品安全风险监测计划。

第十三条　国家建立食品安全风险评估制度，对食品、食品添加剂中生物性、化学性和物理性危害进行风险评估。

国务院卫生行政部门负责组织食品安全风险评估工作，成立由医学、农业、食品、营养等方面的专家组成的食品安全风险评估专家委员会进行食品安全风险评估。

对农药、肥料、生长调节剂、兽药、饲料和饲料添加剂等的安全性评估，应当有食品安全风险评估专家委员会的专家参加。

食品安全风险评估应当运用科学方法，根据食品安全风险监测信息、科学数据以及其他有关信息进行。

第十四条　国务院卫生行政部门通过食品安全风险监测或者接到举报发现食品可能存在安全隐患的，应当立即组织进行检验和食品安全风险评估。

第十五条　国务院农业行政、质量监督、工商行政管理和国家食品药品监督管理等有关部门应当向国务院卫生行政部门提出食品安全风险评估的建议，并提供有关信息和资料。

国务院卫生行政部门应当及时向国务院有关部门通报食品安全风险评估的结果。

第十六条　食品安全风险评估结果是制定、修订食品安全标准和对食品安全实施监督管理的科学依据。

食品安全风险评估结果得出食品不安全结论的，国务院质量监督、工商行政管理和国家食品药品监督管理部门应当依据各自职责立即采取相应措施，确保该食品停止生产经营，并告知消费者停止食用；需要制定、修订相关食品安全国家标准的，国务院卫生行政部门应当立即制定、修订。

第十七条　国务院卫生行政部门应当会同国务院有关部门，根据食品安全风险评估结果、食品安全监督管理信息，对食品安全状况进行综合分析。对经综合分析表明可能具有较高程度安全风险的食品，国务院卫生行政部门应当及时提出食品安全风险警示，并予以公布。

第三章　食品安全标准

第十八条　制定食品安全标准，应当以保障公众身体健康为宗旨，做到科学合理、安全可靠。

第十九条　食品安全标准是强制执行的标准。除食品安全标准外，不得制定其他的食品强制性标准。

第二十条　食品安全标准应当包括下列内容：

（一）食品、食品相关产品中的致病性微生物、农药残留、兽药残留、重金属、污染物质以及其他危害人体健康物质的限量规定；

（二）食品添加剂的品种、使用范围、用量；

（三）专供婴幼儿和其他特定人群的主辅食品的营养成分要求；

（四）对与食品安全、营养有关的标签、标志、说明书的要求；

（五）食品生产经营过程的卫生要求；

（六）与食品安全有关的质量要求；

（七）食品检验方法与规程；

（八）其他需要制定为食品安全标准的内容。

第二十一条　食品安全国家标准由国务院卫生行政部门负责制定、公布，国务院标准化行政部门提供国家标准编号。

食品中农药残留、兽药残留的限量规定及其检验方法与规程由国务院卫生行政部门、国务院农业行政部门制定。

屠宰畜、禽的检验规程由国务院有关主管部门会同国务院卫生行政部门制定。

有关产品国家标准涉及食品安全国家标准规定内容的，应当与食品安全国家标准相一致。

第二十二条 国务院卫生行政部门应当对现行的食用农产品质量安全标准、食品卫生标准、食品质量标准和有关食品的行业标准中强制执行的标准予以整合，统一公布为食品安全国家标准。

本法规定的食品安全国家标准公布前，食品生产经营者应当按照现行食用农产品质量安全标准、食品卫生标准、食品质量标准和有关食品的行业标准生产经营食品。

第二十三条 食品安全国家标准应当经食品安全国家标准审评委员会审查通过。食品安全国家标准审评委员会由医学、农业、食品、营养等方面的专家以及国务院有关部门的代表组成。

制定食品安全国家标准，应当依据食品安全风险评估结果并充分考虑食用农产品质量安全风险评估结果，参照相关的国际标准和国际食品安全风险评估结果，并广泛听取食品生产经营者和消费者的意见。

第二十四条 没有食品安全国家标准的，可以制定食品安全地方标准。

省、自治区、直辖市人民政府卫生行政部门组织制定食品安全地方标准，应当参照执行本法有关食品安全国家标准制定的规定，并报国务院卫生行政部门备案。

第二十五条 企业生产的食品没有食品安全国家标准或者地方标准的，应当制定企业标准，作为组织生产的依据。国家鼓励食品生产企业制定严于食品安全国家标准或者地方标准的企业标准。企业标准应当报省级卫生行政部门备案，在本企业内部适用。

第二十六条 食品安全标准应当供公众免费查阅。

第四章 食品生产经营

第二十七条 食品生产经营应当符合食品安全标准，并符合下列要求：

（一）具有与生产经营的食品品种、数量相适应的食品原料处理和食品加工、包装、储存等场所，保持该场所环境整洁，并与有毒、有害场所以及其他污染源保持规定的距离；

（二）具有与生产经营的食品品种、数量相适应的生产经营设备或者设施，有相应的消毒、更衣、盥洗、采光、照明、通风、防腐、防尘、防蝇、防鼠、防虫、洗涤以及处理废水、存放垃圾和废弃物的设备或者设施；

（三）有食品安全专业技术人员、管理人员和保证食品安全的规章制度；

（四）具有合理的设备布局和工艺流程，防止待加工食品与直接入口食品、原料与成品交叉污染，避免食品接触有毒物、不洁物；

（五）餐具、饮具和盛放直接入口食品的容器，使用前应当洗净、消毒，炊具、用具用后应当洗净，保持清洁；

（六）储存、运输和装卸食品的容器、工具和设备应当安全、无害，保持清洁，防止食品污染，并符合保证食品安全所需的温度等特殊要求，不得将食品与有毒、有害物品一同运输；

（七）直接入口的食品应当有小包装或者使用无毒、清洁的包装材料、餐具；

（八）食品生产经营人员应当保持个人卫生，生产经营食品时，应当将手洗净，穿戴清洁的工作衣、帽；销售无包装的直接入口食品时，应当使用无毒、清洁的售货工具；

（九）用水应当符合国家规定的生活饮用水卫生标准；

（十）使用的洗涤剂、消毒剂应当对人体安全、无害；

（十一）法律、法规规定的其他要求。

第二十八条　禁止生产经营下列食品：

（一）用非食品原料生产的食品或者添加食品添加剂以外的化学物质和其他可能危害人体健康物质的食品，或者用回收食品作为原料生产的食品；

（二）致病性微生物、农药残留、兽药残留、重金属、污染物质以及其他危害人体健康的物质含量超过食品安全标准限量的食品；

（三）营养成分不符合食品安全标准的专供婴幼儿和其他特定人群的主辅食品；

（四）腐败变质、油脂酸败、霉变生虫、污秽不洁、混有异物、掺假掺杂或者感官性状异常的食品；

（五）病死、毒死或者死因不明的禽、畜、兽、水产动物肉类及其制品；

（六）未经动物卫生监督机构检疫或者检疫不合格的肉类，或者未经检验或者检验不合格的肉类制品；

（七）被包装材料、容器、运输工具等污染的食品；

（八）超过保质期的食品；

（九）无标签的预包装食品；

（十）国家为防病等特殊需要明令禁止生产经营的食品；

（十一）其他不符合食品安全标准或者要求的食品。

第二十九条　国家对食品生产经营实行许可制度。从事食品生产、食品流通、餐饮服务，应当依法取得食品生产许可、食品流通许可、餐饮服务许可。

取得食品生产许可的食品生产者在其生产场所销售其生产的食品，不需要取得食品流通的许可；取得餐饮服务许可的餐饮服务提供者在其餐饮服务场所出售其制作加工的食品，不需要取得食品生产和流通的许可；农民个人销售其自产的食用农产品，不需要取得食品流通的许可。

食品生产加工小作坊和食品摊贩从事食品生产经营活动，应当符合本法规定的与其生产经营规模、条件相适应的食品安全要求，保证所生产经营的食品卫生、无毒、无害，有关部门应当对其加强监督管理，具体管理办法由省、自治区、直辖市人民代表大会常务委员会依照本法制定。

第三十条　县级以上地方人民政府鼓励食品生产加工小作坊改进生产条件；鼓励食品摊贩进入集中交易市场、店铺等固定场所经营。

第三十一条　县级以上质量监督、工商行政管理、食品药品监督管理部门应当依照《中华人民共和国行政许可法》的规定，审核申请人提交的本法第二十七条第一项至第四项规定要求的相关资料，必要时对申请人的生产经营场所进行现场核查；对符合规定条件的，决定准予许可；对不符合规定条件的，决定不予许可并书面说明理由。

第三十二条　食品生产经营企业应当建立健全本单位的食品安全管理制度，加强对职工食品安全知识的培训，配备专职或者兼职食品安全管理人员，做好对所生产经营食品的检验工作，依法从事食品生产经营活动。

第三十三条　国家鼓励食品生产经营企业符合良好生产规范要求，实施危害分析与关键控制点体系，提高食品安全管理水平。

对通过良好生产规范、危害分析与关键控制点体系认证的食品生产经营企业，认证机构应当依法实施跟踪调查；对不再符合认证要求的企业，应当依法撤销认证，及时向有关质量监督、工商行政管理、食品药品监督管理部门通报，并向社会公布。认证机构实施跟踪调查不收取任何费用。

第三十四条　食品生产经营者应当建立并执行从业人员健康管理制度。患有痢疾、伤寒、病毒性肝炎等消化道传染病的人员，以及患有活动性肺结核、化脓性或者渗出性皮肤病等有碍食品安全的疾病的人员，不得从事接触直接入口食品的工作。

食品生产经营人员每年应当进行健康检查，取得健康证明后方可参加工作。

第三十五条　食用农产品生产者应当依照食品安全标准和国家有关规定使用农药、肥料、生长调节剂、兽药、饲料和饲料添加剂等农业投入品。食用农产品的生产企业和农民专业合作经济组织应当建立食用农产品生产记录制度。

县级以上农业行政部门应当加强对农业投入品使用的管理和指导，建立健全农业投入品的安全使用制度。

第三十六条　食品生产者采购食品原料、食品添加剂、食品相关产品，应当查验供货者的许可证和产品合格证明文件；对无法提供合格证明文件的食品原料，应当依照食品安全标准进行检验；不得采购或者使用不符合食品安全标准的食品原料、食品添加剂、食品相关产品。

食品生产企业应当建立食品原料、食品添加剂、食品相关产品进货查验记录制度，如实记录食品原料、食品添加剂、食品相关产品的名称、规格、数量、供货者名称及联系方式、进货日期等内容。

食品原料、食品添加剂、食品相关产品进货查验记录应当真实，保存期限不得少于二年。

第三十七条　食品生产企业应当建立食品出厂检验记录制度，查验出厂食品的检验合格证和安全状况，并如实记录食品的名称、规格、数量、生产日期、生产批号、检验合格证号、购货者名称及联系方式、销售日期等内容。

食品出厂检验记录应当真实，保存期限不得少于二年。

第三十八条　食品、食品添加剂和食品相关产品的生产者，应当依照食品安全标准对所生产的食品、食品添加剂和食品相关产品进行检验，检验合格后方可出厂或者销售。

第三十九条　食品经营者采购食品，应当查验供货者的许可证和食品合格的证明文件。

食品经营企业应当建立食品进货查验记录制度，如实记录食品的名称、规格、数量、生产批号、保质期、供货者名称及联系方式、进货日期等内容。

食品进货查验记录应当真实，保存期限不得少于二年。

实行统一配送经营方式的食品经营企业，可以由企业总部统一查验供货者的许可证和食品合格的证明文件，进行食品进货查验记录。

第四十条　食品经营者应当按照保证食品安全的要求储存食品，定期检查库存食品，及时清理变质或者超过保质期的食品。

第四十一条　食品经营者储存散装食品，应当在储存位置标明食品的名称、生产日期、保质期、生产者名称及联系方式等内容。

食品经营者销售散装食品，应当在散装食品的容器、外包装上标明食品的名称、生产日期、保质期、生产经营者名称及联系方式等内容。

第四十二条　预包装食品的包装上应当有标签。标签应当标明下列事项：

（一）名称、规格、净含量、生产日期；

（二）成分或者配料表；

（三）生产者的名称、地址、联系方式；

（四）保质期；

（五）产品标准代号；

（六）储存条件；

（七）所使用的食品添加剂在国家标准中的通用名称；

（八）生产许可证编号；

（九）法律、法规或者食品安全标准规定必须标明的其他事项。

专供婴幼儿和其他特定人群的主辅食品，其标签还应当标明主要营养成分及其含量。

第四十三条　国家对食品添加剂的生产实行许可制度。申请食品添加剂生产许可的条件、程序，按照国家有关工业产品生产许可证管理的规定执行。

第四十四条　申请利用新的食品原料从事食品生产或者从事食品添加剂新品种、食品相关产品新品种生产活动的单位或者个人，应当向国务院卫生行政部门提交相关产品的安全性评估材料。国务院卫生行政部门应当自收到申请之日起六十日内组织对相关产品的安全性评估材料进行审查；对符合食品安全要求的，依法决定准予许可并予以公布；对不符合食品安全要求的，决定不予许可并书面说明理由。

第四十五条　食品添加剂应当在技术上确有必要且经过风险评估证明安全可靠，方可列入允许使用的范围。国务院卫生行政部门应当根据技术必要性和食品安全风险评估结果，及时对食品添加剂的品种、使用范围、用量的标准进行修订。

第四十六条　食品生产者应当依照食品安全标准关于食品添加剂的品种、使用范围、用量的规定使用食品添加剂；不得在食品生产中使用食品添加剂以外的化学物质和其他可能危害人体健康的物质。

第四十七条　食品添加剂应当有标签、说明书和包装。标签、说明书应当载明本法第四十二条第一款第一项至第六项、第八项、第九项规定的事项，以及食品添加剂的使用范围、用量、使用方法，并在标签上载明"食品添加剂"字样。

第四十八条　食品和食品添加剂的标签、说明书，不得含有虚假、夸大的内容，不得涉及疾病预防、治疗功能。生产者对标签、说明书上所载明的内容负责。

食品和食品添加剂的标签、说明书应当清楚、明显，容易辨识。

食品和食品添加剂与其标签、说明书所载明的内容不符的，不得上市销售。

第四十九条　食品经营者应当按照食品标签标示的警示标志、警示说明或者注意事项的要求，销售预包装食品。

第五十条　生产经营的食品中不得添加药品，但是可以添加按照传统既是食品又是中药材的物质。按照传统既是食品又是中药材的物质的目录由国务院卫生行政部门制定、公布。

第五十一条　国家对声称具有特定保健功能的食品实行严格监管。有关监督管理部门应当依法履职，承担责任。具体管理办法由国务院规定。

声称具有特定保健功能的食品不得对人体产生急性、亚急性或者慢性危害，其标签、说明书不得涉及疾病预防、治疗功能，内容必须真实，应当载明适宜人群、不适宜人群、功效成分或者标志性成分及其含量等；产品的功能和成分必须与标签、说明书相一致。

第五十二条　集中交易市场的开办者、柜台出租者和展销会举办者，应当审查入场食品经营者的许可证，明确入场食品经营者的食品安全管理责任，定期对入场食品经营者的经营环境和条件进行检查，发现食品经营者有违反本法规定的行为的，应当及时制止并立即报告所在地县级工商行政管理部门或者食品药品监督管理部门。

集中交易市场的开办者、柜台出租者和展销会举办者未履行前款规定义务，本市场发生食品安全事故的，应当承担连带责任。

第五十三条　国家建立食品召回制度。食品生产者发现其生产的食品不符合食品安全标准，应当立即停止生产，召回已经上市销售的食品，通知相关生产经营者和消费者，并记录召回和通知情况。

食品经营者发现其经营的食品不符合食品安全标准，应当立即停止经营，通知相关生产经营者和消费者，并记录停止经营和通知情况。食品生产者认为应当召回的，应当立即召回。

食品生产者应当对召回的食品采取补救、无害化处理、销毁等措施，并将食品召回和处理情况向县级以上质量监督部门报告。

食品生产经营者未依照本条规定召回或者停止经营不符合食品安全标准的食品的，县级以上质量监督、工商行政管理、食品药品监督管理部门可以责令其召回或者停止经营。

第五十四条　食品广告的内容应当真实合法，不得含有虚假、夸大的内容，不得涉及疾病预防、治疗功能。

食品安全监督管理部门或者承担食品检验职责的机构、食品行业协会、消费者协会不得以广告或者其他形式向消费者推荐食品。

第五十五条　社会团体或者其他组织、个人在虚假广告中向消费者推荐食品，使消费者的合法权益受到损害的，与食品生产经营者承担连带责任。

第五十六条　地方各级人民政府鼓励食品规模化生产和连锁经营、配送。

第五章　食品检验

第五十七条　食品检验机构按照国家有关认证认可的规定取得资质认定后，方可从事食品检验活动。但是，法律另有规定的除外。

食品检验机构的资质认定条件和检验规范，由国务院卫生行政部门规定。

本法施行前经国务院有关主管部门批准设立或者经依法认定的食品检验机构，可以依照本法继续从事食品检验活动。

第五十八条　食品检验由食品检验机构指定的检验人独立进行。

检验人应当依照有关法律、法规的规定，并依照食品安全标准和检验规范对食品进行检验，尊重科学，恪守职业道德，保证出具的检验数据和结论客观、公正，不得出具虚假的检验报告。

第五十九条　食品检验实行食品检验机构与检验人负责制。食品检验报告应当加盖食品检验机构公章，并有检验人的签名或者盖章。食品检验机构和检验人对出具的食品检验报告负责。

第六十条　食品安全监督管理部门对食品不得实施免检。

县级以上质量监督、工商行政管理、食品药品监督管理部门应当对食品进行定期或者不定期的抽样检验。进行抽样检验，应当购买抽取的样品，不收取检验费和其他任何费用。

县级以上质量监督、工商行政管理、食品药品监督管理部门在执法工作中需要对食品进行检验的，应当委托符合本法规定的食品检验机构进行，并支付相关费用。对检验结论有异议的，可以依法进行复检。

第六十一条　食品生产经营企业可以自行对所生产的食品进行检验，也可以委托符合本法规定的食品检验机构进行检验。

食品行业协会等组织、消费者需要委托食品检验机构对食品进行检验的，应当委托符合本法规定的食品检验机构进行。

第六章　食品进出口

第六十二条　进口的食品、食品添加剂以及食品相关产品应当符合我国食品安全国家标准。

进口的食品应当经出入境检验检疫机构检验合格后，海关凭出入境检验检疫机构签发的通关证明放行。

第六十三条　进口尚无食品安全国家标准的食品，或者首次进口食品添加剂新品种、食品相关产品新品种，进口商应当向国务院卫生行政部门提出申请并提交相关的安全性评估材料。国务院卫生行政部门依照本法第四十四条的规定作出是否准予许可的决定，并及时制定相应的食品安全国家标准。

第六十四条　境外发生的食品安全事件可能对我国境内造成影响，或者在进口食品中发现严重食品安全问题的，国家出入境检验检疫部门应当及时采取风险预警或者控制措施，并向国务院卫生行政、农业行政、工商行政管理和国家食品药品监督管理部门通报。接到通报的部门应当及时采取相应措施。

第六十五条　向我国境内出口食品的出口商或者代理商应当向国家出入境检验检疫部门备案。向我国境内出口食品的境外食品生产企业应当经国家出入境检验检疫部门注册。

国家出入境检验检疫部门应当定期公布已经备案的出口商、代理商和已经注册的境外食品生产企业名单。

第六十六条　进口的预包装食品应当有中文标签、中文说明书。标签、说明书应当符合本法以及我国其他有关法律、行政法规的规定和食品安全国家标准的要求，载明食品的原产地以及境内代理商的名称、地址、联系方式。预包装食品没有中文标签、中文说明书或者标签、说明书不符合本条规定的，不得进口。

第六十七条　进口商应当建立食品进口和销售记录制度，如实记录食品的名称、规格、数量、生产日期、生产或者进口批号、保质期、出口商和购货者名称及联系方式、交货日期等内容。

食品进口和销售记录应当真实，保存期限不得少于二年。

第六十八条　出口的食品由出入境检验检疫机构进行监督、抽检，海关凭出入境检验检疫机构签发的通关证明放行。

出口食品生产企业和出口食品原料种植、养殖场应当向国家出入境检验检疫部门备案。

第六十九条　国家出入境检验检疫部门应当收集、汇总进出口食品安全信息，并及时通报相关部门、机构和企业。

国家出入境检验检疫部门应当建立进出口食品的进口商、出口商和出口食品生产企业的信誉记录，并予以公布。对有不良记录的进口商、出口商和出口食品生产企业，应当加强对其进出口食品的检验检疫。

第七章　食品安全事故处置

第七十条　国务院组织制定国家食品安全事故应急预案。

县级以上地方人民政府应当根据有关法律、法规的规定和上级人民政府的食品安全事故应急预案以及本地区的实际情况，制定本行政区域的食品安全事故应急预案，并报上一级人民政府备案。

食品生产经营企业应当制定食品安全事故处置方案，定期检查本企业各项食品安全防范措施的落实情况，及时消除食品安全事故隐患。

第七十一条　发生食品安全事故的单位应当立即予以处置，防止事故扩大。事故发生单位和接收病人进行治疗的单位应当及时向事故发生地县级卫生行政部门报告。

农业行政、质量监督、工商行政管理、食品药品监督管理部门在日常监督管理中发现食品安全事故，或者接到有关食品安全事故的举报，应当立即向卫生行政部门通报。

发生重大食品安全事故的，接到报告的县级卫生行政部门应当按照规定向本级人民政府和上级人民政府卫生行政部门报告。县级人民政府和上级人民政府卫生行政部门应当按照规定上报。

任何单位或者个人不得对食品安全事故隐瞒、谎报、缓报，不得毁灭有关证据。

第七十二条　县级以上卫生行政部门接到食品安全事故的报告后，应当立即会同有关农业行政、质量监督、工商行政管理、食品药品监督管理部门进行调查处理，并采取下列措施，防止或者减轻社会危害：

（一）开展应急救援工作，对因食品安全事故导致人身伤害的人员，卫生行政部门应当立即组织救治；

（二）封存可能导致食品安全事故的食品及其原料，并立即进行检验；对确认属于被污染的食品及其原料，责令食品生产经营者依照本法第五十三条的规定予以召回、停止经营并销毁；

（三）封存被污染的食品用工具及用具，并责令进行清洗消毒；

（四）做好信息发布工作，依法对食品安全事故及其处理情况进行发布，并对可能产生的危害加以解释、说明。

发生重大食品安全事故的，县级以上人民政府应当立即成立食品安全事故处置指挥机构，启动应急预案，依照前款规定进行处置。

第七十三条　发生重大食品安全事故，设区的市级以上人民政府卫生行政部门应当立即会同有关部门进行事故责任调查，督促有关部门履行职责，向本级人民政府提出事故责任调查处理报告。

重大食品安全事故涉及两个以上省、自治区、直辖市的，由国务院卫生行政部门依照前款规定组织事故责任调查。

第七十四条　发生食品安全事故，县级以上疾病预防控制机构应当协助卫生行政部门和有关部门对事故现场进行卫生处理，并对与食品安全事故有关的因素开展流行病学调查。

第七十五条　调查食品安全事故，除了查明事故单位的责任，还应当查明负有监督管理和认证职责的监督管理部门、认证机构的工作人员失职、渎职情况。

第八章　监督管理

第七十六条　县级以上地方人民政府组织本级卫生行政、农业行政、质量监督、工商行政管理、食品药品监督管理部门制定本行政区域的食品安全年度监督管理计划，并按照年度计划组织开展工作。

第七十七条　县级以上质量监督、工商行政管理、食品药品监督管理部门履行各自食品安全监督管理职责，有权采取下列措施：

（一）进入生产经营场所实施现场检查；

（二）对生产经营的食品进行抽样检验；

（三）查阅、复制有关合同、票据、账簿以及其他有关资料；

（四）查封、扣押有证据证明不符合食品安全标准的食品，违法使用的食品原料、食品添加剂、食品相关产品，以及用于违法生产经营或者被污染的工具、设备；

（五）查封违法从事食品生产经营活动的场所。

县级以上农业行政部门应当依照《中华人民共和国农产品质量安全法》规定的职责，对食用农产品进行监督管理。

第七十八条　县级以上质量监督、工商行政管理、食品药品监督管理部门对食品生产经营者进行监督检查，应当记录监督检查的情况和处理结果。监督检查记录经监督检查人员和食品生产经营者签字后归档。

第七十九条　县级以上质量监督、工商行政管理、食品药品监督管理部门应当建立食品生产经营者食品安全信用档案，记录许可颁发、日常监督检查结果、违法行为查处等情况；根据食品安全信用档案的记录，对有不良信用记录的食品生产经营者增加监督检查频次。

第八十条　县级以上卫生行政、质量监督、工商行政管理、食品药品监督管理部门接到咨询、投诉、举报，对属于本部门职责的，应当受理，并及时进行答复、核实、处理；对不属于本部门职责的，应当书面通知并移交有权处理的部门处理。有权处理的部门应当及时处理，不得推诿；属于食品安全事故的，依照本法第七章有关规定进行处置。

第八十一条　县级以上卫生行政、质量监督、工商行政管理、食品药品监督管理部门应当按照法定权限和程序履行食品安全监督管理职责；对生产经营者的同一违法行为，不得给予二次以上罚款的行政处罚；涉嫌犯罪的，应当依法向公安机关移送。

第八十二条　国家建立食品安全信息统一公布制度。下列信息由国务院卫生行政部门统一公布：

（一）国家食品安全总体情况；

（二）食品安全风险评估信息和食品安全风险警示信息；

（三）重大食品安全事故及其处理信息；

（四）其他重要的食品安全信息和国务院确定的需要统一公布的信息。

前款第二项、第三项规定的信息，其影响限于特定区域的，也可以由有关省、自治区、直辖市人民政府卫生行政部门公布。县级以上农业行政、质量监督、工商行政管理、食品药品监督管理部门依据各自职责公布食品安全日常监督管理信息。

食品安全监督管理部门公布信息，应当做到准确、及时、客观。

第八十三条　县级以上地方卫生行政、农业行政、质量监督、工商行政管理、食品药品监督管理部门获知本法第八十二条第一款规定的需要统一公布的信息，应当向上级主管部门报告，由上级主管部门立即报告国务院卫生行政部门；必要时，可以直接向国务院卫生行政部门报告。

县级以上卫生行政、农业行政、质量监督、工商行政管理、食品药品监督管理部门应当相互通报获知的食品安全信息。

第九章　法律责任

第八十四条　违反本法规定，未经许可从事食品生产经营活动，或者未经许可生产食品添加剂的，由有关主管部门按照各自职责分工，没收违法所得、违法生产经营的食品、食品添加剂和用于违法生产经营的工具、设备、原料等物品；违法生产经营的食品、食品添加剂货值金额不足一万元的，并处二千元以上五万元以下罚款；货值金额一万元以上的，并处货值金额五倍以上十倍以下罚款。

第八十五条　违反本法规定，有下列情形之一的，由有关主管部门按照各自职责分工，没收违法所得、违法生产经营的食品和用于违法生产经营的工具、设备、原料等物品；违法生产经营的食品货值金额不足一万元的，并处二千元以上五万元以下罚款；货值金额一万元以上的，并处货值金额五倍以上十倍以下罚款；情节严重的，吊销许可证：

（一）用非食品原料生产食品或者在食品中添加食品添加剂以外的化学物质和其他可能危害人体健康的物质，或者用回收食品作为原料生产食品；

（二）生产经营致病性微生物、农药残留、兽药残留、重金属、污染物质以及其他危害人体健康的物质含量超过食品安全标准限量的食品；

（三）生产经营营养成分不符合食品安全标准的专供婴幼儿和其他特定人群的主辅食品；

（四）经营腐败变质、油脂酸败、霉变生虫、污秽不洁、混有异物、掺假掺杂或者感官性状异常的食品；

（五）经营病死、毒死或者死因不明的禽、畜、兽、水产动物肉类，或者生产经营病死、毒死或者死因不明的禽、畜、兽、水产动物肉类的制品；

（六）经营未经动物卫生监督机构检疫或者检疫不合格的肉类，或者生产经营未经检验或者检验不合格的肉类制品；

（七）经营超过保质期的食品；

（八）生产经营国家为防病等特殊需要明令禁止生产经营的食品；

（九）利用新的食品原料从事食品生产或者从事食品添加剂新品种、食品相关产品新品种生产，未经过安全性评估；

（十）食品生产经营者在有关主管部门责令其召回或者停止经营不符合食品安全标准的食品后，仍拒不召回或者停止经营的。

第八十六条　违反本法规定，有下列情形之一的，由有关主管部门按照各自职责分工，没收违法所得、违法生产经营的食品和用于违法生产经营的工具、设备、原料等物品；违法生产经营的食品货值金额不足一万元的，并处二千元以上五万元以下罚款；货值金额一万元以上的，并处货值金额两倍以上五倍以下罚款；情节严重的，责令停产停业，直至吊销许可证：

（一）经营被包装材料、容器、运输工具等污染的食品；

（二）生产经营无标签的预包装食品、食品添加剂或者标签、说明书不符合本法规定的食品、食品添加剂；

（三）食品生产者采购、使用不符合食品安全标准的食品原料、食品添加剂、食品相关产品；

（四）食品生产经营者在食品中添加药品。

第八十七条　违反本法规定，有下列情形之一的，由有关主管部门按照各自职责分工，责令改正，给予警告；拒不改正的，处二千元以上二万元以下罚款；情节严重的，责令停产停业，直至吊销许可证：

（一）未对采购的食品原料和生产的食品、食品添加剂、食品相关产品进行检验；

（二）未建立并遵守查验记录制度、出厂检验记录制度；

（三）制定食品安全企业标准未依照本法规定备案；

（四）未按规定要求储存、销售食品或者清理库存食品；

（五）进货时未查验许可证和相关证明文件；

（六）生产的食品、食品添加剂的标签、说明书涉及疾病预防、治疗功能；

（七）安排患有本法第三十四条所列疾病的人员从事接触直接入口食品的工作。

第八十八条　违反本法规定，事故单位在发生食品安全事故后未进行处置、报告的，由有关主管部门按照各自职责分工，责令改正，给予警告；毁灭有关证据的，责令停产停业，并处二千元以上十万元以下罚款；造成严重后果的，由原发证部门吊销许可证。

第八十九条　违反本法规定，有下列情形之一的，依照本法第八十五条的规定给予处罚：

（一）进口不符合我国食品安全国家标准的食品；

（二）进口尚无食品安全国家标准的食品，或者首次进口食品添加剂新品种、食品相关产品新品种，未经过安全性评估；

（三）出口商未遵守本法的规定出口食品。

违反本法规定，进口商未建立并遵守食品进口和销售记录制度的，依照本法第八十七条的规定给予处罚。

第九十条　违反本法规定，集中交易市场的开办者、柜台出租者、展销会的举办者允许未取得许可的食品经营者进入市场销售食品，或者未履行检查、报告等义务的，由有关主管部门按照各自职责分工，处二千元以上五万元以下罚款；造成严重后果的，责令停业，由原发证部门吊销许可证。

第九十一条　违反本法规定，未按照要求进行食品运输的，由有关主管部门按照各自职责分工，责令改正，给予警告；拒不改正的，责令停产停业，并处二千元以上五万元以下罚款；情节严重的，由原发证部门吊销许可证。

第九十二条　被吊销食品生产、流通或者餐饮服务许可证的单位，其直接负责的主管人员自处罚决定做出之日起五年内不得从事食品生产经营管理工作。

食品生产经营者聘用不得从事食品生产经营管理工作的人员从事管理工作的，由原发证部门吊销许可证。

第九十三条　违反本法规定，食品检验机构、食品检验人员出具虚假检验报告的，由授予其资质的主管部门或者机构撤销该检验机构的检验资格；依法对检验机构直接负责的主管人员和食品检验人员给予撤职或者开除的处分。

违反本法规定，受到刑事处罚或者开除处分的食品检验机构人员，自刑罚执行完毕或者处分决定做出之日起十年内不得从事食品检验工作。食品检验机构聘用不得从事食品检验工作的人员的，由授予其资质的主管部门或者机构撤销该检验机构的检验资格。

第九十四条　违反本法规定，在广告中对食品质量作虚假宣传，欺骗消费者的，依照《中华人民共和国广告法》的规定给予处罚。

违反本法规定，食品安全监督管理部门或者承担食品检验职责的机构、食品行业协会、消费者协会以广告或者其他形式向消费者推荐食品的，由有关主管部门没收违法所得，依法对直接负责的主管人员和其他直接责任人员给予记大过、降级或者撤职的处分。

第九十五条　违反本法规定，县级以上地方人民政府在食品安全监督管理中未履行职责，本行政区域出现重大食品安全事故、造成严重社会影响的，依法对直接负责的主管人员和其他直接责任人员给予记大过、降级、撤职或者开除的处分。

违反本法规定，县级以上卫生行政、农业行政、质量监督、工商行政管理、食品药品监督管理部门或者其他有关行政部门不履行本法规定的职责或者滥用职权、玩忽职守、徇私舞弊的，依法对直接负责的主管人员和其他直接责任人员给予记大过或者降级的处分；造成严重后果的，给予撤职或者开除的处分；其主要负责人应当引咎辞职。

第九十六条　违反本法规定，造成人身、财产或者其他损害的，依法承担赔偿责任。

生产不符合食品安全标准的食品或者销售明知是不符合食品安全标准的食品，消费者除要求赔偿损失外，还可以向生产者或者销售者要求支付价款十倍的赔偿金。

第九十七条　违反本法规定，应当承担民事赔偿责任和缴纳罚款、罚金，其财产不足以同时支付时，先承担民事赔偿责任。

第九十八条　违反本法规定，构成犯罪的，依法追究刑事责任。

第十章　附　　则

第九十九条　本法下列用语的含义：

食品，指各种供人食用或者饮用的成品和原料以及按照传统既是食品又是药品的物品，但是不包括以治疗为目的的物品。

食品安全，指食品无毒、无害，符合应当有的营养要求，对人体健康不造成任何急性、亚急性或者慢性危害。

预包装食品，指预先定量包装或者制作在包装材料和容器中的食品。

食品添加剂，指为改善食品品质和色、香、味以及为防腐、保鲜和加工工艺的需要而加入食品中的人工合成或者天然物质。

用于食品的包装材料和容器，指包装、盛放食品或者食品添加剂用的纸、竹、木、金属、搪瓷、陶瓷、塑料、橡胶、天然纤维、化学纤维、玻璃等制品和直接接触食品或者食品添加剂的涂料。

用于食品生产经营的工具、设备，指在食品或者食品添加剂生产、流通、使用过程中直接接触食品或者食品添加剂的机械、管道、传送带、容器、用具、餐具等。

用于食品的洗涤剂、消毒剂，指直接用于洗涤或者消毒食品、餐饮具以及直接接触食品的工具、设备或者食品包装材料和容器的物质。

保质期，指预包装食品在标签指明的储存条件下保持品质的期限。

食源性疾病，指食品中致病因素进入人体引起的感染性、中毒性等疾病。

食物中毒，指食用了被有毒有害物质污染的食品或者食用了含有毒有害物质的食品后出现的急性、亚急性疾病。

食品安全事故，指食物中毒、食源性疾病、食品污染等源于食品，对人体健康有危害或者可能有危害的事故。

第一百条　食品生产经营者在本法施行前已经取得相应许可证的，该许可证继续有效。

第一百零一条　乳品、转基因食品、生猪屠宰、酒类和食盐的食品安全管理，适用本法；法律、行政法规另有规定的，依照其规定。

第一百零二条　铁路运营中食品安全的管理办法由国务院卫生行政部门会同国务院有关部门依照本法制定。

军队专用食品和自供食品的食品安全管理办法由中央军事委员会依照本法制定。

第一百零三条　国务院根据实际需要，可以对食品安全监督管理体制做出调整。

第一百零四条　本法自 2009 年 6 月 1 日起施行。《中华人民共和国食品卫生法》同时废止。

附录二　新资源食品安全性评价规程

第一条　为规范新资源食品的安全性评价，保障消费者健康，根据卫生部《新资源食品管理办法》要求，制定本规程。

第二条　本规程规定了新资源食品安全性评价的原则、内容和要求。

第三条　新资源食品的安全性评价采用危险性评估和实质等同原则。

第四条　新资源食品安全性评价内容包括：申报资料审查和评价、生产现场审查和评价、人群食用后的安全性评价，以及安全性的再评价。

第五条　新资源食品申报资料的审查和评价是对新资源食品的特征、食用历史、生产工艺、质量标准、主要成分及含量、使用范围、使用量、推荐摄入量、适宜人群、卫生学、毒理学资料、国内外相关安全性文献资料及与类似食品原料比较分析资料的综合评价。

第六条　新资源食品特征的评价：动物和植物包括来源、食用部位、生物学特征、品种鉴定等资料，微生物包括来源、分类学地位、菌种鉴定、生物学特征等资料，从动物、植物、微生物中分离的食品原料包括来源、主要成分的理化特性和化学结构等资料。要求动物、植物和微生物的来源、生物学特征清楚，从动物、植物、微生物中分离的食品原料主要成分的理化特性和化学结构明确，且该结构不提示有毒性作用。

第七条　食用历史的评价：食用历史资料是安全性评价最有价值的人群资料，包括国内外人群食用历史（食用人群、食用量、食用时间及不良反应资料）和其他国家批准情况和市场应用情况。在新资源食品食用历史中应当无人类食用发生重大不良反应记录。

第八条　生产工艺的评价：重点包括原料处理、提取、浓缩、干燥、消毒灭菌等工艺和各关键技术参数及加工条件资料，生产工艺应安全合理，生产加工过程中所用原料、添加剂及加工助剂应符合我国食品有关标准和规定。

第九条　质量标准的评价：重点包括感官指标、主要成分含量、理化指标、微生物指标等，质量标准的制订应符合国家有关标准的制订原则和相关规定。质量标准中应对原料、原料来源和品质作出规定，并附主要成分的定性和定量检测方法。

第十条　成分组成及含量的评价：成分组成及含量清楚，包括主要营养成分及可能有害成分，其各成分含量在预期摄入水平下对健康不应造成不良影响。

第十一条　使用范围和使用量的评价：新资源食品用途明确，使用范围和使用量依据充足。

第十二条　推荐摄入量和适宜人群的评价：人群推荐摄入量的依据充足，不适宜人群明确。对推荐摄入量是否合理进行评估时，应考虑从膳食各途径总的摄入水平。

第十三条　卫生学试验的评价：卫生学是评价新资源食品安全性的重要指标，卫生学试验应提供近期三批有代表性样品的卫生学检测报告，包括铅、砷、汞等卫生理化指标和细菌、霉菌和酵母等微生物指标的检测，检测指标应符合申报产品质量标准的规定。

第十四条　国内外相关安全性文献资料的评价：安全性文献资料是评价新资源食品安全性的重要参考资料，包括国际组织和其他国家对该原料的安全性评价资料及公开发表的相关安全性研究文献资料。

第十五条　毒理学试验安全性的评价：毒理学试验是评价产品安全性的必要条件，根据申报新资源食品在国内外安全食用历史和各个国家的批准应用情况，并综合分析产品的来源、成分、食用人群和食用量等特点，开展不同的毒理学试验，新资源食品在人体可能摄入量下对健康不应产生急性、慢性或其他潜在的健康危害。

（一）国内外均无食用历史的动物、植物和从动物、植物及其微生物分离的以及新工艺生产的导致原有成分或结构发生改变的食品原料，原则上应当评价急性经口毒性试验、三项致突变试验（Ames 试验、小鼠骨髓细胞微核试验和小鼠精子畸形试验或睾丸染色体畸变试验）、90 天经口毒性试验、致畸试验和繁殖毒性试验、慢性毒性和致癌试验及代谢试验。

（二）仅在国外个别国家或国内局部地区有食用历史的动物、植物和从动物、植物及其微生物分离的以及新工艺生产的导致原有成分或结构发生改变的食品原料，原则上评价急性经口毒性试验、三项致突变试验、90 天经口毒性试验、致畸试验和繁殖毒性试验；但若根据有关文献资料及成分分析，未发现有毒性作用和有较大数量人群长期食用历史而未发现有害作用的新资源食品，可以先评价急性经口毒性试验、三项致突变试验、90 天经口毒性试验和致畸试验。

（三）已在多个国家批准广泛使用的动物、植物和从动物、植物及微生物分离的以及新工艺生产的导致原有成分或结构发生改变的食品原料，在提供安全性评价资料的基础上，原则上评价急性经口毒性试验、三项致突变试验、30 天经口毒性试验。

（四）国内外均无食用历史且直接供人食用的微生物，应评价急性经口毒性试验/致病性试验、三项致突变试验、90 天经口毒性试验、致畸试验和繁殖毒性试验。仅在国外个别国家或国内局部地区有食用历史的微生物，应进行急性经口毒性试验/致病性试验、三项致突变试验、90 天经口毒性试验；已在多个国家批准食用的微生物，可进行急性经口毒性试验/致病性试验、二项致突变试验。

国内外均无使用历史的食品加工用微生物，应进行急性经口毒性试验/致病性试验、三项致突变试验和 90 天经口毒性试验。仅在国外个别国家或国内局部地区有使用历史的食品加工用微生物，应进行急性经口毒性试验/致病性试验和三项致突变试验。已在多个国家批准使用的食品加工用微生物，可仅进行急性经口毒性试验/致病性试验。

作为新资源食品申报的细菌应进行耐药性试验。申报微生物为新资源食品的，应当依据其是否属于产毒菌属而进行产毒能力试验。大型真菌的毒理学试验按照植物类新资源食品进行。

（五）根据新资源食品可能潜在的危害，必要时选择其他敏感试验或敏感指标进行毒理学试验评价，或者根据新资源食品评估委员会评审结论，验证或补充毒理学试验进行评价。

（六）毒理学试验方法和结果判定原则按照现行国标 GB15193《食品安全性毒理学评价程序和方法》的规定进行。有关微生物的毒性或致病性试验可参照有关规定进行。

（七）进口新资源食品可提供在国外符合良好实验室规范（GLP）的毒理学试验室进行的该新资源食品的毒理学试验报告，根据新资源食品评估委员会评审结论，验证或补充毒理学试验资料。

第十六条　生产现场审查和评价是评价新资源食品的研制情况、生产工艺是否与申报资料相符合的重要手段，现场审查的内容包括生产单位资质证明、生产工艺过程、生产环境卫生条件、生产过程记录（样品的原料来源和投料记录等信息），产品质量控制过程及技术文件，以及这些过程与核准申报资料的一致性等。

第十七条　新资源食品上市后，应建立新资源食品人群食用安全性的信息监测和上报制度，重点收集人群食用后的不良反应资料，进行上市后人群食用的安全性评价，以进一步确证新资源食品人群食用的安全性。

第十八条　随着科学技术的发展、检验水平的提高、安全性评估技术和要求发生改变，以及市场监督的需要，应当对新资源食品的安全性进行再评价。再评价内容包括新资源食品的食用人群、食用量、成分组成、卫生学、毒理学和人群食用后的安全性信息等相关内容。

附录三　新资源食品管理办法

第一章　总　　则

第一条　为加强对新资源食品的监督管理，保障消费者身体健康，根据《中华人民共和国食品卫生法》（以下简称《食品卫生法》），制定本办法。

第二条　本办法规定的新资源食品包括：

（一）在我国无食用习惯的动物、植物和微生物；

（二）从动物、植物、微生物中分离的在我国无食用习惯的食品原料；

（三）在食品加工过程中使用的微生物新品种；

（四）因采用新工艺生产导致原有成分或者结构发生改变的食品原料。

第三条　新资源食品应当符合《食品卫生法》及有关法规、规章、标准的规定，对人体不得产生任何急性、亚急性、慢性或其他潜在性健康危害。

第四条　国家鼓励对新资源食品的科学研究和开发。

第五条　卫生部主管全国新资源食品卫生监督管理工作。县级以上地方人民政府卫生行政部门负责本行政区域内新资源食品卫生监督管理工作。

第二章　新资源食品的申请

第六条　生产经营或者使用新资源食品的单位或者个人，在产品首次上市前应当报卫生部审核批准。

第七条　申请新资源食品的，应当向卫生部提交下列材料：

（一）新资源食品卫生行政许可申请表；

（二）研制报告和安全性研究报告；

（三）生产工艺简述和流程图；

（四）产品质量标准；

（五）国内外的研究利用情况和相关的安全性资料；

（六）产品标签及说明书；

（七）有助于评审的其他资料。

另附未启封的产品样品 1 件或者原料 30 g。

申请进口新资源食品，还应当提交生产国（地区）相关部门或者机构出具的允许在本国（地区）生产（或者销售）的证明或者该食品在生产国（地区）的传统食用历史证明资料。

第三章　安全性评价和审批

第八条　卫生部建立新资源食品安全性评价制度。新资源食品安全性评价采用危险性评估、实质等同等原则。

卫生部制定和颁布新资源食品安全性评价规程、技术规范和标准。

第九条　卫生部新资源食品专家评估委员会（以下简称评估委员会）负责新资源食品安全性评价工作。评估委员会由食品卫生、毒理、营养、微生物、工艺和化学等方面的专家组成。

第十条　评估委员会根据以下资料和数据进行安全性评价：新资源食品来源、传统食用历史、生产工艺、质量标准、主要成分及含量、估计摄入量、用途和使用范围、毒理学；微生物产品的菌株生物学特征、遗传稳定性、致病性或者毒力等资料及其他科学数据。

第十一条　卫生部受理新资源食品申请后，在技术审查中需要补正有关资料的，申请人应当予以配合。

对需要进行验证试验的，评估委员会确定新资源食品安全性验证的检验项目、检验批次、检验方法和检验机构，以及是否进行现场审查和采样封样，并告知申请人。安全性验证检验一般在卫生部认定的检验机构进行。

需要进行现场审查和采样封样的，由省级卫生行政部门组织实施。

第十二条　卫生部根据评估委员会的技术审查结论、现场审查结果等进行行政审查，做出是否批准作为新资源食品的决定。

在评审过程中，如审核确定申报产品为普通食品的，应当告知申请人，并做出终止审批的决定。

第十三条　新资源食品审批的具体程序按照《卫生行政许可管理办法》和《健康相关产品卫生行政许可程序》等有关规定进行。

第十四条　卫生部对批准的新资源食品以名单形式公告。根据不同新资源食品的特点，公告内容一般包括名称（包括拉丁名）、种属、来源、生物学特征、采用工艺、主要成分、食用部位、使用量、使用范围、食用人群、食用量和质量标准等内容；对微生物类，同时公告其菌株号。

第十五条　根据新资源食品使用情况，卫生部适时公布新资源食品转为普通食品的名单。

第十六条　有下列情形之一的，卫生部可以组织评估委员会对已经批准的新资源食品进行再评价：

（一）随着科学技术的发展，对已批准的新资源食品在食用安全性和营养学认识上发生改变的；

（二）对新资源食品的食用安全性和营养学质量产生质疑的；

（三）新资源食品监督和监测工作需要。

经再评价审核不合格的，卫生部可以公告禁止其生产经营和使用。

第四章　生产经营管理

第十七条　食品生产经营企业应当保证所生产经营和使用的新资源食品食用安全性。

符合本法第二条规定的，未经卫生部批准并公布作为新资源食品的，不得作为食品或者食品原料生产经营和使用。

第十八条　生产新资源食品的企业必须符合有关法律、法规、技术规范的规定和要求。

新资源食品生产企业应当向省级卫生行政部门申请卫生许可证，取得卫生许可证后方可生产。

第十九条　食品生产企业在生产或者使用新资源食品前，应当与卫生部公告的内容进行核实，保证该产品为卫生部公告的新资源食品或者与卫生部公告的新资源食品具有实质等同性。

第二十条　生产新资源食品的企业或者使用新资源食品生产其他食品的企业，应当建立新资源食品食用安全信息收集报告制度，每年向当地卫生行政部门报告新资源食品食用安全信息。发现新资源食品存在食用安全问题，应当及时报告当地卫生行政部门。

第二十一条　新资源食品以及食品产品中含有新资源食品的，其产品标签应当符合国家有关规定，标签标示的新资源食品名称应当与卫生部公告的内容一致。

第二十二条　生产经营新资源食品，不得宣称或者暗示其具有疗效及特定保健功能。

第五章　卫生监督

第二十三条　县级以上人民政府卫生行政部门应当按照《食品卫生法》及有关规定，对新资源食品的生产经营和使用情况进行监督抽查和日常卫生监督管理。

第二十四条　县级以上地方人民政府卫生行政部门应当定期对新资源食品食用安全信息收集报告情况进行检查，及时向上级卫生行政部门报告辖区内新资源食品食用安全信息。省级卫生行政部门对报告的食用安全信息进行调查、确认和处理后及时向卫生部报告。卫生部及时研究分析新资源食品食用安全信息，并向社会公布。

生产经营或者使用新资源食品的企业应当配合卫生行政部门对食用安全问题的调查处理工作，对食用安全信息隐瞒不报的，卫生行政部门可以给予通报批评。

第二十五条　生产经营未经卫生部批准的新资源食品，或者将未经卫生部批准的新资源食品作为原料生产加工食品的，由县级以上地方人民政府卫生行政部门按照《食品卫生法》第四十二条的规定予以处罚。

第六章　附　　则

第二十六条　本办法下列用语的含义：

危险性评估，是指对人体摄入含有危害物质的食品所产生的健康不良作用可能性的科学评价，包括危害识别、危害特征的描述、暴露评估、危险性特征的描述四个步骤。

实质等同，是指如果某个新资源食品与传统食品或食品原料或已批准的新资源食品在种属、来源、生物学特征、主要成分、食用部位、使用量、使用范围和应用人群等方面比较大体相同，所采用工艺和质量标准基本一致，可视为它们是同等安全的，具有实质等同性。

第二十七条　转基因食品和食品添加剂的管理依照国家有关法规执行。

第二十八条　本办法自 2007 年 12 月 1 日起施行，1990 年 7 月 28 日由卫生部颁布的《新资源食品卫生管理办法》和 2002 年 4 月 8 日由卫生部颁布的《转基因食品卫生管理办法》同时废止。

参 考 文 献

[1] 舒慧国，上官新晨. 食品质量与安全. 北京：中国人事出版社，2005.

[2] 许牡丹，毛跟年. 食品安全性与分析检测. 北京：化学工业出版社，2003.

[3] 刘长虹. 食品分析及实验. 北京：化学工业出版社，2006.

[4] 赵新潍. 食品化学. 北京：化学工业出版社，2006.

[5] 钟耀广. 食品安全学. 北京：化学工业出版社，2005.

[6] 金征宇. 食品安全导论. 北京：化学工业出版社，2005.

[7] 张永华. 食品分析. 北京：中国轻工业出版社，2004.

[8] 大连轻工业学院等八大院校. 食品分析. 北京：中国轻工业出版社，1994.

[9] 孙平. 食品分析. 北京：化学工业出版社，2004.

[10] 江小梅，林涵，等. 食品分析原理与检验. 北京：中国人民大学出版社，1990.

[11] 陈炳卿. 营养与食品卫生学. 北京：人民卫生出版社，2001.

[12] 吴坤. 营养与食品卫生学. 北京：人民卫生出版社，2005.

[13] 姚卫蓉，钱和. 食品安全指南. 北京：中国轻工业出版社，2005.

[14] 高鹤娟. 食物中的有害物质. 北京：化学工业出版社，2000.

[15] 车振明. 食品安全与检测. 北京：中国轻工业出版社，2007.

[16] 谢笔钧. 食品化学. 北京：科学出版社，2004.

[17] 马永昆，刘晓庚. 食品化学. 南京：东南大学出版社，2007.

[18] 穆华荣，于淑萍，等. 食品分析. 北京：化学工业出版社，2004.

[19] 汪东风. 食品中有害成分化学. 北京：化学工业出版社，2006.

[20] 沈小婉. 色谱法在食品分析中的应用. 北京：北京大学出版社，1991.

[21] 唐英章. 现代食品安全检测技术. 北京：科学出版社，2004.

[22] 张百臻. 农药分析. 北京：化学工业出版社，2005.

[23] 吴广臣. 食品质量检测. 北京：中国计量出版社，2006.

[24] 刘艳丽，程安春，汪铭书. 黄曲霉毒素及其检测方法的研究进展. 黑龙江畜牧兽医，2006，6（2）：15-17.

[25] 孙安权，Karo Mikaelian，T. D. Phillips. 霉菌毒素研究新进展. 饲料与营养，2006，10（4）：40-45.

[26] 食品卫生学编写组. 食品卫生学. 北京：中国轻工业出版社，2005.

[27] 马永强，韩春然，等. 食品感官检验. 北京：化学工业出版社，2005.

[28] 丁耐克. 食品风味化学. 北京：中国轻工业出版社，1996.

[29] 秦富. 欧美食品安全体系研究. 北京：中国农业出版社，2003.

[30] 陈家华. 现代食品分析新技术. 北京：化学工业出版社，2005.

[31] 钱建亚，熊强. 食品安全概论. 南京：东南大学出版社，2006.

[32] 刘晓芳. 营养与食品安全技术. 北京：中国中医药出版社，2006.

[33] 夏延斌，钱和，等. 食品加工中的安全控制. 北京：中国轻工业出版社，2005.

[34] 孟凡乔. 食品安全性. 北京：中国农业大学出版社，2005.

[35] 国家质量监督检验检疫总局法规司. 食品安全相关法规文件汇编. 北京：中国标准出版社，2006.

[36] 赵丹宇，等. 国际食品法典应用指南. 北京：中国标准出版社，2002.

[37] 卫生部卫生法制与监督司. 食品中毒预防与控制. 北京：华夏出版社，1999.

[38] Coultate T. P. Food-the chemistry of its components. 4th ed. Cambridge: Royal Society of Chemistry, 2002.

[39] 吴永宁. 现代食品安全科学. 北京：化学工业出版社，2003.

[40] Matthews R. H. Legumes: Chemistry, technology, and human nutrition. New York: Marcel Dekker Inc., 1989.

[41] 史贤明. 食品安全与卫生学. 北京：中国农业出版社，2003.

[42] 姜南，张欣，等. 危害分析和关键控制点（HACCP）及在食品生产中的应用. 北京：化学工业出版社，2003.

[43] 刘静波. 食品安全与选购. 北京：化学工业出版社，2006.

[44] 宋永民，郭学平，栾贻宏，等. 新资源食品——透明质酸. 食品与药品，2009，11（5）：56-59.

[45] 郭学平，刘爱华，凌沛学. 透明质酸在化妆品、健康食品和软组织填充剂中的应用. 食品与药品，2005，7（1）：22-23.

[46] 郭学平，贺艳丽，孙茂利等. 透明质酸在保健品中的应用. 中国生化药物杂志，2002，23（1）：49-51.

[47] 杜平中. 透明质酸的皮肤保健功能. 中国生化药物杂志，1998，19（5）：283-284.

[48] 蒋秋燕，凌沛学，程艳娜，等. 口服透明质酸在动物体内的分布. 中国生化药物杂志，2008，29（2）：73-76.

[49] 朱珠. 食品安全与卫生检测. 北京：高等教育出版社，2004.

[50] 吴锦铸. 食品生产的安全问题与对策. 中国农村科技，2004（1）：48-49.

[51] 张建新. 食品标准与法规. 北京：中国轻工业出版社，2006.

[52] 陈锡文，邓楠，等. 中国食品安全战略研究. 北京：化学工业出版社，2004.

[53] 戴树桂. 环境化学. 北京：高等教育出版社，1997.

[54] 艾志录，鲁茂林. 食品标准与法规. 南京：东南大学出版社，2006.